安全系统学导论

主　编　王凯全
副主编　王晓宇　毕海普
　　　　毛　宁　袁雄军

科学出版社

北　京

内 容 简 介

本书以辩证唯物论的认识论、系统论、系统工程学、安全学等安全科学的基础理论为指导，分章论述了系统与安全系统、安全系统动力学、安全系统方法学、安全系统工程学、安全系统技术等内容。

全书共分为 5 章。第 1 章介绍安全系统学的基本概念，分析安全系统和事故系统的关系，阐述安全系统的思维、安全系统学的研究方法和内容；第 2 章说明安全系统动力学的特征，简述安全系统结构论、信息论、协同学、控制论、突变论的基本内容；第 3 章阐述安全系统方法学的基本原则，分别介绍安全系统规划论、预测论、决策论、对策论、图论、价值论、排队论等内容；第 4 章介绍安全系统工程学的内涵，分别介绍安全系统的功能安全、结构整合、层级保障、持续改进及可靠性工程等内容；第 5 章阐述安全系统技术特征，分别介绍安全系统风险评估技术、事故防控技术、本质安全化技术等内容。

本书可供高等学校安全工程及相关专业师生学习和参考，也可供安全科学和工程技术、安全管理人员使用。

图书在版编目（CIP）数据

安全系统学导论 / 王凯全主编. —北京：科学出版社，2019.3
ISBN 978-7-03-058324-6

Ⅰ. ①安⋯　Ⅱ. ①王⋯　Ⅲ. ①安全系统工程　Ⅳ. ①X913.4

中国版本图书馆 CIP 数据核字（2018）第 163647 号

责任编辑：陈雅娴　侯晓敏　付林林 / 责任校对：杨　赛
责任印制：张　伟 / 封面设计：迷底书装

科 学 出 版 社 出版
北京东黄城根北街 16 号
邮政编码：100717
http://www.sciencep.com

北京盛通商印快线网络科技有限公司 印刷
科学出版社发行　各地新华书店经销
*
2019 年 3 月第 一 版　开本：787×1092　1/16
2019 年 10 月第二次印刷　印张：17 3/4
字数：454 000
定价：69.00 元
（如有印装质量问题，我社负责调换）

序

安全是人的身心免受外界因素危害的存在状态（健康状况）及其保障条件。

人类在社会历史发展的漫长进程中，对安全认识的过程经历了自发安全认识、局部安全认识两个阶段。20 世纪初，随着工业生产高度系统化，它给人类社会带来了复杂的安全问题，人们开始进入系统安全认识阶段。20 世纪中叶，在工业工程和生产技术工程人员中出现了运用系统安全认识的技术理论解决种种安全问题的、专门的安全技术职业人员。与后来的安全系统认识相对应，安全科学学科理论创建的标志是 1981 年德国锅炉专家库尔曼出版《安全科学导论》（德文版）一书，指出"应该将安全科学看作是相互渗透的跨学科的科学分支"，"研究技术应用中的可能危险产生的安全问题"。1983 年，日本井上威恭教授将生产过程中的种种安全技术理论概括为安全工程学。1985 年，我国召开全国劳动保护科学体系第二次学术讨论会，我发表了《从劳动保护工作到安全科学之二——关于创建安全科学的问题》论文，开始了安全科学学科理论的创立与实践，并获得重大成果，得到学术界认可。时任中国科学技术协会主席、中国工程院院长的朱光亚在 1994 年中国科协组织召开的全国学科发展与科技进步研讨会上指出："中国劳动保护科学技术学会始终围绕学科、专业框架体系的建立，打破行政部门容易产生的分割束缚，使学科理论不断发展，终于在 1993 年 7 月 1 日开始实施的国家标准《学科分类与代码》中，实现以'安全科学技术'为名列为该标准的一级学科（代码 620），为在学科分类中打破自然科学与社会科学的界线，设置环境、安全、管理综合学科，从而在世界科学学科分类史上取得了突破，做出了贡献。"以此为基础，开始从系统安全理论认识向安全系统理论即安全学科理论认识的升华，进入安全科学学科理论的创立与实践的关键时期。

系统安全认识是对安全存在领域的认识，即对安全的外延和静态的认识。而安全系统认识是对安全自身作为相对独立系统的认识，该系统由安全的学科科学（对安全自身的本质及其运动变化规律的理论）、应用科学（解决安全实践问题的方法、手段、措施的理论）和专业科学（将学科科学理论转变为应用科学理论的桥梁和载体）三种科学学科及特定问题研究（如安全事故研究）共四个方面构成。

安全系统认识是对安全的本质、运动变化规律及其保障条件的认识，是人类对安全从现象到本质的理论认识规律上的一次科学革命。安全科学学科理论的创立则是安全科学革命成功的标志，体现了人类进入对安全本身的内涵结构、功能及其完整的理论体系认识的新阶段。

安全系统本身需要结构保障作为条件，其结构理论是"安全三要素四因素"系统原理。安全的保障条件表现为安全科学技术体系结构，这个体系结构的横向由安全人体学、安全物质学、安全社会学、安全系统学四个分支学科构成；纵向由安全哲学、安全学（安全基础科学）、安全技术（安全技术科学）、安全工程（安全工程学）三个台阶四个层次构成。

安全科学理论的建立，使其在我国科教六大领域中获得了一级地位，即：一级学术团体、《中国图书馆分类法》基本大类、一级学会刊物《中国安全科学学报》、国家标准 GB/T 13745—2009《学科分类与代码简表》安全科学技术一级学科（代码 620）、单列安全工程师技术资格以及在 2011 年 3 月经国务院学位委员会第二十八次会议通过的《学位授予和人才培养学科目录》中将"安全科学与工程"单列为工学门类的第 37 个一级学科，标志着安全科学学科、专业高等教育进入新阶段。

构建"安全科学与工程"一级学科、专业相匹配的安全科学技术体系基础理论教材，对于提升"安全科学技术"学科科学教育水平，培养高素质的安全工程技术及管理人才，满足国民经济和社会的安全科学发展的需求，具有重要意义。惜作为安全科学学科理论体系核心内容的安全系统学，国内迄今尚未有专门的论著面世，实为憾事。

常州大学王凯全教授长期从事安全科学与工程的教学科研工作，对安全系统学的研究有一定的造诣。其所著《安全系统学导论》一书，系统全面、深入浅出地介绍了安全系统的相关理论、技术，集中反映了当前人们对安全系统的认识和实践水平。本人拜读该书，受益匪浅，特予推荐，以期抛砖引玉，推动安全系统学教学和科研的发展。

我作为一名从事安全科教工作近 40 年的"老兵"，亲历了我国成功创立安全科学技术一级学科，自始至终参加"安全科学与工程"一级学科、专业目录的创立，经历了艰难而曲折的历程，深感当今安全科学和学科建设与发展局面来之不易。今天有幸与大家共享成果，备感欣慰。如今虽已八十老朽，仍愿继续在安全科教发展的道路上尽自己绵薄之力。

刘　潜

2017 年 9 月于北京

前　言

安全是人类生存的基本条件，也是人类生产活动中必须解决的首要问题。在一定程度上可以认为，人类生存与生产的发展史就是消灭和克服所面临的危险因素，预防和控制各类意外事件，在安全领域不断认识世界和改造世界的奋斗史。

人类在认识世界和改造世界的进程中，伴随着对安全的不懈追求，积累了大量预防和控制各类意外事件的技术、方法、手段、措施等，构建了保障人类生存和生产过程的安全系统。

安全系统在人类安全领域实践的探索中不断深化。一方面，随着生活、生产范围的扩大和工程技术领域的扩张，人类出现了更繁多、更严重、更复杂的安全问题；另一方面，随着经济的发展和社会的进步，人类自身的安全需求不断提高，不但要预防和控制各类意外事件的发生，还要满足安定、舒适、和谐、有尊严的生活和劳动等更高的安全追求。

安全系统在人类安全领域认识的深化中逐渐清晰。一方面，涉及安全问题的生产、生活领域之间，其安全问题的关联度和耦合化日渐明显；另一方面，支撑安全系统的安全科学理论体系、技术手段也呈现多元化、层次化、系统化。

安全系统学是研究安全系统的存在依据、结构特征、运行规律的科学，是人们对安全系统长期不懈的理论研究、实践探索和认识深化的总结，是人类安全哲学发展的标志。安全系统学作为安全科学的重要思想认识基础，在安全科学、技术、工程体系中占据了重要的地位。

安全系统学的生命力在于其理论和实践的统一性。安全系统学在实践探索中诞生，也必将在实践的烈火中淬炼，其本身不仅是理论和科学，还是工程和技术方法。在实践、认识、再实践、再认识的进程中，对安全系统学及安全系统的动力学、方法学、工程学、技术实践等内容和其逻辑关系不断完整、清晰、系统化。

基于以上认识，本书以辩证唯物论的认识论、系统论、系统工程学、安全学等安全科学的基本理论为基础，广泛汇集和总结当前有关安全系统学的研究成果（主要是国内研究人员的成果），概括性地阐述安全系统的基本观念、基本知识及基本技术，试图较为系统全面、逻辑清晰地介绍安全系统的核心和精髓。

作为基础理论教材，本书跟踪安全学科的现状和发展趋势，对安全系统学相关的认识论、方法学、工程学、技术概要等进行归纳、整合、提炼，为安全工程专业后续课程提供理论支撑和逻辑引导。

作为“导论”性书籍，本书力争将安全系统、系统安全、系统安全工程、事故系统等涉及安全系统学的相对模糊的概念、提法予以梳理、对照和简介，使其在安全科学和安全系统学的体系中清晰、严谨。

本书首次系统地阐述了安全系统学的概念、内涵及相关主要内容，同时强调了逻辑上的完整性、章节的相对独立性及内容的实用性，初步构建了安全系统学的框架。

本书是在教育部高等学校安全工程专业教学指导委员会的指导下，在科学出版社的支持下，主要由常州大学王凯全撰稿，常州大学毕海普和袁雄军、常州工程职业技术学院王晓宇、东北大学毛宁参与了部分章节的编写、资料的收集和整理。

　　我国著名安全专家、安全科学开创者和倡导者、中国职业安全健康协会顾问刘潜先生对本书的编写予以热情的关怀和细致的指导，多次就安全系统观念、理论和科学问题、安全系统的工程和技术方法等深入讨论、认真推敲。刘潜先生的人格修养和学术造诣，不仅促成本书的顺利问世，使本书增色，也为安全工程后辈树立了典范，在此深表敬意。另外，在本书编写过程中，还参考、引用了大量国内外文献资料，在此也向文献作者表示诚挚的谢意。

　　本书得到安全工程江苏高校品牌专业建设工程一期项目（苏教高〔2015〕11 号，PPZY2015B154）、江苏省高等教育教改研究重点课题（苏教高函〔2017〕48 号，2017JSJG026）、常州大学 2015 年度教材建设经费资助，对此深表谢意！

　　由于编者学识有限，且本书所阐述的主要内容国内尚无专门的论著论述，故书中难免存在不当和疏漏之处，敬请读者批评指正。

编　者
2017 年 12 月

目　　录

第1章 绪 论

1.1 系统和系统思维

1.1.1 系统

1. 系统及其特征

系统源于对英文 system 的音译，意为由部分组成的整体，自成体系的组织。

一般系统论的创始人贝塔朗菲（Bertalanffy）强调系统的整体性，认为"系统是相互联系、相互作用的诸元素的综合体"。系统具有边界、组织（或相互作用）、动态的含义。

我国著名系统工程专家钱学森把辩证法引进了系统论，认为系统不但具有整体性，还具有辩证性。他指出，"系统是由相互作用相互依赖的若干组成部分结合而成的具有特定功能的有机整体，而且这个有机整体又是它从属的更大系统的组成部分"，"局部与全部的对立统一是辩证唯物主义的常理，而这就是系统概念的精髓"。钱学森对"系统概念"的内涵作了科学界定，言简意赅地揭示了系统学最核心的概念，使其成为辩证的系统论，即现代系统论。

系统具有整体性、层次性、目的性、适应性等基本特征。

系统的整体性又称为系统性，是系统最基本的特征。系统的整体性包括时间、空间两个方面：在时间上，任何系统都经历从诞生到消亡的过程，任何现实系统所展示的状态既是其先前发展的结果，也是其今后发展的根据；在空间上，系统是所有元素构成的复合统一整体，一个整体系统是任何相互依存的集、群暂时的互动部分。

系统的层次性是指任何较为复杂的系统都有一定的层次结构，其中低一级的要素是它所属的高一级系统的有机组成部分。系统的运动能否有效，效率高低，在很大程度上取决于能否分清层次。

系统的目的性是指系统在一定的环境下必须具有达到最终状态的特性，它贯穿于系统发展的全过程，并集中体现了系统发展的总倾向和趋势。

系统的适应性是指系统随环境的改变而改变其结构和功能的能力。系统在适应性方面涉及三种不同的情况：系统能够依靠本身的稳定性来适应环境的改变；靠一个特殊机制使系统回到原来的稳定状态；系统稳态结构被破坏。

2. 系统要件及运动模式

要素、联系、结构、功能和环境是系统构成的要件。

（1）要素是构成系统的基本成分。这些要素可能是一些个体、元件、零件，也可能其本身就是一个系统（或称为子系统）。要素和系统的关系是部分与整体的关系，具有相对性。一个要素只有相对于由它和其他要素构成的系统而言，才是要素；而相对于构成它的组成部分而言，则是一个系统。

（2）联系是系统中的要素与要素、要素与系统、系统与环境之间的相互作用关系。一方面表明系统要素处于不断的运动和变化之中，任何要素的变化都会影响其他要素的变化，进而影响系统的发展。同时，要素的发展也要受到系统的制约，系统的发展是要素或部分存在和发展的前提。另一方面，作为一个整体的系统与它周围的环境进行物质、能量和信息的交换，形成了从系统的输入端到系统输出端的物质流、能量流和信息流。

（3）结构是系统内部各要素的排列组合方式。每个系统都有自己特定的结构，它以自己的存在方式，规定了各个要素在系统中的地位与作用。系统的整体功能是由结构来实现的，结构的变化制约着整体的发展变化，也会导致整体性能的改变。

（4）功能是系统与外部环境在相互联系和作用的过程中所产生的效能。系统的功能体现了系统与外部环境之间的物质、能量和信息的交换关系，是由系统的运动表现出来的。离开系统和要素之间及其外部环境之间的物质、能量和信息的交换过程便无从考察系统的功能。

（5）环境是系统与边界之外进行物质、能量和信息交换的客观事物或其总和。系统边界起到对系统的投入与产出进行过滤的作用，在边界之外是系统的外部环境，它是系统存在、变化和发展的必要条件。系统的作用会给外部环境带来某些变化，同时系统外部环境的性质和内容发生变化，也会引起系统的性质和功能发生变化。

为了实现系统的功能，系统各要件需有机整合为系统与环境、系统内部处理、系统反馈和自适应等运动模式，如图 1-1 所示。

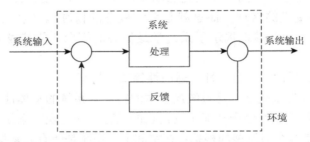

图 1-1　系统的运动模式

（1）系统与环境的交互过程。系统由环境输入能量、物质、信息，经系统处理后向环境输出能量、物质、信息。系统在其环境约束下，通过输入、输出单元实现系统对外界进行能量、物质、信息等的接收和发布。

（2）系统内部处理过程。系统内部都有能量、物质、信息三种流的流动。系统本身的运动过程就是对这三种流的处理过程，系统运用处理单元完成对能量、物质、信息等的整理、分析、加工。

（3）系统反馈和自适应过程。系统运用反馈单元实现对处理结论的调整、修正，调整自身的运行，以适应环境的条件，实现系统整体的功能。

3. 系统的分类

系统的类别主要以其存在的形态区分。

1）系统的宏观层面

在系统的宏观层面上，分为自然系统、人工系统、复合系统形态。

自然系统内的要素、结构按自然法则存在或演变，产生或形成一种群体的自然现象与特征；人工系统内的要素、结构根据人为的、预先编排好的规则或计划好的方向运作，以实现或完成系统内各要素不能单独实现的功能、性能与结果；复合系统是自然系统和人工系统的组合。可以说，在有人类活动的时空领域，任何系统都是自然系统与人工系统的复合，只是具有不同的偏重。例如，任何人工构建的生产系统必须顾及自然法则的存在和演变规律，受到自然系统要素的制约。

2）系统与环境的关联程度

在系统与环境的关联程度上，分为封闭系统和开放系统形态。

封闭系统是一个与外界无明显联系的系统，环境仅仅为系统提供了一个边界，不管外部环境有什么变化，封闭系统仍表现为其内部稳定的均衡特性；开放系统是在系统边界上与环境有信息、物质和能量交互作用的系统。例如，任何生产系统都要与环境有信息、物质和能量的交互作用，是一个开放系统。

3）系统的状态与时间的关系

在系统的状态与时间的关系上，分为静态系统和动态系统形态。

宏观上没有活动部分的结构系统或相对静止的结构系统是静态系统，如大桥、公路、房屋等。但是由于宇宙本身是动态系统，因此任何静态系统都是相对的、短时的，大桥、公路、房屋都有服务期，都会逐渐劣化，从这个意义上说，任何系统都是动态过程的集合体，运动是永恒的。

4）系统的物质状态

在系统的物质状态上，分为实体系统和概念系统形态。

实体系统的组成要素是具有实体的物质，如由机械、设备、物料、能源等组成的系统；而概念系统是由概念、原理、原则、制度等概念性非物质实体所组成的系统。在实际生活中，实体系统和概念系统两者是不可分的，概念系统为实体系统提供指导和服务，而实体系统是概念系统的服务对象。

5）系统的运行模式

在系统的运行模式上，分为控制系统和行为系统形态。

控制系统是具有控制功能和手段的系统，如安全控制系统就是向控制对象施加限制性要求以达到安全目的的系统；行为系统是以完成目的的行为作为组成要素而形成的系统。例如，安全管理系统是执行安全管理功能的系统，其作用是产生安全价值和效用。

6）系统的内部结构

在系统的内部结构上，分为简单系统和巨系统形态。

钱学森根据系统的规模将其分为简单系统和巨系统两大类，在巨系统中又分为简单巨系统和复杂巨系统。简单巨系统的子系统或元素数量非常庞大，但系统宏观层次上的自组织行为明显、层次简单，而且没有人类意识的参与；复杂巨系统不仅构成的子系统非常多，还表现出系统中的层次复杂，系统的功能和行为不是各子系统功能和行为的简单叠加或复合，甚至可能还有人类意识活动参与系统中，如生态系统、社会系统等。

1.1.2 系统思维

1. 系统思维及其特征

系统思想是系统论的认识基础。系统思想表现在哲学上，是以整体性、辩证观去认识客观世界；表现在工程实践上，是从事物之间相互联系的角度去改造客观世界。

系统思维方式即思维方式的系统性，是系统思想指导下的整体性、结构性、立体性、动态性、综合性思维，是主观思维的系统性与客观实在的系统性的一致性。

（1）整体性思维是由客观系统的整体性决定的，它存在于系统思维运动的始终，也体现在系统思维的成果之中，是系统思维方式的基本特征。

坚持整体性思维，就是把整体作为认识的出发点和归宿。在对整体情况充分理解和把握的基础上提出整体目标及限制条件，再提出能够创造这些条件的各种可供选择的方案，最后选择最优方案来实现。提出整体目标，是从整体出发进行综合的产物；提出条件，是在整体目标统摄下，分析系统各要素及其相互关系而做出的；方案的提出和优选，是在系统分析的基础上重新进行系统综合的结果。

例如，解决交通安全问题，不仅要把车况、路况、天气、驾驶员和行人等影响交通安全的全部要素看作一个系统来考察，还要把交通安全问题这个系统纳入城市经济建设和社会发展的大系统中去考察；不仅要对交通事故个别案例进行分析，更要以认识和解决交通系统整体性、规律性的隐患为目标来进行危险辨识、分析并提出整改措施，这样才能从根本上预防和减少交通事故的发生。

（2）结构性思维是由客观系统的层次性决定的，将系统结构理论作为思维方式的指导，强调从系统的结构去认识系统的整体功能，并从中寻找系统最优结构，进而获得最佳系统功能。

坚持结构性思维，就是要紧紧抓住系统结构这一中间环节，去认识和把握系统的要素和功能的关系，在要素不变的情况下，努力创造优化结构，实现系统最佳功能。

例如，构成生产系统的基本结构是人、机械设备和生产运行环境，解决安全生产问题，就要从三者的状态及其相互关系入手，进行结构分析。同时，应特别注意人是整个系统起控制作用的中心要素，要坚持以人为本，考察和修正与其他要素的联系，形成预防和抵御各类事故隐患的优化结构。

（3）立体性思维即开放性思维，是以纵横交错的现代科学知识为思维参照系，使思维对象处于纵横交错的交叉点上。在思维的具体过程中，既注意了解思维对象与其他客体的横向联系，又能认识思维对象的纵向发展；既观察系统的现实状况，又注意系统的历史和发展趋势；既分析系统内部各要素之间的相互影响和关联，又判断系统外部环境因素的制约和影响，从而全面准确地把握思维对象的特征及其发展趋势。

坚持立体性思维，就要将纵向思维和横向思维有机地统一在一起，形成一种互为基础、互相补充的关系。

例如，在进行生产系统事故分析时，在横向上，要考察人的不安全行为、物的不安全状态、环境的不安全条件及管理缺欠四个要素在系统中的相互作用；在纵向上，要考察这些要素的孕育、发生、发展的进程及其对系统的影响；在此基础上，还要考察系统外部因素对四个要素及系统整体运行状态的制约。从中找到事故的决定因素和发展规律，以便科学有效地预防和控制事故，实现系统安全。

（4）动态性思维是根据任何系统都是动态的特点，在思维过程中充分考虑系统内部诸要素的结构及其作用的动态性、系统与周围环境交换活动的动态性。

坚持动态性思维，就要当系统的内部结构相对稳定时，考虑系统相对有序的动态性；当系统的内部结构剧烈变化时，考虑系统无序的动态性。由于无序的动态性的系统具有更大的不确定性，是需要疏导和控制的。

例如，在进行安全管理中，要全面理解和正确认识系统所特有的动态因素及其外在表现，创造条件消除和限制系统的不稳定、不安全的因素，通过能动性的干预使系统不断地从无序向有序转化，向符合人们安全意愿的方向发展。

（5）综合性思维是人类思维的基本方式，任何思维过程都包含着方法或内容的综合。其根据有两方面：一是任何系统整体都是这些或那些要素为特定目的而构成的综合体；二是任何系统整体的研究，都必须对它的成分、层次、结构、功能、内外联系方式的立体网络作全面综合考察，才能从多侧面、多因果、多功能、多效益上把握系统整体。

系统思维方式的综合，要求人们在考察对象时要从它纵横交错的各个方面的关系和联系出发，从整体上综合地把握对象，实现从"部分相加等于整体"上升到"整体大于部分相加之和"的综合。

运用系统思维方式综合地考察和处理安全问题，是现代化工业、社会和科学发展的客观要求。现代化社会发展使人们进入"地球村"，人类对安全要求空前提高，事故的负面影响迅速扩大，导致人们对安全问题关注的多元化；现代工业生产的集中化、复杂化、自动化，其中的系统安全保障更加关键和复杂，导致安全问题的耦合化；现代科学技术的发展在给人类带来各种便利和享受的同时，也伴随众多留给后代的各种"负效应"，导致美好向往和风险忧患的对立化。

2. 两种思维方式的比较

与系统思维方式相对立的是传统思维方式，是以形而上学的认识论为指导的"孤立、静止、片面的观点"观察事物的思维方式。传统思维方式把被研究对象分成若干独立部分，将其行为定义为各独立部分特性的简单相加；忽视研究对象内外部要素的联系、运动、变化和发展，以固定观念理解研究对象的演化规律；忽视对研究对象历史性的、全周期的观察，仅关注其局部、短时的表现。

两种思维方式在表面上看好像只是形式上的不同，事实上却有本质的差别，用两种方法处理同一问题所得结果是不同的，如表 1-1 所示。

表 1-1　系统思维方式与传统思维方式的区别

对客观事物的认识	系统思维方式	传统思维方式
出发点	整体	部分
研究基点	各组成部分之间的关系	把部分当成孤立的单元
研究顺序	从整体到局部（或由上级到基层），再由局部（或由基层向上级）综合	从局部到整体，由基层到上级
局部目标和整体目标的关系	局部目标必须服从整体目标，整体目标是局部目标的综合	以局部利益为基础形成局部目标，将局部目标叠加，形成整体目标
考虑系统状态	动态地研究事物的全过程	静态地研究事物的单一过程

随着科学技术的发展，人类社会活动不断大型化和复杂化，出现了许多庞大而复杂的系统，如社会经济系统、生态系统、管理系统及本书研究的安全系统等。其系统化的特征更加突出：

（1）规模越来越大，结构越来越复杂。

（2）需要从时间、性能、费用、可靠性、可维修性等方面进行综合评价。

（3）不确定因素越来越多和要求准确性越来越高的矛盾日益加深。

（4）需要处理的信息量越来越大，信息的作用也越来越强。

（5）解决问题需要各学科协同等。

面对这些复杂的巨系统，孤立、静止、片面的传统思维方式不仅是无益的，甚至可能是有害的，它不能正确地揭示这些系统的本质特征，严重干扰和误导了对系统的认识、分析、构建和维护。因此，摒弃传统思维方式，始终坚持辩证唯物论的系统思维是研究系统问题的基本原则，也是研究安全系统的基本原则。

1.2　安　全　系　统

1.2.1　安全与安全哲学

1. 安全

关于安全有多种不同的解释。在生产、生活系统中，相对科学的解释是：安全是能将人员伤亡或财产损失的概率和严重程度控制在社会可接受的危险度水平之下的状态。

这一概念基于"危险无处不在"这个基本认识，将可量化的安全指标引入主观世界与客观世界的对立统一关系之中。以"伤亡或损失的概率和严重程度"来表达客观系统的危险性，而以"社会可接受危险度水平"来表达人们主观上的安全标准，通过辨识、评价这些可以量化的指标值，在主观标准与客观状态的比较中确定系统的安全程度。

这一概念的科学价值在于运用严谨的数学化语言定量化地表述安全这一抽象、模糊的概念，使安全成为可以系统化和公式化的知识，安全也因此成为一门科学。正如马克思所说："一门科学只有当它达到了能够成功地运用数学时，才算真正发展了。"[①]这一概念的工程技术价值在于，面对具体的安全工程问题，可以通过运用各种数学方法和工程技术手段来定量化表述系统中的危险性及安全程度，有重点地采取可以量化预测的工程技术措施，从而为实现系统化的安全目标指出工程技术方向。

2. 安全的特征

关于安全概念的各种解释都包含以下共同的特征。

1）安全是相对的

安全的相对性是由系统中的危险性和安全性共存决定的。任何系统中安全与危险的关系可以参照图 1-2 来说明。其中，左右两端的圆分别表示系统处于绝对危险或绝对安全状态。由于任何实际系统都包含一定的危险性和一定的安全性，因此可以用介于左右两圆之间的一条垂线表示其实际状态。垂线的上半段表示其安全度（安全性的量度），下半段表示其危险度（危险性的量度）。当实际系统处于"可接受的危险度"线（图 1-2 中虚线）的右侧时，人们认为这样的系统是安全的。

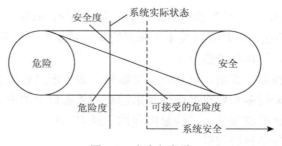

图 1-2　安全与危险

假定系统的安全度为 S，危险度为 R，则有

$$S = 1 - R \quad (0 < R < 1) \tag{1-1}$$

显然，R 越小，S 越大；反之亦然。若在一定程度上消减了危险性，就等于提高了安全性。当危险性小到可以被接受的水平时，就可以认为系统处于安全状态。

2）安全是动态的

安全是动态的，是因为系统的客观状态和人们可接受的危险度都是动态变化的。

通常，客观系统的危险性是不断增长的。一方面，生产活动在创造物质财富的同时带来大量不安全不卫生的危险因素，并使其深度和广度不断拓展，增加了发生火灾、爆炸、毒物泄漏、空难、原子辐射、大气污染等事故的可能性；另一方面，技术进步使生产的集中度和关联度提高，一旦发生事故，其影响范围和严重程度也有所增加。因此，在图 1-2 中表现为客观系统的实际状态有向左方（危险方向）移动的趋势。

人们对客观系统危险性的承受能力是不断减弱的。人们在满足基本生活需求之后，不断追求更安全、更健康、更舒适的生存空间和生产环境。人类对安全目标的向往和追求具有永恒的生命力。因此，在图 1-2 中表现为社会可接受的危险度有向右方（安全方向）移动的趋势。

安全的动态趋势构成了安全的一对基本矛盾，即危险因素的绝对增长和人们对各类灾害在心理、身体上承受能力的绝对降低。在这对矛盾中，后者是人类进步的表现，无可厚非；因而前者是安全工作者要认真研究的主要矛盾方面。安全工作的艰巨性在于既要不断深入地控制已有的危险因素，又要预见并控制可能和正在出现的各种新的危险因素，以满足人们日益增长的安全需求。

3）安全是需要定量化的科学

安全的科学概念至少涉及三个重要的量化指标，即系统事故发生的概率、事故损失的严重度及社会可接受的危险度。安全作为科学，必须对这些指标进行定量的分析。安全科学的发展进程，就是不断对这些量化指标进行精确化的进程。具体地说，为了确认系统所达到的安全程度，必须首先确定其危险度（包括系统事故发生的概率、事故损失的严重度），再与社会可接受的危险度相比较；为了实现系统安全，也必须有重点地采取控制措施，使系统处于社会可接受的危险度之内。

3. 安全的属性

安全的特征决定了其具有自然和社会双重属性。

安全的自然属性表现在两个方面：一方面，安全是人的生理与心理需要，或者说由生命及生的欲望决定了的自我保护意识，这是天生的，是安全存在的主动因素；另一方面，人类对天灾的无奈及新陈代谢、生老病死规律的不可抗拒，使人们不得不重视生命安全，这虽然是被动因素，但它与前一个主动因素相结合，就决定了安全是自古以来人类生活、生存、进步的永恒主题。

安全的社会属性也表现在两个方面：一方面，自从人类有组织活动以来，社会安定、有序、进步始终是各社会阶段追求的目标，而这一目标实现的重要标志之一就是安全，这是社会促动安全的主动因素；另一方面，人类的社会活动如政治、军事、文化、社交等，有的对安全直接起破坏作用，有的间接影响着安全，人类的经济活动如职业卫生、高技术灾害（化学品致灾、核事故隐患、电磁环境公害、航天事故、航空事故等）、交通灾害等则不仅产生一系列安全问题，还导致环境（包括自然环境和人为环境）恶化，使人类生活、生存受到日益

严重的威胁，这是社会破坏安全的被动因素。安全的主动因素和被动因素同生共存、此消彼长是安全的社会属性的基本表现形式。

安全的自然属性与社会属性中都存在很强的促动安全的主动因素，这是安全科学发展的基础。安全既是理念的，又是物质的；既是主观抽象的，又是客观有形的；既是当前的实实在在的事物，又可能是将来的一个永远追求的目标。

4. 安全哲学

安全哲学即人类对安全的总体认识，是人们在安全领域的世界观和方法论的总和，为安全科学提供认识论和方法论基础。

安全哲学与一切哲学一样，都要解决思维和存在的关系的两大问题，即思维和存在、意识和物质何者为本原的问题，以及思维和存在的同一性问题。唯物主义安全哲学认为人类所面临的各类安全问题决定了安全意识；人类的安全思维能够正确地认识所面临的各类安全问题。

人类社会活动和生产活动一直伴随着人为或自然带来的意外事故和灾难的挑战，涉及的安全领域日趋多元化，面临的安全问题日趋复杂化。面对生存和发展的威胁，人类开展了不屈不挠的斗争，承受了大量血的教训，也积累了丰富的斗争经验，对安全的认识逐渐深化，对实现安全的理论和方法不断充实。因此，人类发展史就是对安全的实践—认识—再实践—再认识的历史，即安全哲学不断完善、不断提高的历史。迄今为止，人类安全哲学发展的脉络可以简要划分为四个阶段，见表1-2。

表1-2　人类安全哲学发展的脉络

阶段	时代	技术特征	认识论	方法论
I	工业革命前	农牧业及手工业	听天由命	难有作为
II	工业革命～20世纪初	蒸汽机时代	局部安全	亡羊补牢，事后型
III	20世纪初～20世纪50年代	电气化时代	系统安全	综合对策及系统工程
IV	20世纪50年代以来	宇航技术与核能	安全系统	本质安全化，预防型

1）听天由命的安全哲学

工业革命前，人类安全哲学具有宿命论和被动型的特征。在认识论上，常把事故和灾害看成是人类无法抗拒的"天意"，"谋事在人，成事在天"，只能乞求神灵保佑。在方法论上，对于事故对生命的伤害束手无策，只能是被动地承受。人类的生命保护和生活质量无从谈起，人类的安全与健康难以保障。随着社会生产力的发展，人们不断克服这种认识上的不可知论和方法上的无能论，逐渐重视并不断积累积极有效的安全技术和方法。我国战国时代西门豹"河伯娶妇"的典故，就是对听天由命安全哲学的批判。

2）局部安全的安全哲学

17世纪～20世纪初，随着生产方式的变革，人类进入蒸汽机时代，技术的发展使人们的安全认识上升到经验论水平。在认识论上，人类用鲜血和生命换来了经验和教训，面对事故与灾害类型多样性和严重性，开始确立了以事故与灾难的经历为基础的局部和个别的安全认识。在方法论上，在主动与事故抗争意识的指导下，实施了"亡羊补牢""头痛医头"式的有限手段。典型的表现如：认为少数工人具有事故频发的倾向是事故的主要原因，就事论事的事故整改措施等。

3）系统安全的安全哲学

20 世纪初～20 世纪 50 年代，随着工业社会的发展和技术的不断进步，人类的安全认识论进入了系统论阶段。在认识论上，一方面，对某些特定的生产领域或行业系统所存在的危险、有害因素的特征有了较为全面的掌握；另一方面，对事故发生、发展的规律及本质有了较为深刻的理解，从而建立了适应特定的生产领域或行业的系统分析和综合认识观。在方法论上，推行了基于危险源辨识和评价的系统安全分析方法，实施了特定的生产领域或行业适用的危险控制事故预防技术。

系统安全认识阶段的主要特征表现在两个方面：

（1）认识的系统性。它指在特定行业、领域范畴内的系统性，包括对特定行业、领域系统性的安全认识和系统性的安全对策。系统安全的认识论是人类系统观与行业安全问题融合的产物，人们开始意识到安全问题（包括各类事故）不是一个孤立的事件，而是一个有各种要素综合作用、不断发展的系统问题。典型的表现如：煤矿安全要同时关注瓦斯、煤尘、矿山突出、突水、冒顶等多重风险；化工安全要兼顾危险物料、重点工艺、特种设备等综合要素；火灾发生需要可燃物、着火源和助燃物三要素同时具备；事故是两类危险源共同作用的结果等。系统性的安全对策是人类在事故的预防和控制过程中，不再依赖单一的方法，而是需要采取多元的、分层次的、持续的、系统化的对策和措施。典型的对策如：人、机、环境、管理是控制事故的综合要素；安全管理需要全方位、全人员、全周期的推进等。

（2）认识的局限性。它指在一定的系统观下的局限性，包括安全认识论的行业局限性及时代局限性。安全认识论虽然脱离了局部和个别的安全认识，但其认知的来源还仅限于某些特定的生产领域或行业系统，是人们对这些行业领域中安全经验的抽象和总结，还是一种自发的系统认识行为，没有成熟的安全科学理论为指导，不能实现从特定的生产领域或行业安全抽象出系统安全认识论。典型的表现如：煤矿系统安全的认识论不能与化工系统安全的认识论共融；煤矿安全的技术措施和方法不能与化工安全的技术措施和方法相通；不同领域的安全法律法规不能抽象成一般的安全原则等。

系统安全认识论是目前我国的主流安全哲学，对于安全科学与工程的理论研究和实践探索，对于不同行业、领域事故的预防和控制都起到并将继续起到重要的指导作用。

4）安全系统的安全哲学

随着人类社会的发展和生产技术的进步，原有生产领域和行业的不断交叉融合，安全问题不断复杂化、耦合化。人类的安全认识论进入了本质论阶段，超前预防型成为现代安全哲学的主要特征；在方法论上讲求安全系统性、主动性、超前性，构建全面的事故预防安全工程体系。人类的安全认识论和安全方法论大大推进了现代工业社会安全科学技术的发展和处理意外事故的手段的多元化，从而产生了安全系统的认识论和方法论。

安全系统的认识论的主要特征也有两个方面的表现：

（1）对安全系统的本质化认识。安全问题是一个满足人类基本需求的复杂的系统问题，具有其特殊的内涵和外延。人类开始认识到，面对日益增加的危险、有害因素和日益扩大的事故灾害、健康威胁，为了在人类自身平安、保全的基础上，实现生产、生活更加健康、和谐、舒适、有尊严的更高的安全追求，必须深刻探究安全系统的本质规律，构建完善的、系统化的安全保障条件。具体表现如：在生产系统的危险因素和事故得到有效控制之后，在人机系统中更加重视人类工效学设计，更加关注劳动中的职业健康和身心愉悦，关注对生态环境的保护等。

（2）对安全科学内涵的认识。人们开始关注到，解决复杂的系统安全问题，不仅需要安全系统的构建，更需要安全科学的指导。要在总结领域或行业安全问题解决经验的同时，摆脱领域或行业的局限性，揭示安全科学的一般规律，探讨安全技术通用内核，来指导复杂的系统安全问题的解决；要突破事后防范、单项安全的被动、狭隘的应对，根据安全问题耦合化、动态化的特点，设计本质安全系统，实现全周期、全方位系统安全。具体表现如：突破行业领域局限分析危险因素和探索事故致因；从人、机、环境系统耦合关系发掘系统本质安全的规律；以安全系统论思维、安全控制论和安全信息论普适化技术构建自组织、自适应、自动控制与闭锁的安全系统等。

安全系统认识论是人类全面、主动、本质化的安全哲学，是对安全的本质、运动变化规律及其保障条件的认识，是人类对安全从现象到本质的理论认识规律上的一次科学革命，是人类在安全领域实现从必然王国走向自由王国梦想的不懈追求，代表当代安全哲学的最高境界。

安全系统认识论在我国尚处于萌芽阶段，如何认识和构建安全系统，尚缺乏清晰自觉的意识和广泛统一的标准。随着现代化、大工业时代的到来及人类安全认识的不断深化，人类的安全哲学必将逐步由系统安全认识论向安全系统认识论发展。因此，在安全哲学的发展历程中，人们要提高系统安全认识论向安全系统认识论发展的主动性。

1.2.2 安全系统及其特征

1. 安全系统

安全系统（safety system）是以人为中心，依据其对需提供安全保障的客观系统中存在的各种危险、有害因素及其可能引发的事故的规律性认识，采取各种教育管理、法规制度、工程技术等手段，消除事故隐患和事故滋生的条件，以保障人类自身安全、健康和客观系统和谐稳定、满足人类日益增长的安全需求为目的，而规划、设计、构造、运行的主观系统。

安全系统是在对事故系统认识基础上发展起来的，以人们对事故的认识、对事故系统的研究为基础。但是，随着社会的进步，人类在生产劳动过程中，不但要防范和杜绝可能造成人员伤亡和财产损失的各类事故，还要摆脱这种被动、应付式的安全观，追求健康、愉悦、舒适、有尊严等更高的安全期望，安全系统就是要满足这些需求。

安全系统是在行业或领域系统安全的实践中发展起来的。人们在行业或领域系统安全实践中总结和探索的经验、规律，构成了人们在这些行业或领域系统的安全认识和能力，即特定的"系统安全"观，为安全系统的形成提供了广泛的思想和技术源泉。但是，安全系统不能局限于这些"系统安全"的经验和规律，而要随着安全科学的发展，在更广阔的领域和更高级的层面探索人类安全的主观追求和客观规律，安全系统就是要满足这些需求。

1）从系统论的角度看，安全系统是一类具有自身安全和功能安全的复合系统

按照钱学森的系统概念，安全系统可以引申为：安全系统是相互联系、相互作用、相互制约的人、物、事诸因素结合成的，具有主观系统自身安全和被保护客观系统安全双重功能的有机整体。

被保护客观系统又可称为被保护系统，是一个十分宽泛的概念。在生产领域，一切具有安全需要的领域都可能成为这样的客观系统，大到矿山生产、化工生产、建筑施工、交

通运输、社会公共等行业、区域，小到某个设备、工艺、作业等事件、行为。

安全双重功能是指任何安全系统都与人类的生产、生活的被保护系统运动过程相关联，都以这些客观系统的安全保障为目的。安全系统不但要保障自身的安全，具有较高的安全、可靠度，而且要保障作为其服务对象的客观系统的安全。

因此，安全系统是一个主观系统和客观系统相融合、互为条件的系统。没有客观系统中存在的各种危险、有害因素，就没有规划、设计、构造、运行主观系统用以保障人类自身安全和客观系统和谐稳定的必要；反之，没有主观系统的保障，客观系统就会在事故中消亡。

具体地说，安全系统要在其设计、建造、运行、废弃的整个生命周期中，以其内部要素的安全性为基础，通过对被保护系统进行监测、预警等安全信息的传递及屏蔽、控制等安全技术的实施，杜绝和减少可能的危险、有害因素，预防和控制相关事故及其恶果，实现主客观复合系统全面的、动态的、全程的安全功能，如图 1-3 所示。

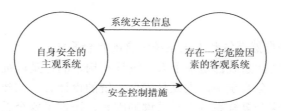

图 1-3 安全复合系统的自身安全和功能安全

2）从安全哲学的角度看，安全系统是人类安全认识、安全哲学发展的产物

安全是人类的基本需要，任何与人类相关的系统都离不开安全系统。安全系统是以安全本质论与事故预防型的认识论为指导，体现安全领域思维和存在、意识和物质关系的系统；安全系统的目标是使人类彻底摆脱事故、危险的威胁和困扰，实现体面、舒适、有尊严的工作和生活。

安全系统是与人类安全认识论进入第 IV 阶段相适应的一个不断发展、完善的系统。安全系统既体现了人们对客观危险的认识水平和辨识能力，又体现了人们对事故的预防及控制的技术水平和管理能力。安全系统的保障能力是时代进步和科技发展的产物。安全系统代表人类安全认识在从必然王国向自由王国过渡的最高阶段、人类安全哲学的最高层次。

安全系统具有两个相互关联又有不同侧重的内核——本质安全与事故预防，通过自身安全和被保护系统的本质安全化实现对事故的预防。前者是指系统本身所具有的能够即使在误操作或发生故障的情况下也不会造成事故的安全性，是以事故不可能发生为系统功能目标；而后者则是指系统能够及时发现事故的萌芽并预先防范事故，是以事故有可能不发生为系统功能目标。鉴于事故具有隐蔽性、随机性，人们对危险、有害因素及其引发事故规律的认识具有一定的未知性，因此从统计学和认识论的角度看，事故总会以某种方式或某种程度出现。从这个意义上说，安全系统本质安全的准确含义应该是"本质安全化"，即通过不断提高安全系统预防事故的能力，强化安全防护的水平，不断提升安全系统的功能。

可见，作为本质安全论与事故预防型综合的安全系统，不限于对个别危险因素的预防和控制，而是在整体上实现对危险因素的减弱和控制，以促进系统本质安全化作为安全系统追求的目标，如图 1-4 所示。

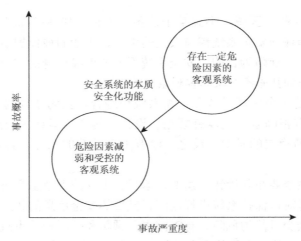

图 1-4　安全系统本质安全化功能

2. 安全系统的归类

1）安全系统是一个自然系统和人工系统组合的复合系统

任何人类的生产、生活系统都是基于人工设计和构建的、是以征服和改造自然为目的人与自然共存的系统。在安全系统中，人既是安全系统的设计者、构建者，又是系统提供安全保障的主要对象，人是这个复合系统中最关键的因素，决定了安全系统的功能结构和运行模式；安全系统的设计和运行，又必须顾及自然法则的存在和演变规律，受到生产、生活系统运行的自然条件等客观要素的制约。

2）安全系统是一个开放系统

安全系统以被其服务的特定领域的运行状态信息为根据，决定是否采取或以何种方式采取安全干预措施，进行信息的交流、物质和能量的调整，实现该特定领域的安全功能。因此，安全系统是与环境有信息、物质和能量交互作用的开放系统。特定领域的运行状态发生变化时，安全系统根据这些变化调整自己的工作状态，跟踪特定领域的发展趋势，保证自身的稳定运行状态。因此，安全系统是自调整或自适应的系统。

3）安全系统是一个动态系统

安全系统的功能决定安全系统必须是一个动态系统，主要表现在：

（1）安全系统的服务对象是变化的。这不仅在于安全系统服务的任何特定领域都是发展、变化的，而且在于人们对该领域的危险因素认知是不断深化和完善的。

（2）安全系统的功能需求是变化的。从人类对安全的认识过程可知，随着人类的进步和社会的发展，人类对劳动生产上的安全需求从不死、不伤，到健康、体面、有尊严以致享受过渡，其安全需求是不断提升的。

（3）安全系统的构建技术是变化的。伴随人类科学技术的进步和认识水平的提高，人们对安全系统构建、运行的技术能力和管理水平是不断进化的。

4）安全系统通常是一个非线性复杂巨系统

安全系统的巨大性在于安全系统通常由一系列子系统构成，而这些子系统在保障自身安全功能的同时，还要为上一级系统实现更高的、整体的安全功能服务，即系统内部的层次复杂，系统的功能和行为不是各子系统功能和行为的简单叠加或复合；其复杂性在于安全系统通常是生产系统、社会系统、生态系统、人体系统等的综合，甚至可能还有人类意识活动参与到系统中；其非线性是指安全系统运动、发展过程具有一定的随机性，其功能具有一定的不确定性，因此难以完全人为控制或预测。

3. 安全系统要素及功能模式

1）安全系统要素

安全系统与任何复合系统一样，都可以简化为人、物及人与物关系的实现方式（"事"——实现的方法和形式）三个要素（图 1-5）。其中，人——作为主体表现出安全素质（如心理与生理素质、安全能力、文化素质等）；物——一切相对于人的客体表现出安全品质，如设备安全可靠，环境适宜友好，能量有效控制（杜绝意外释放），信息畅通、充分、真实（保证安全效能的充分发挥）；事——人与人、物与物、人与物因人类安全需要而构成的相互关系，这些关系及其运行方式决定了安全系统功能的实现。

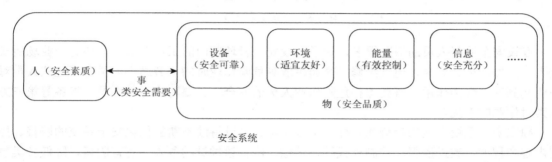

图 1-5 安全系统要素及功能

为了实现安全系统的功能，安全系统与被保护系统形成了独立安全系统和嵌入安全系统模式。

2）独立安全系统

独立安全系统又可称为安全相关系统（safety related system），是独立于被保护系统之外、仅以独立的、外在的"安全保障条件"为存在依据。独立安全系统不干预该客观系统自身功能的实现，而是作为客观系统的环境单元，观察、监督其运行状态，必要时采取安全控制措施（如停止或减缓客观系统的运行等应急措施），从而限制、约束、保障其以安全的模式存在、运行、发展，其结构如图 1-6 所示。由于只有专门设定了独立安全系统的特定领域才具有这种结构和安全功能，因此这是一种狭义安全系统。

独立安全系统的主要类型包括：专设安全设施、安全监控系统、专设安全管理部门、专设安全监督人员等。

专设安全设施主要包括信号报警及安全仪表等系统，它们是保证安全生产的重要措施之一。大多数工业过程的专设安全设施都要求采用失效安全的设计原则，即使系统在特定的故障发生时转入预定义的安全状态（如停车、低能量运行等）。另外，为了减少失效，还经常会有防腐、防尘、防震、防电磁干扰、防爆等要求。

安全监控系统是运用"旁站"模式监督、测定、分析被保护系统的状态表征和特征参数，经与预定的危险阈值相比较，决定是否采取安全控制措施或采取何种安全控制措施的系统。

专设安全管理部门是各级安全监督管理机构。该部门依照相关法规组织和实施安全管理的各项工作，以实现控制事故、消除隐患、减少损失，达到系统最佳安全水平。

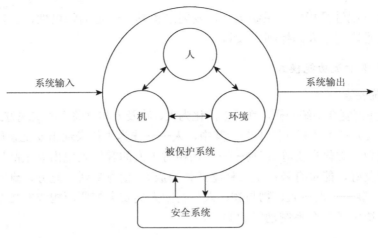

图 1-6　独立安全系统

专设安全监督人员的情况很多，除了专设安全管理部门的工作人员外，还有作业场所安全人员，如动火、登高、电气维修、交通疏散等危险作业时的"旁站"人员等。这些人员对作业起到双重保障作用，既要保护危险作业人员的安全，又要防止无关人员、设备等第三方因素对作业的干扰。

独立安全系统发展的趋势和目标是事故预防。通过持续不断的优化安全系统的监督、控制内容和程度，改进监督、控制模式等，消除、降低该领域的危险、有害因素，降低各类事故发生的概率，减轻事故的恶果，实现系统安全功能。

3）嵌入安全系统

嵌入安全系统是将安全系统的要素及其功能融入被保护系统，以安全保障条件和系统内在功能的有机关联、耦合关系为研究对象而构造的"本质安全"的安全系统。安全系统内化在特定领域中，通过人、机、环境诸因素各自的安全及相互有机关联，确保客观系统以安全的状态存在、运行。例如，在特定的工业生产领域，嵌入安全系统是由人-机-环境子系统构成的现实生产系统，以及内化并制约现实生产系统的安全技术、职业卫生和安全管理等安全系统所构成的，以保障该工业系统达到预定的安全水平的有机整体，其结构如图 1-7 所示。由于任何被保护系统在其自身设计、构造、运行中都具有一定的安全性，在一定程度上都有某种安全系统的结构和功能与之相伴，因此这是一种广义的安全系统。

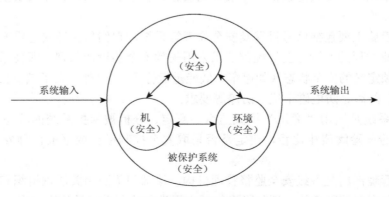

图 1-7　嵌入安全系统

嵌入安全系统的耦合性决定其除了具有一般系统的特点外，还有自己的结构特点。第一，它是以人为中心的人机匹配系统，在系统安全功能的实现过程中充分考虑人与机器的互相协调作用。第二，它是工程系统与社会系统相结合的系统，在实施工程技术手段的同时，重视政治、文化、经济技术和家庭等社会因素对系统中处于中心地位的人的影响。第三，它是自适应系统，要对系统内事故（系统的不安全状态）的发生、发展具有充分、敏捷的适应性。

嵌入安全系统发展的趋势和目标是本质安全化。通过持续不断地优化、改进被保护系统的结构和运行模式，巩固和完善其内在的安全水平，实现系统安全功能。

通常，对于被保护系统，为实现其本质安全和事故预防的目的，往往是嵌入安全系统和独立安全系统兼而有之，或各有侧重。

4. 安全系统的一般特征

1）安全系统的整体性

安全系统的整体性体现在时间上的延续性及空间上的协调性。在时间上，安全系统要经历从诞生到消亡的过程，安全系统当前的状态既是其先前发展的结果，又是其今后发展的根据。在空间上，安全系统是所有元素构成的复合统一整体，一个整体系统是任何相互依存的集或群暂时的互动部分。"部分"又是由系统本身和其他部分所组成，这个系统又同时是构成其他系统的部分或"子整体"。

因此，对于安全系统，不但要观察其静态特征（现状），还要顾及其动态特征（发展历程和演化趋势）；不但要研究其各个构成要素及其相互的联系，还要在宏观上把握其系统的功能及实现方式。必须从安全系统的整体出发，从组成系统的演化过程和系统各要素间的相互关系探求系统整体的本质和规律，实现被保护系统的整体安全。

2）安全系统的层次性

安全系统具有一定的层次结构，各层次之间又相互交叉、相互作用。安全系统的功能是由各层次的安全功能来保障的。只有实现了所有下一级、所有局部的安全工程，才能实现安全系统的整体功能，即安全系统的层次性特征决定了任何安全系统都是以低级的安全功能保障高级的安全功能，以局部的安全功能保障整体的安全功能。

因此，根据系统层次性特点，为了确保安全系统的运动效能，不但要明确系统的各个部分、各个方面和各种因素的相互联系，分清系统层次结构及其安全功能，还要考察安全系统的整体结构和功能。这样，才能明确层次间的任务、职责和权利范围，使各层次有机地协调起来。

3）安全系统的目的性

安全系统以实现被保护系统的安全为目的。安全系统应始终保持这一特性，并贯穿于系统发展的全过程，集中体现于系统发展总趋势。安全系统的各子系统功能、各基本要素的集合，均应为实现系统的安全目的服务。

因此，安全系统的目的性要求人们既要明晰系统应该达到的目的，展望系统的总体发展方向，又要分析和研判安全系统自身所处的状态和发展阶段，分析和研判安全系统内各子系统、各基本要素的安全效能，不断实行反馈和调节，使系统的发展顺利导向其目的。

4）安全系统的适应性

任何安全系统都服务于某一特定的领域，安全系统必须适应该领域的生存状态和运行条件。由于对特定领域安全需求的认识水平及安全系统自身构建的技术水平限制，且该领域尚处于发展、变化之中，安全系统必须能够辨识、适应这些发展变化，不断提升安全技术水平，才能保障安全功能的实现。

因此，安全系统应具有随环境的改变而调整其运行状态的机制，应具有抵御环境干扰、修补系统功能和结构缺欠的特殊能力。

5. 安全系统的独有特征

除了整体性、层次性、目的性、适应性等一般系统共有的特征之外，安全系统因其特定的功能和属性而具有开放性、非确定性、混沌性、突变性等一些独有的特征。

1）开放性

安全系统是客观存在的，这是因为安全系统是建立在安全功能构件的物质基础之上，但同时安全系统总是寄生在客体（另一个系统）中。由于被安全系统服务的客体是开放的，因此安全系统也必须是开放的。在功能结构上，安全系统必须是兼容并包的，根据客观系统的安全需要进行拓展和完善；在运行过程上，安全系统必须不断地广泛获取和分析客体的能量流、物流和信息流的流入、流出信息，通过其非线性变化趋势辨识事故发生的可能性、确认系统的安全性，因此安全系统具有开放性特点。

开放性不仅是安全系统在动态中保持稳定存在的前提，还是安全系统复杂性及安全-事故转换发生的重要机制。

2）非确定性

非确定性是指具有演化方向和演化结果不确定，或者具有刻画事物运动特征的特征量不能客观精确地确定的特征。非确定性包括随机性和模糊性。

随机性源于内在随机性和外在随机性两个方面，前者是在不含任何外在影响因素作用下，完全由系统内部产生的随机性（如产生混沌），又称为本质随机性；后者则是因其外在影响因素的随机作用而产生的随机性。在安全系统内部，人、物、事都可能存在不确定情况，而在安全系统的外部，环境的随机性变化也会对其产生影响，因此对安全系统而言，内在随机性和外在随机性都可能存在。

模糊性是不能用一个分明的集合来表达其事物外延，使其在概念的正反两面之间处于亦此亦彼的状态，从而对事物的本身不清楚或衡量事物的尺度不清楚。对于安全系统，就是指系统的构成及其相互关系，以及组成与目标的关系不清楚。造成这些不清楚的原因包括主观和客观两个方面，即具有主观模糊性和客观模糊性。首先，为刻画安全运行轨迹，以模糊数学方法建立的数学模型具有主观模糊性，因为数学模型常常不可能"严格地"确定安全系统各要素之间及其与目标之间完整的客观关系。当然，对于自然因素及其与技术因素之间的关系尚好确定，而对于社会因素及其与技术因素的耦合关系将难于量化，因而也难于建立准确的数学关系。应该强调的是，出现上述问题不完全是由于安全系统本身不清楚，它可能只是人们对安全系统主观模糊性的表现。

另外，对安全系统安全度的评价尺度及构成安全度等级的评价指标体系也具有客观模糊性，即从事物的本质上无法给出其客观衡量标准。

3）混沌性

安全系统是有序与无序的统一体。

序主要反映事物组成的规律和时域。依据序的性质，可分为有序、混沌序和无序。有序通常同稳定性、规则性相关联，主要表现为空间有序、时间有序和结构有序；无序通常与不稳定、无规则相关联；而混沌序则是不具备严格周期和对称性的有序态。现代复杂系统演化理论认为，复杂系统的演化中，不同性质的序之间可以相互转化。安全系统序的转化结果是否引发灾害或使灾害扩大，取决于序结构的类型及系统对特定序结构下的运动的承受能力（灾害意义上的）。

安全系统的开放使系统不断地进行物质、能量、信息的交换，从而出现从原有的混沌无序状态转变为一种在时间、空间或功能上的有序状态。一旦安全系统出现被组织情况，如不可预见的天灾，人为诱发地震、战争，人为纵火、违规操作等，则会发生灾难或事故。

有序和无序、确定性和非确定性都会在系统演化过程中通过其空间结构、时间结构、功能结构和信息结构的改变体现出来。

4）突变性

安全系统的发展变化过程在本质上服从量变引起质变的原理。

任何突变都是在渐变的积累下发生的。渐变是系统外在状态的改变，是渐进和平和的。安全系统的渐变，既源于被保护系统所存在的危险源的数量和状态的微小变化，又源于安全系统本身功能的微小变化，这些变化通常不会引起事故，但可能使系统逐渐逼近发生事故、安全系统功能失效的阈值。

突变通常是系统内在性质的改变。对于安全系统，其突变性质主要表现在两个方面：一是被保护系统所存在的危险源在内因或外因的刺激下发生突变，使系统进入意外状态，如致灾物质或能量发生突然释放，则可能引起事故；二是安全系统本身也可能在内因或外因的刺激下发生突变，使系统的安全功能丧失。

掌握安全系统的突变性质，一方面要根据系统突变的阈值，设定安全预警点，及时采取应对措施，防止事故的发生；另一方面要采取防止系统恶化的主动措施，"防微杜渐"，实现系统的本质安全。

综上所述，安全系统虽然与一般系统、非线性系统等有若干共同点，但安全系统的个性还是非常明显，这是决定它客观存在并区别于其他系统的根本原因。

1.2.3 事故系统

安全系统存在的依据是被保护系统存在发生事故、不能满足安全需求的可能性，甚至安全系统本身也可能发生事故（很多情况下被称为安全系统的失效或故障）。因此，安全系统要研究两个系统对象，对于主观系统，需要研究自身安全和事故防控问题；对于被保护系统，需要研究危险因素和事故规律问题。只有充分认识事故系统，才能能动性地规划、设计、运行安全系统，使之有效地实现安全功能。

1. 事故与事故系统

事故是在生产活动中，由于人们受到科学知识和技术力量的限制，或者由于认识上的局限，当前还不能防止，或能防止但未有效控制而发生的违背人们意愿的事件序列。事故的发生可能迫使系统暂时或较长期的中断运行，也可能造成财产损失或人员伤亡（合称为损伤），或者二者同时出现。

事故系统（图 1-8）是使系统向着崩溃的、人们不希望的方向恶化，最终可能导致系统发生突变的相互联系、相互作用的诸元素的综合体。事故系统涉及 4 个要素（通常称 4M），其中事故的最直接要素是人（men）——人的不安全行为，机（machine）（这里的"机"泛指一切设备、设施等生产资料和物质资料，可统称为"物"）——物的不安全状态；事故的间接要素是环境（medium）——不良环境影响人的行为和对机械设备产生不良的作用，管理（management）——管理欠缺对人、机、环境都会产生作用和影响。任何一次事故的发生和发展总是这 4 个要素相互作用的结果，认识事故系统的结构要素及其演化规律，有助于明确防范事故的基本途径和目标。

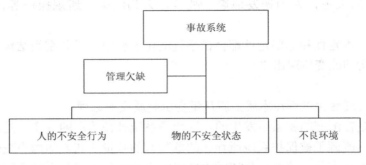

图 1-8　事故系统及要素

2. 事故的系统观

事故的系统观是用辩证唯物论的系统思想认识事故。事故的系统观认为：

1）事故是系统内外部因素耦合作用的结果

存在于系统内部和外部的人流、物流和信息流之间、在系统运动过程中的消极影响导致了人-机-环境系统恶化，以致发生各类事故。人流的原因包括人本身的缺陷、知识和技能及管理的缺陷，物流的原因包括生产资料、劳动资料、作业环境和自然环境等方面的缺陷，信息流的原因包括知识、技能、法律及法规、管理制度、文件及其交流等的缺陷。

多因素综合作用的事故系统观摆脱了通常人们在研究事故和防治事故中仅限于从直接结果和直接原因入手去考察和探究事故现象的形而上学的认识论，使对事故的认识更加深刻、分析更加透彻。将管理和防范的视野聚焦在对系统内外部因素耦合作用的预防上，有利于提高事故防范的自觉性、有效性。

2）事故经历了动态发展的事件序列

事故不是一个独立的意外事件，事故的发生经历隐患、故障、偏差直至事故触发的过程，事故的发展也经历了事故触发—事故萌芽—事故初发—事故扩大—事故发展—事故结束—系统恢复等阶段。事故发生、发展的过程和阶段是承前启后、互为因果的事件链。对事故不但要预防其发生，而且要控制其发展，针对整个事件链采取措施，消除触发条件、遏制其萌芽、扑灭在初发、控制其发展、严防其扩大。

动态发展的事故系统观实现了从系统的宏观角度动态、全面地研究和认识事故的规律，有利于在安全生产的实践中全方位、全过程地提出解决安全问题的途径和方法，使事故的预防和控制措施更全面、更精细。

3）事故是具有未遂、损伤等多种后果的意外事件

通常人们只把损伤事故（产生直接的人员伤亡和财产损失后果的事故）当成事故看待，而轻视对一般事故（未产生直接人员伤亡和财产损失后果的事故）的预防，这不但在认识

上是错误的，对事故的预防也是不利的。美国安全工程师海因里希从数万次事故的统计中得到著名的 1∶9∶300 法则，即未遂事故是事故的主要表现形式，损伤事故仅占 10%左右。不重视对未遂事故的预防，不从大量未遂事故中探究其规律，就不可能有效地预防和控制事故。

重视未遂事故的事故系统观使人们摆脱了对事故恶果的侥幸观点和功利思想，将一切非人们期望的、将系统暂时或永久性中断的现象都作为事故看待，从而为本质化安全系统的构建提供认识论基础；以减少未遂事故为起点预防和控制事故，分析事故原因、杜绝事故隐患，扩大了事故管理的范围，从而为指导安全生产实践提供了正确的方法论。

值得注意的是，目前我国以死亡人数和损失的多少进行事故分类（例如，对一般事故，定义为造成 3 人以下死亡，或者 10 人以下重伤，或者 1000 万元以下直接经济损失的事故），这在客观上起到了"未遂事故不是事故"的误导，对事故的预防和控制是不利的。

4）事故的根本原因在于系统的缺陷

传统的事故调查仅注重分析事故的直接原因（人的不安全行为、物的不安全状态），仅注重追究事故中个人的责任，而缺乏对事故深刻根源的挖掘和对系统整体缺欠的探究，因此难以从根本上认识事故和预防事故，也难以避免同类事故的重演。

事故系统根源观认为，分析事故的原因不但要找到其单独的直接因素（不安全行为和不安全状态），更重要的是要从系统的视野出发，观察和分析导致事故发生的系统原因，把事故、不安全行为和不安全状态看作系统不正常、系统缺陷的征兆。以识别不安全行为、状态和事故为起点，研究为什么这个行为和事故会在系统中发生，为什么这种状态会在系统中存在。通过消除系统的缺陷，而不是仅追究个人的责任，才能从根本上做到长期、有效地预防、减少和控制事故的发生。

3. 安全系统与事故系统

事故系统是安全系统的否定方面，两者共存于一个统一体之中。

（1）安全系统要以事故系统为存在的条件和依据。在实践中，正是由于安全系统所保障的客观系统和特定领域存在着危险、有害因素、事故隐患，存在着各种不利于人们体面、舒适、有尊严生产生活的可能，安全系统才具有存在的价值。随着人类对客观事故系统认识的不断深化，对安全防范理论和技术水平的不断提高，安全系统才不断发展、完善。因此，事故系统是安全系统存在、发展的源泉。

（2）安全系统与事故系统可能在一定的条件下相互转化。安全系统的"人、物、事"要素和事故系统"人、机、环、管"要素交叉、重叠，甚至可能就是同一物体的两种不同的存在方式，构成安危共存的综合系统。如图 1-9 所示，处于同一系统中的人、物并没有绝对的归属，既可能是安全系统的要素，也可能在一定条件下转化为事故系统的要素。系统中人、物要素的相互转化，促成了安全系统与事故系统在同生共存中此消彼长。

（3）安全系统的构建要以限制事故系统为基础，追求本质安全的目标。一方面，要统筹协调系统中的各个要素功能及其相互关系，避免和克服人的不安全行为、物的不安全状态、环境上的不利因素及管理上的欠缺，严格预防和控制其结构要素转化为事故系统的结构要素；另一方面，要促进其转化为"安全人"、"安全物"，办成"安全事"，实现系统功能结构的本质安全化，达到"不伤害自己、不伤害他人、不被他人伤害、保护他人不受伤害"的安全系统状态。

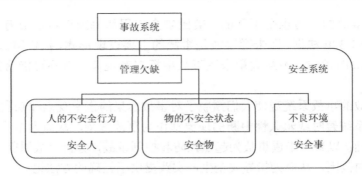

图 1-9　安危共存的综合系统

1.2.4　安全系统思维

认识和构建复杂的安全系统，需要安全系统思维为指导。安全系统思维是以辩证唯物论的系统思想为指导，以安全系统为认识对象的思维形态和思维方法。安全系统思维在强调整体性、结构性、立体性、动态性、综合性等系统思维的一般特性的同时，还针对安全系统的特点，注重下列思维模式。

1. 安全相对性思维

相对性思维是辩证唯物论的基本思维方式，强调认识事物的两面性及其相互转化性。正如毛泽东在《矛盾论》中指出的，"第一，事物发展过程中的每一种矛盾的两个方面，各以和它对立着的方面为自己存在的前提，双方共处于一个统一体中；第二，矛盾着的双方，依据一定的条件，各向着其相反的方面转化。这就是所谓同一性"。[①]

安全相对性思维是安全的相对性和动态发展性决定的，其主要表现是系统中安全与危险互相依存，并可能依一定的条件向对方转化的思维方式。一个工厂、一个生产过程在一段时间内可能没有发生事故，但是不能保证永远不发生事故。事故是一种出乎人们意料的事件，其发生与否并不取决于人的主观愿望。"事故为零"只能是安全工作的奋斗目标，通过安全工作的艰苦努力使事故发生间隔时间尽可能延长，使事故发生率逐渐减少而趋近于零，却永远不能真正达到事故为零。人们所说的某工厂、某生产过程安全，是把它与该厂某阶段或其他不安全的工厂、生产过程相比较而言。"安全的"工厂、生产过程并不意味着已经杜绝了事故和事故损失，只不过相对事故发生率较低，事故损失较少并在允许限度内而已。

没有绝对安全，就是要保持正确的心态，安全状态时不飘飘然，要提高警惕，明察秋毫，防患于未然；在事故出现时不昏昏然，应查明原因，亡羊补牢，杜绝同类事故发生。

2. 批判性思维

批判性思维即反向思维、逆向思维，是对司空见惯的似乎已成定论的事物或观点反过来思考的一种思维方式。马克思将"怀疑一切"作为自己的座右铭，就是对传统、惯例、常识的逆向思维的反叛。

安全系统的批判性思维是"危险无处不在"这个基本认识决定的，其主要表现是"危险推定"，即在没有完全确认系统安全时，首先假定其存在危险，然后认真"查证"其危险性。这在系统处于平静、正常运行时尤其重要。例如，在建筑工程师考虑如何把房子盖起来，如

---

① 出自：毛泽东著作选读（上册）. 1986. 北京：人民出版社：168.

何使用廉价、新颖的材料，如何实现外表美观、内在舒适的造型、结构时，安全工程师必须考虑房子在何种情况下可能倒下去，材质是否阻燃无害，造型结构是否稳固。再如，当人们专注于三峡大坝给国家带来源源不断的能源，减少长江流域洪涝灾害的时候，安全工程师必须考虑三峡大坝是否可能引起泥沙堆积、地应力变化等危害因素、不利后果，表达质疑的态度并提出积极有效的防范措施。

防止被保护系统发生各种非预想的不安全状态（反面状态）是安全系统的主要功能，因此批判性思维是安全系统思维的重要模式。

3. 本末性思维

本末性思维是我国古代哲学的重要思维方式。《说文解字》指出："木下曰本"、"木上曰末"，即内在的、生成的、主要的为根本，外在的、被生的、次要的为枝末。本末性思维就是不被眼前枝节问题所迷惑，透过现象、认清本质的思维方式。

（1）安全系统的本末性思维是以人为本、安全发展的思维。人既是安全系统功能实现的主要因素，也是安全系统保护的主要对象。2014 版《中华人民共和国安全生产法》指出，"安全生产工作应当以人为本，坚持安全发展"。深刻理解以人为本、安全发展的基本内涵，就要做到在安全系统的构建和运行中，始终坚持正视人的主体地位、发挥人的作用、满足人的利益、体现人的权利、重视人的价值、维护人的尊严、珍惜人的生命、促进人的发展。

（2）安全系统的本末性思维是以系统危险源为事故根源的思维。安全系统构建和运行的基本内容是辨识系统中的各类危险源。要通过各种外在的不安全现象探究系统内在本质原因，既不要被眼前枝节问题所迷惑，能够透过现象看清系统危险根源，又不要忽视危险的隐患和苗头，能够防微杜渐、预防事故于未然。

（3）安全系统的本末性思维是依据主次和缓急，采取措施消除和控制措施的思维。在实际工作中，受技术、资金、人力等诸多因素的限制，不可能完全根除各类危险源。为了将事故的可能性降到最低、把事故后果的严重程度控制到最小，实现系统整体可能达到的最安全状态，必须以系统中最关键、最紧急、最易控制的有害因素为重点，有层次、分步骤地消除和控制系统中的危险源。

4. 安全与可靠的对立统一思维

可靠性是系统在规定的条件下，在规定的时间内完成规定功能的性能，着眼于维持系统功能的发挥，实现系统目标，研究故障发生以前直到故障发生为止的系统状态；安全性着眼于防止事故发生，避免人员伤亡和财物损失，侧重于故障发生后故障对系统的影响。两者以故障为连接点。由于两者着眼点不同，安全与可靠存在对立统一的关系和思维方式。

（1）安全系统不可靠与系统不安全是统一的。系统由于性能低下而不能完成规定功能的现象称为故障或失效。系统的可靠性高，发生故障的可能性就小，完成规定功能的可能性就大；反之，系统可靠性低，就容易发生故障，完成规定功能的可能性就小。安全系统失效（或称安全系统不可靠）主要是因为构成系统的元素不可靠。作为系统元素的人不能实现其规定功能时称为人失误，构成系统的机械设备等物的不可靠称为故障或失效。预防和控制人失误、物的故障是提高安全系统可靠性的主要途径。

（2）被保护系统运行的不可靠与系统不安全有可能不是统一的。许多情况下，被保护系统不可靠会导致系统不安全。当系统发生故障时，不仅影响系统功能的实现，而且有时会导致事故，造成人员伤亡或财物损失。例如，飞机的发动机发生故障时，不仅影响飞机正常飞行，而且可能使飞机失去动力而坠落，造成机毁人亡的后果。对于可能影响系统安全的故障，提高系统安全性应该从提高系统可靠性入手。但是，如果被保护系统的故障与系统安全无关，则其不可靠不会导致系统不安全的情况。例如，机械设备的故障造成产品质量的下降，就与系统安全性无关。

有时，被保护系统的不可靠与系统不安全不但不统一，二者甚至还是矛盾的。提高可靠性可能会降低安全性。例如，将储罐的工作压力提高到爆裂临界值（增加强度）会使储罐更加可靠，可以延长平均故障间隔时间。但一旦发生故障，爆裂瞬间的压力会更高，导致更为严重的损失。反之，提高安全性也可能降低可靠性。例如，为了更安全而降低储罐的工作压力，会使储罐经常因过压而停运。

安全与可靠的对立统一思维要求人们认真辨识安全是系统的功能需求还是系统的约束条件，不能把可靠性与安全性简单地混同。如果安全是系统的功能需求（如安全系统自身的功能），则安全性与可靠性就是统一的，越可靠就越安全；如果安全仅仅是系统的功能约束（如生产系统需要在安全状态下运行），则安全性与可靠性就是对立的，安全系统的可靠性越高，生产系统就越不可靠。

5. 系统安全性思维

系统安全性思维是针对安全系统的复合性、动态性、开放性、复杂性而开展的系统思维。系统安全性思维认为，安全系统是多要素构成的、不断发展变化的，安全不能只是追求一时、一事的安全状态，而是要以实现系统全部要素、全部历史、全部发展过程的安全为目标。

系统安全性思维的一个基本原则是，安全功能必须贯穿于系统的整个生命周期。在系统的设计、施工、安装、试运行、正常生产、检修、报废等生命周期的各个阶段，必须认清影响其稳定的各种危险、有害因素，对系统实现自觉的控制。人们往往只注意正常生产状态下的安全问题，忽略非正常阶段的危险因素；往往只注重生产系统内部的管理，忽视运行条件和环境对生产系统影响及其与外部系统的依赖关系，这些都是缺乏安全系统思维的典型表现。

系统安全性思维的一个基本假设是，系统中任何一个元素的微小失效都有可能引发系统安全功能的丧失。2003 年 2 月 1 日北京时间 22 时，美国"哥伦比亚"号航天飞机结束 16 天任务后，在返回途中解体坠毁。调查结果显示，发射升空时航天飞机外部燃料箱泡沫绝缘材料脱落击中了左翼，给返航埋下隐患。应该说，飞机整体性能等许多技术指标是一流的，但是一小块脱落的泡沫就毁灭了价值连城的航天飞机和 7 条无法用金钱衡量的生命。

因此，系统安全性思维就是要强调"安全是系统性的安全"，一方面要保证系统各要素、各子系统的安全，做到"横向到边""纵向到底"，在时间、空间两个轴向上做到安全功能全面覆盖；另一方面还要统筹协调各要素、各子系统的安全功能水平，防止出现"短板效应"，以达到系统整体上统一的安全效果。

1.3　安全系统学

1.3.1　安全系统学的概念

安全系统学（safety systematics）是研究安全系统的存在依据、内部结构、运行规律的科学。安全系统学是人们对安全系统长期不懈的理论研究、实践探索和认识深化的科学，是人类安全哲学发展的必然成果，是人类对特定领域、特定问题的事故系统本质性认识的升华。安全系统学是在系统科学的基础上，伴随着安全科学、安全系统工程的发展而发展的。

从系统科学的概念出发，安全系统学是研究安全系统的要素、关系、组织、功能、结构及其存在条件、运动规律，实现安全系统自身及被其服务的特定领域动态、全过程、本质化安全的理论和技术的科学。具体地说，就是研究安全系统中人、物、人与物的关系三者之间的内在关系及其实现方式，研究其安全系统功能的实现条件、运动规律的理论和科学。

从安全哲学的概念出发，安全系统学是以本质安全论与事故预防型的安全认识论和方法论为指导，研究安全系统思维和存在、意识和物质关系，使人类彻底摆脱事故、危险的威胁和困扰，实现人类健康、舒适、体面、有尊严的工作和生活的理论和技术的科学。具体地说，就是要揭示安全科学的一般规律，探讨安全技术通用内核，研究全周期、全方位、本质化安全系统构建和运行的理论和科学。

从安全科学的发展出发，安全系统学是以事故系统的认识和研究为基础。对人类安全而言，事故系统是被动、消极的系统，认识和研究事故系统，虽然可以使人们对防范事故有了基本的目标和对象，但是不能从根本上实现人类本质安全的目标。安全系统学需要从事故系统的认识和研究中汲取营养、升华理论，构筑功能全面、可靠的安全系统，从根本上实现人类本质安全的目标。

安全系统学的科学概念和内涵，具有鲜明的民族和时代特征。安全系统学以丰富的中华文化精华为基础，由我国安全科技工作者在改革开放的实践中提出并不断完善，迄今为止，国际上尚没有完整的、体系化的相关论著和学说。中华文明中丰富的安全系统思想和哲学思维、我国安全生产事业发展的曲折历程和艰辛探索、中国特色社会主义制度优势和组织特征、广大安全生产管理和技术人员的经验积累、以刘潜为代表的一大批安全科技工作者执着追求等，为安全系统学的诞生和发展提供了坚实的基础和保障。安全系统学体现了我国在安全科学领域的"道路自信、理论自信、制度自信、文化自信"。

1.3.2 安全系统学的学科地位

1. 安全学科的思想基础

安全学科理论创建的标志是 1981 年德国锅炉专家库尔曼的《安全科学导论》一书的出版，书中指出："应该将安全科学看作相互渗透的跨学科的科学分支"，"研究技术应用中的可能危险产生的安全问题"。其中的"相互渗透的跨学科的科学分支"隐喻着安全科学的系统性。

刘潜于 1984 年提出的"安全科学技术体系结构与专业设置表"（表 1-3），将安全科学技术体系分为哲学、基础科学、技术科学、工程技术等层次，象征着我国开始了安全科学学科理论的创立与实践，形成了安全系统思想的源头，文中明确将安全系统学作为安全科学的重要组成部分；1985 年发表的《从劳动保护到安全科学》中进一步提出，安全科学学科是"本着系统科学思想和系统工程方法，把安全的整体作为研究的科学"，在创立安全科学理论的同时，开始了从系统安全理论认识向安全系统理论即安全学科理论认识的升华。

表 1-3　安全科学技术体系结构与专业设置表

哲学	基础科学		技术科学	工程技术		专业设置	
安全哲学	安全科学	安全设备学（自然科学类）	安全工程学	略	安全工程	略	略	略
		安全管理学（社会科学类）					
		安全系统学（系统科学类）					
		安全人体学（人体科学类）					

安全科学的创立和认识历程，既是人们对安全科学的地位和作用不断确立、夯实的过程，又是对安全系统学的概念和内涵不断清晰、完善的过程。刘潜认为：安全的本质不在于人类种种活动本身及其复杂、多变的外在表现形式，而体现在它是一个依附于人体的生命活动的要求，并与人相伴终生的外在保障的功能系统（内在系统属于医学范畴）。这个安全的功能系统即安全系统，由其必然存在的客观条件和自身内部的整体结构决定。正是由于安全系统内部构造的各因素（人、物和事三要素）之间的功能互补与动态协同，以及与外部客观存在条件之间保持着物质、能量、信息的系统交换，才实现了人的动态安全。正是在这种安全系统思想的指导下，才形成了安全科学技术体系。

2. 安全科学技术体系的枢纽

安全系统学在安全科学技术体系中起到重要的枢纽作用。一方面，在安全科学的层次结构上，安全系统学通过对安全哲学的理解和升华，以其系统化的思维深刻揭示了安全科学理论内涵，为安全科学、安全工程学、安全工程三个阶梯的科学技术层次提供系统思维和工程技术的指导；另一方面，安全系统学作为安全学的核心内容，通过对其基本要素人、物、事之间的功能互补与动态协同的研究，为安全学三个分支学科：安全设备学（物的安全研究）、安全人体学（人-物的安全研究）、安全管理学（人-物-事的安全研究）提供认识论和方法论（图1-10）。

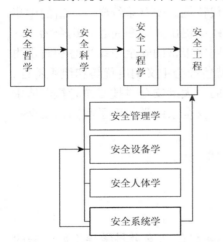

图 1-10　安全系统学在安全科学技术体系中的重要地位

3. 安全科学技术体系的重要内容

安全系统学是在应用系统科学原理、方法和应用技术的基础上，在安全领域发展起来的，因此安全系统学必然在安全科学技术体系同样占有重要地位。在国家标准（GB/T 13745—2009）《学科分类与代码简表》中，安全科学技术是第 33 个一级学科，由 11 个二级学科和 50 多个三级学科构成。这 11 个二级学科分别是：安全科学技术基础学科（62010）、安全社会科学（62021）、安全物质学（62023）、安全人体学（62025）、安全系统学（62027）、安全工程技术科学（62030）、安全卫生工程技术（62040）、安全社会工程（62060）、部门安全工程理论（62070）、公共安全（62080）、安全科学技术其他学科（62099）。

安全系统学（62027）作为安全科学技术体系中的第五个二级学科，包括安全运筹学、安全信息论、安全控制论、安全模拟与安全仿真学、安全系统学其他学科五个三级学科，如图 1-11 所示。

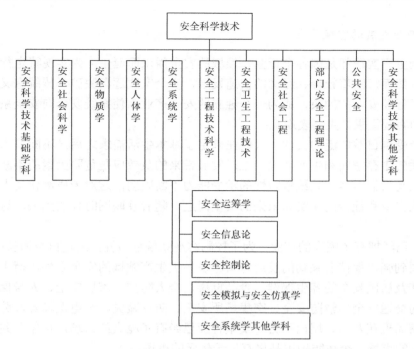

图 1-11 安全系统学在安全科学技术体系中的重要地位

4. 安全科学与工程专业的重要分支

2011 年 2 月国务院学位委员会第二十八次会议通过的《学位授予和人才培养学科目录》，将安全学科单列为一级学科（原仅是矿业工程下的二级学科），成为工学门类下的第 37 个一级学科，名称为安全科学与工程，代码为 0837。

安全科学与工程一级学科的设立，为安全系统学的专业教学提出了现实的要求。安全学科不再是特定行业的辅助专业，而是与一级学科相适应的培养目标和方案指导下的独立专业。安全学科的开办，主要是为了解决特定行业安全技术以外的问题（如基于多个专业之上的安全组织、管理、协同、控制等系统问题；基于工程或产品的全生命周期安全管理问题；基于人因的种种失误问题；具有行业共性的安全与职业卫生问题等），使学生掌握安全科学的基础理论、树立基本的安全观念、具备基本的安全思维和安全技术能力，以便在了解特定行业（如化工、矿山、建筑、交通、冶金、机电等）的工程技术特点和安全生产要素之后，能够从事该领域的安全管理和技术工作，这些都有赖于安全系统学的理论和实践支持。

目前，尚未对安全科学与工程确定下级学科。中国矿业大学傅贵教授提出，事故致因理论是整个安全学科的基础理论，事故致因理论的研究是安全学科的第一个分支学科，可以称为安全科学学。根据链式事故致因模型（如"2-4"模型），事故的原因及解决办法有两类，一是行为控制手段，二是工程技术手段，对应地安全管理学、安全工程学就是安全学科的第二、第三个分支学科。根据系统论事故致因模型，可以形成安全系统学第四个分支学科（我国传统上称为"安全系统工程"），如图 1-12 所示。

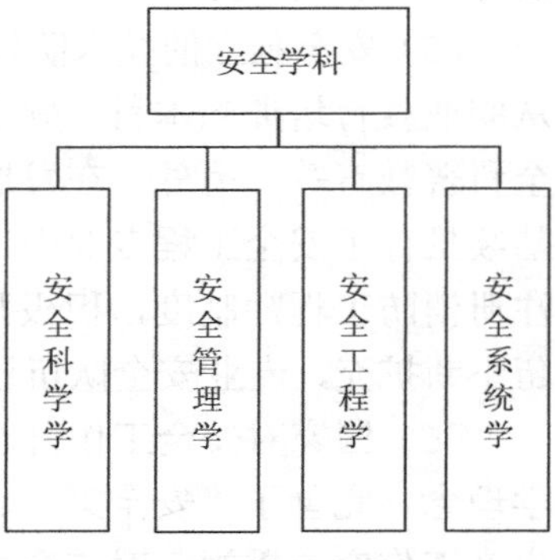

图 1-12 安全系统学在安全学科中的地位

5. 安全产业发展的客观要求

现代安全生产实践都是因各个行业、领域的安全需求而诞生、为实现特定行业领域安全需求服务的。然而，随着社会、经济的快速发展，安全实践逐渐突破了传统意义上劳动保护范畴，摆脱了行业安全的约束，成为一个独立的安全产业。使系统安全向安全系统的发展呈现日益强烈的客观需求。主要表现是：

（1）安全受到日益广泛的关注。人们在满足了基本生活需求之后，不断追求更安全、更健康、更舒适的生存空间和生产环境。生产发展带来的负效应是危险因素的不断增长，而社会进步的结果是人们对客观系统危险性的承受能力不断脆弱，这对矛盾激化使人们比任何时候都更加关注自身和社会的现实和未来的安全问题。随着互联网时代的到来，这种关注得到迅速放大。

（2）安全已经拥有了庞大的产业。为了控制客观系统危险性，满足日益增长的安全需求，安全产业由弱到强，保持着强劲的发展势头。在各类生产领域的安全之外，衍生出一系列安全产业，从涉及居民安全的养生保健、食品健康、个人防护、家居安全、人身保险等，到涉及公共安全的交通安全、消防安全、密集场所安全、防灾减灾、水电保障等，劳动保护和安全设备设施商品五花八门、层出不穷。安全行业已经有了庞大的市场，每年公共安全装备有高达数千亿元的市场，个体防护用品也有上千亿元的市场。

（3）安全产业的从业队伍日益壮大。除了在上述安全产业中就业人员之外，我国在安全监管、安全中介、安全保险、消防救护、应急救灾、交通安全、公共保障、安全生产管理等领域从事安全管理、安全咨询、安全评价、安全培训、安全检测、安全托管等专业安全人员、安全工程师、安全咨询师、安全培训师、ESH（环境-安全-健康）管理人员等已达数千万人。同时，包括我国在内的世界组织、各国政府对公民和劳动者的入职要求和安全保护的立法与规定也日益完善。

（4）安全行业独立的组织体系日渐完善。国际上，上至联合国安全理事会、世界卫生组织、国际劳工组织、各个国家安全和安监部门、行业生产安全协会、职业安全健康协会等，下至各个商业部门、生产企业的安全工会班组和社区保安基层机构等，安全组织日益完善。在我国，政府设有独立的安全生产监督管理，以及各种负有安全生产监督管理职责的部门；有公共安全科学技术学会、中国职业安全健康协会、中国安全生产协会等专业学会；各省市也有劳动保护学会、安全生产协会等组织；各种为安全生产提供技术、管理服务的民间组织机构也如雨后春笋，层出不穷。

（5）安全独立的技术队伍日益充实。安全已经有了庞大的人才培养体系和科技研发队伍，从职业教育培训到本科、硕士研究生、博士研究生等学历及博士后研究人员，还有全民的安全科普教育等。另外，在发展安全工程专业高等教育、培养安全工程专门人才的同时，我国陆续推行了安全工程专业中、高级技术资格评审制度、注册安全评价师、注册安全工程师、注册消防工程师制度，积极开展各类安全理论和技术的培训。我国安全专业技术从业人员队伍不断扩充，专业安全队伍已达到上千万人。

（6）国家对安全工作日益重视。2005 年，党的十六届五中全会提出了"安全发展"的科学理念，完善了"安全第一、预防为主、综合治理"的方针。党的十八大以来，国家对安全生产工作空前重视，对安全生产提出了明确要求，并推进安全生产法制化。几年来，一系列安全法律法规颁布、修订，安全生产监管日渐加强，安全生产技术不断发展，成效不断显现。

安全作为一个独立的产业，必然需要在各个产业系统安全（可以理解为特定系统的安全，如煤矿系统安全、化工系统安全、建筑系统安全、交通系统安全等）理论和技术基础上，升华为与独立的安全产业相适应的理论和技术——安全系统学。因此，独立安全产业的形成和发展，既为安全系统学的形成提供了实际需求，又为安全系统学的理论发展提供了理论和技术积累。

1.3.3　安全系统学的研究方法

安全系统是以实现特定领域的系统安全为功能的复杂的巨系统。安全系统学的研究方法必须适应安全系统这个复杂巨系统的功能、结构、动力学特征。

1. 辩证唯物论方法

辩证唯物论方法即辩证法，其基本原则是从客观存在的实际情况出发来认识问题和解决问题。首先，要坚持客观性的原则，如实地反映客观事物的本来面目，了解客观事物的发展规律，并以此作为分析问题和处理问题的前提和依据；其次，要在尊重客观实际，尊重客观规律性的前提下发挥人的主观能动性，因势利导，利用客观规律为人的利益服务。

唯物辩证法的三个基本规律是对立统一规律、量变质变规律、否定之否定规律。对立统一规律揭示了事物内部对立双方的统一和斗争是事物普遍联系的根本内容，是事物变化发展的源泉和动力；量变质变规律揭示了一切事物运动、变化、发展的两种基本状态，即量变和质变以及它们之间的内在联系和规律性；否定之否定规律揭示了事物由矛盾引起的发展，即肯定—否定—否定之否定的螺旋式的前进运动。同时，辩证法还有诸多范畴，如本质与现象、内容与形式、原因与结果、必然性与偶然性、可能性与现实性等，这些范畴都是客观事物自身本质关系的反映，它们从不同的侧面揭示了事物的本质联系，人们借助这些范畴正确地把握客观世界的本质联系。

辩证法是安全系统学研究最基本的方法：

（1）安全系统学的研究要坚持实事求是的原则。根据安全的概念，安全是人们对客观危险性的主观反映，能否清晰、准确地认识客观系统的危险类别、危险程度，决定了人们实施安全保障条件方式和强度；安全还是对所实施安全保障条件效果的主观反映，能够真实、可靠地认识其对客观危险的预防、控制能力，决定了实际的安全状态。如何实事求是地分析、研究和认识客观危险、现存的安全保障条件，确定系统是否安全、达到何种安全，是安全系统必须解决的首要问题。

（2）安全系统学的研究要坚持对立统一规律。如前所述，安全是危险、有害因素根源及其可能产生威胁和恶果的辩证统一，安全是主观上的身心伤害与客观上的安全防护的辩证统一，安全是客观危险量与主观容忍度的对立统一，在这些安全基本要素上坚持对立统一的原则，抓住主要矛盾和主要矛盾方面，有针对性地、高效地实现安全系统的功能。

（3）安全系统学的研究要坚持量变质变规律。很多事故是系统危险源的变化引起的，系统中某些参数或要素的变化，如偏差、隐患、失效、故障可能引起突变而造成事故；安全系统的重要功能就是要及时检测、辨识这些变化，根据可能发生突变的阈值，设定预警，采取干预措施，防止量变向质变的转化。

（4）安全系统学的研究要坚持否定之否定规律。首先，安全系统要对被保护系统持否定的态度，坚持任何系统都存在一定的危险性，没有绝对安全的观念，将"安全第一、预防为主"落实到客观系统的设计、运行、废弃全过程，保证其全周期、全方位的安全；其次，安全系统要对自身保持否定态度，安全系统没有最好、只有更好，安全系统需要不断完善，需要在运行中持续改进。

2. 系统动力学方法

系统动力学是认识系统问题和解决系统问题的交叉综合学科。运用"内因是变化的根据，外因是变化的条件"这一辩证唯物论的基本原理，以及"系统结构决定系统功能"的系统科学思想，从系统的内部结构寻找问题发生的根源，而不是用外部的干扰或随机事件说明系统的行为性质。

系统动力学适用于安全系统学的研究：

（1）安全系统学要以其内部要素的运动状态为依据。安全系统学研究要以其内部组成要素互为因果的反馈特点来寻找其结构（子系统）的关联关系、功能的实现方式、系统的演化规律。由"三因素、四要素"构成的安全系统，其要素之间相互影响和制约，符合系统动力学模型的构建条件，借助因果关系图和系统控制图等系统动力学方法，使安全系统的结构和运行状态更加清晰明了，安全系统功能的实现更有保障。

（2）安全系统学要考虑其外部要素。安全系统中的各因素均时刻受到外在要素的影响。例如，人这一因素，既是安全系统中的人，又是社会人。人在家庭关系、社会关系中产生的各种喜怒哀乐情绪都不可避免地带入安全系统中，影响安全系统功能的实现。再如，物这一因素，常常是由安全系统之外组织或系统建造、维护、控制的，是否能够符合安全系统的功能需求，并随着这种需求的变化而变化，是难以确定的。安全系统动力学的研究必须顾及这些因素。

3. 系统运筹学方法

运筹学是 20 世纪 30 年代初发展起来的一门新兴学科，是一种分析、实验和定量的科学方法。系统运筹学的本质是系统优化，即在物质条件（人、财、物）已定的情况下，为了达到一定的目的，如何统筹兼顾整个活动所有各个环节之间的关系，为选择一个最好的方案提供数量上的依据，以便能为最经济、最有效地使用人、财、物做出综合性的合理安排，取得最好的效果。

任何一个具体的安全系统的设计和实施，本质上都是系统优化的过程，都是一个运筹学方法运用的问题，即面对一个具体的"被保护系统"，如何在一定的物质（包括人、财、物、时间等）条件的限制下，采取可行的安全工程技术方案，合理调配安全资源，达到其功能可靠性、成本经济性的统一，实现安全系统的最优化。

由于安全系统的最优化面临着被保护系统的复杂性、安全系统工程技术方案的多元性、安全效果判定标准的模糊性等非线性问题，因此系统运筹学方法在安全系统中的应用需要不断改进和完善。

4. 系统工程学方法

系统工程是从整体出发合理开发、设计、实施和运用系统的组织管理的技术。在实践层面，系统工程是指一个全面、大型、包含各子项目的复杂工程项目；在理论层面，系统工程是系统科学的一个分支，是实现系统最优化的科学、技术和方法。

将系统工程学方法用于安全系统，即安全系统工程方法，是根据特定领域的安全问题确定安全系统的目标、功能和边界，从安全系统整体优化和整体协调出发，按照安全系统本身所特有的性质与功能，研究人的子系统与环境的子系统之间、人的子系统与物的子系统之间、物的子系统与环境的子系统之间、各子系统与各要素之间、各要素之间的相互作用、相互依赖和相互协调的关系，建立相应的数学模型，并应用系统优化方法、建模方法、预测方法、模拟方法、评价方法、决策分析方法及其他从定性到定量综合集成方法等，解决系统安全问题。

基于解决安全系统问题的安全系统工程学方法见表 1-4。

表 1-4　安全系统工程学方法

方法	方法原理
安全系统分析	利用科学的分析工具和方法,从安全角度对系统中存在的危险因素进行分析,主要分析导致系统故障或事故的各种因素及其相互关系
安全系统评价	以实现工程、系统安全为目的,应用安全系统工程原理和方法,对工程、系统中存在的危险、有害因素进行辨识与分析,判断工程、系统发生事故和职业危害的可能性及其严重程度,从而为制定防范措施和管理、决策提供科学依据
安全系统预测	在系统安全分析的基础上,运用有关理论和手段对安全生产的发展或者事故发生等作出的预测。可分为宏观预测和微观预测
安全系统建模	将实际安全系统问题抽象、简化,明确变量、系数和参数,然后根据某种规律、规则或经验建立变量、系数和参数之间的数学关系,再通过解析、数值或人机对话的方法求解并加以解释、验证和应用,这样一个多次迭代的过程
安全系统模拟	用实际的安全系统结合模拟的环境条件,或者用安全系统模型结合实际的环境条件,或者用安全系统模型结合模拟的环境条件,利用计算机对系统的运行实验研究和分析
安全系统优化	各种优化方法在安全系统中的应用过程,它要求在有限的安全条件下,通过系统内部各变量之间、各变量与各子系统之间、各子系统之间、系统与环境之间的组合和协调,最大限度地满足生产、生活中的安全要求,使安全系统具有最好的政治效益、社会效益、经济效益
安全系统决策	针对生产经营活动中需要解决的特定安全问题,根据安全标准和要求,运用安全科学的理论和分析评价方法,系统地收集、分析信息资料,提出各种安全措施方案,经过论证评价,从中选定最优方案并予以实施

1.3.4　安全系统学的研究内容

根据对安全系统学的概念和学科定位的论述,可知安全系统学不仅涉及安全系统的理论和科学问题,还涉及安全系统的工程和技术方法。安全系统学的生命力在于其理论和实践的同一性,在实践、认识、再实践、再认识的进程中,在对事故系统和安全系统的研究中,安全系统学基本认识、安全系统动力学、安全系统方法学、安全系统工程学、安全系统技术等相关内容不断清晰、完整和系统化。

1. 安全系统动力学

安全系统动力学是以辩证唯物论的认识论为指导,探讨对安全系统本质、结构的认识,对安全系统存在的客观条件、前提和基础的认识,安全系统发生、发展的运动过程及其规律的认识等问题的哲学学说。

安全系统动力学主要解决以下问题。

1）安全系统结构论

安全系统结构是实现系统功能的基本条件。安全系统结构论研究系统的构成要素,为实践系统功能而由这些要素构建的系统的时序结构、空间结构、层级结构等结构模式,各要素在系统各结构模式中所处的位置及发挥的作用,系统各结构模式所能够实现的系统功能等。

2）安全系统信息论

安全信息是安全活动所依赖的基本资源。安全科学的发展离不开信息技术的应用;安全管理的过程需要借助大量的安全信息支持;现代安全科学技术的实施取决于信息科学技术的应用程度。安全系统信息论研究安全信息的含义、功能、类型,以及安全信息的获取、处理、存储、传输等理论和技术,研究为安全管理者提供风险分析、事故预测、预警和应急决策、安全计划、安全控制等服务的安全管理信息系统的系统设计、框架结构、功能实现等理论和技术。

3）安全系统协同学

作为复杂的巨系统，安全系统必须遵循组织协调原理、人员保障协调原理、投资保障协调原理等协同学的基本原理。组织协调原理要求安全的组织机构要进行合理的设置，安全机构职能要有科学的分工，安全管理的体制要协调高效，事故应急管理指挥系统的功能和效率等方面要有总体的要求和协调等；人员保障协调原理要求建立安全专业人员的资格保证机制，企业内部的安全管理要建立兼职人员网络系统；投资保障协调原理要求研究安全投资结构的关系，正确认识预防性投入与事后整改投入的等价关系等。

4）安全系统控制论

安全控制是安全系统功能的实现方式，是安全生产的基本保障。安全系统控制论要依据系统控制理论，遵循闭环控制原则、分层控制原则、分级控制原则、动态控制原则、等同原则、反馈原则等控制论的基本原则，根据安全系统的运动方式和工作条件，研究安全系统预测、预警功能的实现途径。由于安全管理是生产或技术系统安全控制的重要手段，安全系统控制论特别要研究管理控制功能在系统中的实现途径。

5）事故突变论

事故突变论是描述事故从萌芽到突发的过程中的现象及其内在规律的理论。事故突变论要应用突变论的理论和方法，认识事故发生、发展的内在根据和外在条件，研究事故突变模型，从而为事故的预防提供理论和方法指导。

2. 安全系统方法学

安全系统方法学即安全系统运筹学，是采用定量化方法了解和解释安全系统、为安全系统的运行提供科学依据的学说。它首先把安全系统归结成数学模型，然后用数学方法进行定量分析和比较，求得合理运用人力、物力和财力的安全系统运行最优方案。

安全系统方法学主要解决以下问题。

1）安全系统规划论

安全系统规划论是研究如何采用最合理的方式有效地利用或调配有限的人力、物力、财力和时间，以期更好地达到安全系统的预期目标的理论数学方法。

2）安全系统预测论

安全系统预测论是研究特定领域安全问题的不确定性，控制随机性及减少无知的程度，通过开发数学模型和程序，可靠预测特定领域安全问题的发展趋势和运行结果，从而确定安全系统服务特定领域的针对性和有效性。

3）安全系统决策论

安全系统决策论是根据信息和评价准则，用数量方法寻找或选取最优安全系统的决策方案的数学方法。安全系统决策论的作用是在安全系统构建、运行过程中，面对众多可选方案，提供使安全系统结构、功能最优化的决策方案。

4）安全系统对策论

安全系统对策论是研究安全系统中具有斗争或竞争性质的因素及其相互关系的数学理论和方法。安全系统对策论的作用是当安全系统内部因素、结构功能发生矛盾时、安全系统外部运行环境和条件发生制约时，提供使安全系统结构、功能最优化的对策方案。

5）安全系统图论

图论以图为研究对象，研究顶点和边组成的图形的数学理论和方法。安全系统图论将安全系统及其相关问题以图的方式表达，描述其内在的相互关系，运用数学理论和方法探索、解释其特征和规律。

6）安全系统价值论

价值论是关于社会事物之间价值关系的运动与变化规律的科学。安全系统价值论研究安全系统的价值、使用价值，探索安全资源的配置规律、效益规律、成本变化规律，开展安全价值工程等安全技术经济关系的分析，使安全资源取得最大的安全效益。

7）安全系统排队论

排队论是研究服务系统优化的理论。安全系统排队论将安全系统与特定服务对象作为随机服务系统的基本要素，开展安全系统运行规律和最佳服务状态研究，在此基础上，正确设计和有效运行服务系统中的要素，调整系统的结构，使安全系统发挥最佳效益。

3. 安全系统工程学

这里涉及的安全系统工程学，仅限定于研究安全系统的工程技术问题，即安全系统认识论、安全系统方法学在工程技术领域实践和应用问题，主要包括以下五个方面。

1）功能安全工程

安全系统必须在被保护系统出现危险情况时正确执行其对应的安全功能，安全系统的这种特性称为功能安全（functional safety）。为了实现功能安全，安全系统必须经过严格而细致的工程分析和功能设计，降低自身的失效概率（包括安全失效和危险失效），达到系统的安全可靠性等级（又称安全完整性等级）。

2）结构整合工程

安全系统在空间结构上是由三个基本要素（人、物、事）构成的有机整体。这三个基本要素分别有双重功能：在一定条件下，既可能是任何不安全状态以至事故的发生因素，又可能是安全状态的决定因素。研究安全系统工程的空间结构及三个基本要素的功能特征，就是要通过对这些要素的控制、调整和有效整合，实现安全系统的不断完善和优化。

3）层级保障工程

安全系统的功能是一个多层结构，以实现对危险源的多层防护。为了实现安全系统的总体功能，需要充分发挥安全系统中各层级作用，有机地协调各层级的关系，分级分层次进行管理，在各个层次的功能发挥及其相互作用下，不断控制、消除该被保护客观系统的残余危险、有害因素，实现安全系统预防事故的功能，趋近系统的本质安全。

4）持续改进工程

安全系统的持续改进是指安全系统在其设计、构造、运行过程中必须充分考虑被其服务的特定领域系统危险因素的动态变化，周而复始地开展系统危险源辨识、系统危险评价、系统危险控制，持续不断地改进、完善、提升自身的安全功能的过程。通过状态反馈和系统自更新机制的构建，实现安全系统的不断完善和优化。

5）可靠性工程

安全系统的可靠性工程是提高安全系统（或产品或元器件）在整个寿命周期内可靠性的一门有关设计、分析、试验的工程技术。由于系统可靠性与系统安全性之间有着密切的关联，以及系统可靠性与系统安全性在理论基础、技术手段方面所具有的一致性，因此开展系统安全性工程的研究可以广泛利用、借鉴可靠性研究中的一些理论和方法。

4. 安全系统技术

安全系统技术是安全系统所承载的技术思想、技术原则、技术手段和技术方法等的总称，是安全系统的技术基础。安全系统技术主要解决以下问题。

1）风险评估技术

风险评估技术是分析系统中的不确定性，定量化地研究系统风险因素、风险事故和风险损失的技术。安全系统的风险评估技术包括系统风险识别、风险分析、风险评价、风险决策等内容，为安全系统风险控制提供科学依据。

2）事故预防和控制技术

事故预防和控制技术是以系统思想指导事故系统的管理，防范各类事故发生，控制各类事故发展的技术。它包括事故预防和控制的原理和原则、隐患排查技术、事故预测和预警技术、控制故障传递技术、防止人失误技术、预防机械故障技术、良好作业环境技术等，为有效实现安全系统的基本功能提供科学依据。

3）系统本质安全化技术

系统本质安全化技术是指系统中的人-机-环境系统中的各因素及其整合均具有自发的、完善的、从根本上防止事故发生的技术措施。由于本质安全化的程度是相对的，被保护系统是动态变化的，因此系统本质安全只是理想的目标，对系统本质安全化技术研究永无止境。

1.3.5　安全系统学研究方法和内容的关联

安全系统学的主要研究方法运用于内容的研究过程中，形成如表 1-5 所示的关联，并在以后的各章节分别阐述。

表 1-5　安全系统学研究方法和内容的关联

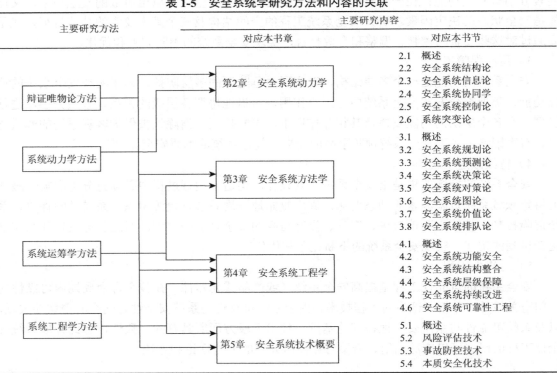

主要研究方法	主要研究内容	
	对应本书章	对应本书节
辩证唯物论方法	第2章　安全系统动力学	2.1　概述 2.2　安全系统结构论 2.3　安全系统信息论 2.4　安全系统协同学 2.5　安全系统控制论 2.6　系统突变论
系统动力学方法	第3章　安全系统方法学	3.1　概述 3.2　安全系统规划论 3.3　安全系统预测论 3.4　安全系统决策论 3.5　安全系统对策论 3.6　安全系统图论 3.7　安全系统价值论 3.8　安全系统排队论
系统运筹学方法	第4章　安全系统工程学	4.1　概述 4.2　安全系统功能安全 4.3　安全系统结构整合 4.4　安全系统层级保障 4.5　安全系统持续改进 4.6　安全系统可靠性工程
系统工程学方法	第5章　安全系统技术概要	5.1　概述 5.2　风险评估技术 5.3　事故防控技术 5.4　本质安全化技术

第 2 章　安全系统动力学

2.1　概　　述

2.1.1　系统动力学

1. 系统动力学的概念

系统动力学（system dynamics）是以系统论为基础，根据系统内部组成要素互为因果的反馈特点，从系统的内部结构寻找问题发生的根源，而不是用外部干扰或随机事件说明系统的行为性质。系统动力学以运筹学为理论基础，以现代社会系统管理的客观需要为研究对象，以现实世界的存在为前提，从整体出发寻求改善系统行为的机会和途径。它不是依据抽象的假设，而是追求"最佳解"，不是依据数学逻辑的推演而获得答案，而是依据对系统的实际观测信息建立动态的仿真模型，并通过计算机试验获得对系统未来行为的描述。

系统动力学创始于 20 世纪 50 年代末。福瑞斯特（J. W. Forrester）教授发表于 1961 年的《工业动力学》（*Industrial Dynamics*）阐明了系统动力学的原理与典型应用，是系统动力学的经典著作。20 世纪 80 年代初系统动力学在理论和应用研究两方面都取得了飞跃进展，达到了更成熟的阶段。

2. 系统动力学的研究方法

（1）将生命系统和非生命系统都作为信息反馈系统研究，认为在每个系统中都存在信息反馈机制，而这恰恰是控制论的重要观点，所以系统动力学是以控制论为理论基础的。

（2）把研究对象划分为若干子系统，建立起各子系统之间的因果关系网络，立足于整体及整体之间的关系研究，以整体观替代传统的元素观。

（3）系统动力学的研究方法通常以计算机仿真模型、系统运动流程图或系统构造方程式为基础，运用系统仿真技术，验证模型、流图或方程的有效性，依此为战略与决策的制定提供依据。

2.1.2　安全系统动力学特征

1. 安全系统动力学的适用性

安全系统动力学（safety system dynamics）是运用系统动力学的理念和方法研究安全系统的结构和发展规律，从安全系统内部组成要素互为因果的反馈特点来寻找其结构（子系统）的关联关系、功能的实现方式、系统的演化规律。

系统动力学的方法普遍适用于对安全系统的研究，是由于：

（1）安全系统的开放性决定了其结构（子系统）和运动状态需要通过较长的观察，才能得出较为科学的解释。

（2）安全系统的混沌性决定了其建模中常遇到数据不足或某些数据难于量化的问题。

（3）安全系统的非确定性决定了其属于处理精度要求不高的复杂的社会经济问题。

（4）安全系统突变性决定了探究致因对于预测系统突变的重要性。事实上，安全系统常采用"若……则……"的系统风险分析方法。

2. 安全系统动力学的特征

安全系统动力学的特征源于其运行过程的自组织性，即系统在获得空间、时间或功能的结构过程中，没有外界的特定干预（对安全来说主要是指社会属性中的被动因素）。在自组织状态下，安全系统可能有两种发展形式：一种是非组织的向组织的有序发展过程，其本质是组织程度从相对较低到相对较高演化；另一种则是维持相同组织层次，但复杂性相对增长。前一种过程反映了安全系统组织层次跃升过程；后一种过程则标志着安全系统组织结构与功能从简单到复杂的组织水平的提高。

在安全系统发展进程中，表现出以下动力学特征：

（1）安全系统发展的根本原因不在其外部而在其内部，在于系统内部的结构和发展规律。

（2）信息是安全系统内部组成要素间一种普遍联系的形式。人们需要通过获得、识别安全系统的不同信息来认识系统的状态。

（3）安全系统在不同的时空所表现出的状态和功能，是其内部组成要素及其结构（子系统）的协同作用的结果。

（4）安全系统及其各子系统中都存在信息反馈机制，可以通过信息交换、反馈调节实现对系统的调整和控制。

（5）安全系统内部结构（子系统）、要素的特定运动，使系统丧失稳定性，由渐变引起突变，而突变是安全系统向事故系统演化的本质机理。

因此，为了从安全系统的内部结构寻找问题发生的根源，认识系统结构的关联关系、功能的实现方式、系统的演化规律，系统结构论、系统信息论、系统协同学、系统控制论、系统突变论等是安全系统动力学研究的主要内容。

2.2　安全系统结构论

2.2.1　系统结构

1. 元素与子系统

从最基本的意义来说，系统是由相互关联的元素构成的。元素是指从研究系统的目的来看不需要再加以分解和追究其内部构造的基本成分。

有些系统特别是大型系统，为了便于研究可以分解成若干子系统。子系统在大系统的活动中起一个元素的作用，但是在需要考察子系统的构造时，又可将它分解为更小的子系统，元素—子系统—系统这种表达系统层次构造的方式具有一定的相对性，这种分解不是唯一的。

元素或子系统之间的相互关联（作用、影响、关系等）是系统结构的另一内容。两个不同的系统可以由彼此完全相同的元素集合构成，但元素间有着不同的关联。例如，一个电感线圈和一个电容器可以不同的关联方式（如串联、并联）构成串联谐振系统或并联谐振系统。因此，两个具有不同结构的系统，既可能是两个系统中的元素互不相同，又可能是元素相同而元素间的关联不相同。

2. 系统结构论

系统结构（system structure）是指系统内部各组成要素之间的相互联系、相互作用的方式或秩序，即各要素在时间或空间上排列和组合的具体形式，是从系统目的出发按照一定规律组织起来的、相互关联的系统元素的集合。

系统结构论（system structure theory）是分析系统的元素与子系统的分布和结构状态、发展规律与系统功能之间的相互关系，探讨系统的结构本原模型、系统层次的组织建构，揭示系统结构的逻辑学基础及演变规律的理论。

2.2.2　安全系统要素的两重性

任何安全系统其内部总可以抽象为人、物、事三要素，这些要素既可能作为安全因素（正效应）在系统中相互联系和作用，共同保证和促进系统实现安全功能，又可能成为不安全因素（负效应）干扰或破坏系统实现安全功能。

1. 人的两重性

人是安全系统的第一要素，是安全系统的主宰因素，因为人不但是安全系统的设计者、安全功能的参与者，而且是安全系统保护的主要目标。人在安全系统中具有两面性：一方面，人可以组织和调动系统中的其他因素为安全功能服务，人在这时是实现系统安全功能的具有主动性、能动性的成员，即"安全人"；另一方面，人又可能在有意或无意之中做出错误的决定或动作，成为系统安全功能的阻碍者、破坏者，成为"事故人"。由于人的不安全动作是绝大多数事故发生的重要原因，因此安全系统的一个重要功能就是主动发现和积极阻止事故人的不安全行为。

2. 物的两重性

物是实现某种人为目的的过程中不可缺少的要素，任何安全系统都不可能没有物的参与。作为一种客观存在，其功能常常是相对的，既可能是有益于人的物，又可能是有害于人的物。物对人是否有害及危害的程度，受到物的状态、存在方式及与人的相互关系等诸多复杂因素影响。物的状态在此时此地对此人是有益的，可能对另外一个人却是无益甚至是有害的。物在安全系统中也具有两面性：一方面，人们可以通过控制、管理物的质、量和作用方式，使其为人的安全健康服务，使物成为实现"安全系统"正向因素，使其成为"安全物"；另一方面，物也可能因人们对其控制、管理不当或因自身的原因成为"安全系统"负向因素，成为"事故物"。由于物的不安全状态也是绝大多数事故发生的重要原因，因此安全系统的另一个重要功能，就是消除和避免事故物的不安全状态。

3. 事的两重性

"事"指人与人、物与物、人与物的关系及其运行方式。在安全系统中，事即人与人、物与物、人与物在安全相关问题上的关系，以及为达到被保护系统安全所采取的一些方法、手段、措施。这些方法、手段、措施在很大程度上必须通过调整人与人、物与物、人与物的关系，调整"事"运行方式，使系统的要素及其运动方向展示安全的功能。由于人可能是"安全人"或"事故人"，物可能是"安全物"或"事故物"，这两个要素始终处于正、反两个方向的动态变化中，因此要满足系统的安全需求，实现系统安全功能，调整系统要素的相互关系及运动方向，构建"安全事"就成为系统安全的一个不可缺少的要素。

4. 三要素四因素系统原理

安全系统的功能是通过构建"安全人""安全物""安全事"并协调三者之间的内在联系，从而形成一个以特定领域安全为目标的系统来实现的。只有当系统中人、物、事三个要素都处于安全状态，且三者的相互关系形成的动态系统达到在安全功能上的匹配、互补乃至自组织的状态，才能实现系统安全的功能。因此，使人、物、事三要素及所构成的动态系统时刻处于安全状态是安全系统实现其安全功能的关键因素。根据这种思考，刘潜将"安全人""安全物""安全事"（三要素）及相互发生内在联系形成的动态安全系统（四因素）合称为安全系统的三要素四因素系统原理。

2.2.3　安全系统的结构演变

1. 安全系统动态结构模型

安全系统始终处于运动之中，其内部三要素的正负特征、内在联系和运动模式形成的动态结构决定了安全系统状态和进程。这种动态结构可以用"三要素四因素"的系统动态结构模型表达，如图 2-1 所示。

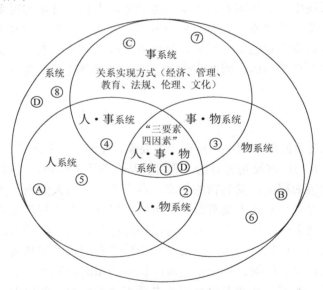

图 2-1　安全系统的"三要素四因素"结构演变规律

在图 2-1 中，人（A）、物（B）、事（C）及其形成的系统（D），是一个相互作用的有机整体系统结构，按各自不同的功能分布在八个不同区域（八个象限的立体坐标系）中，将其排列组合，按系统的正效应可以得到：第一，处于①区的 ABCD 系统，该系统综合整体有机结构，成为主导功能系统；第二，得到②AB、③BC 和④AC 三个区的连锁匹配结构，成为辅助功能系统；第三，⑤A、⑥B 和⑦C 是三个区的临界组合结构，成为被动功能系统；第四，⑧D 区为 A、B、C 的离散结构，成为负效应系统。

图 2-1 的模型可以用于解释安全系统的各种运动状态。

1）系统本质安全状态

当①区的 ABCD 系统扩展到四个环重合，说明系统的"三要素"及其组合均充分发挥安全效能，构成了四个安全要素（"四因素"），系统达到了最理想的安全化程度，即系统本质安全状态。

2）系统部分功能丧失状态

当①区的 ABCD 系统萎缩成为一点，说明系统的"三要素"组合均没有发挥任何安全效能，系统在整体上的安全功能丧失；同时，由于①区缩为一点，②AB、③BC、④AC 区也将大大减小，这三个区连锁匹配的安全功能也难以显现，系统在局部上的安全功能区域也消失。

当②AB、③BC 和④AC 三个区进一步萎缩，各自成为点，则只剩⑤A、⑥B 和⑦C 三个区彼此临界成为组合功能系统；系统中仅个别要素处于安全状态，但都不能成为系统的安全要素，系统在整体或局部都难以表现其安全功能。

3）系统全部功能丧失状态

当⑤A、⑥B 和⑦C 三个区进一步萎缩彼此脱离，则进入⑧D 区，系统三要素均处于失效状态，系统安全功能全部丧失，形成安全事故系统。

2. 安全系统存在的充要条件

通过安全"三要素四因素"系统动态模型，不仅可以说明三个要素的功能系统结构，还可以说明其系统的区域具有动态的良性或恶性变化趋势。安全"三要素四因素"系统动态结构模型使人们明确了安全系统在构建、运行中必须坚持的两个基本条件：

（1）分析和认清系统三个要素的状态，采取各种措施努力实现"安全人""安全物""安全事"，使之成为实现系统功能的安全因素，这是安全系统存在的基础，也是安全系统存在的必要条件。

（2）分析和认清系统组合和运行状态，采取各种措施努力保障系统处于第一种状态，严格避免系统进入第四种状态，不断提升和优化处于第二、第三种状态的系统，这是实现系统安全功能的重要途径，也是安全系统存在的充分条件。

2.2.4　安全系统的结构形式

1. 安全系统的内部结构形式

任何安全系统的内部基本结构都包含检测、判定、决策三个基本单元，并组成串联结构，如图 2-2 所示。

图 2-2　安全系统的逻辑结构

安全系统各单元的相互关系是：

（1）检测单元承担系统危险源辨识功能。通过对被保护系统进行特征检测，通过对表征其状态的各种信息的整理、分析，进行危险源辨识，确定其潜在的危险因素、事故隐患的状态参数及其发展趋势。

（2）判定单元承担系统危险评价功能。对检测单元获取的状态参数及其发展趋势进行评价并与可接受的危险度水平或设定的安全阈值相比较，以判定和预断系统是否发生功能偏差、偏差的发展趋势和程度。

（3）决策单元又称执行单元，承担系统危险控制功能。当系统偏差的发展趋势和程度可能引发事故风险时，决策单元根据系统的结构和运行状态发出预报、预警信号；当确定事故风险出现时，落实事故预防和干预等各种必要系统控制措施，实现被服务的特定系统的安全运行。

应该注意的是，由于三个基本单元是串联结构，其中任何单元发生故障都将引起系统故障，关于这一点将在 4.6 节中详述。

2. 安全系统的外部结构形式

任何安全系统都从属于一个兼有实际功能和安全需求的上级系统，是其中的一个子系统，以实现该系统的安全需求为存在依据。

1）安全子系统的构成

以生产型企业系统为例，安全系统是保障企业生产安全的一个必不可少的子系统，如图 2-3 所示。

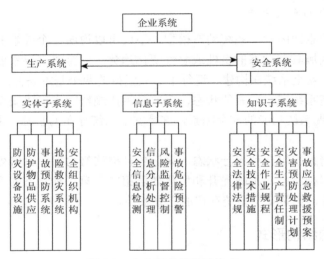

图 2-3　企业安全系统的构成

在安全系统内部，为了保证其功能的实现，通常要包含实体子系统、信息子系统和知识子系统三个子系统。

实体子系统：指由物质实体要素或组织体制要素构成的保障企业安全生产的有形系统，包括防灾设备设施、防护物品供应等硬件系统，以及事故预防系统、抢险救灾系统和安全组织机构等体制系统。

信息子系统：指以信息为基础的对企业安全生产起监督保障作用的软、硬件系统，包括安全信息检测、信息分析处理、风险监督控制和事故危险预警等系统。

知识子系统：指以概念、原理、原则、方法、制度、程序等知识体系为构成要素的、对企业安全生产起保障促进作用的软件系统，包括安全法律法规、安全生产责任制、安全作业规程、安全技术措施、灾害预防处理计划及事故应急救援预案等。

2）安全系统功能的实现

在企业运行的整个生命周期，安全系统和生产系统是互相交叉、密不可分的。安全系统以其整体性、层次性、目的性、适应性特性实现其在保障自身安全的同时，维护生产系统的安全、稳定的功能。

（1）安全系统的整体性功能。安全系统中的任何一个要素都不能脱离企业系统整体，在安全系统达到可能的整体最优目标的同时，要兼顾企业系统整体功能的实现，达到"安全保障生产、生产必须安全"的目标。

另外，在安全系统内部，有时为了实现安全系统的最优目标，可能要降低甚至牺牲某些要素的功能，即"以个体的次优达到整体最优"。例如，在防爆系统中，设置泄爆装置，以局部的"不安全"保障系统的"更安全"。

（2）安全系统的层次性功能。为了实现系统特定目标，各要素、子系统在不同阶段应各有侧重。在企业系统环境中，安全系统的层次性要求人们根据企业系统中危险、有害因素的实际状态适当调整各要素、子系统主次和先后，以保证安全系统功能的有效发挥。例如，针对危险源—事故隐患—触发条件—事故—事故后果的次序，应把危险源的管理和控制（风险管控）作为安全系统的首要功能；其次，要进一步做好隐患排查、治理工作；再次，要消除事故的各类触发条件。

（3）安全系统的目的性功能。预防和控制事故是安全系统的主要目的，由于系统中可能成为事故致因的危险、有害因素具有不同的种类、程度、发生时段和存在位置，安全系统为实现其目的性功能，必须以科学、适当、全面、准确的系统风险辨识和评估为基础，不仅要辨识和评估企业目前的风险状态，还要预测其未来可能出现的风险；不仅要辨识和评估企业可能出现危险的程度（如系统可能发生一般事故、重大事故还是特大事故），还要预判系统可能出现危险的性质（如系统可能发生何种事故，是一般机械伤害、毒物泄漏，还是爆炸、火灾事故）。在此基础上，根据轻重缓急、逻辑顺序采取预防和控制措施才可能明确、有效地达到安全系统的目的性功能。

（4）安全系统的动态相关性功能。可以从空间和时间两方面加以考察：在空间域，动态相关性表现为安全系统内部元素之间及安全系统与其外部环境之间的相互协调、渗透、制约；在时间域，动态相关性表现为安全系统内部元素、外部环境在其生命周期内各发展阶段、发展状态的相互关联、影响。

应该说明的是，安全系统的动态相关性可能导致更安全或更危险两种结果。前者是要素、子系统、环境之间安全功能呈现互补作用，使企业系统整体更加安全，起到"安全保障生产"的作用，可以称为正相关，如安全报警系统与消防联动系统；而后者是要素、子系统、环境之间安全功能呈现抵消作用，使企业系统整体安全受到威胁，可以称为负相关，如可能发生电气火灾区域的喷淋灭火系统、不能起到隔爆作用的防爆墙等，都可能使事故扩大，这就是负相关。安全系统动态相关性就是要适应企业系统的特点，保证正相关，杜绝负相关。

2.3　安全系统信息论

2.3.1　信息与信息论

1. 信息

信息（information）又称"资讯"，是事物间差异的一种抽象，是事物运动状态及关于这种状态的认识。事物发展变化的事实是信息的本质。事物发展的表现形式是信息的外延现象，世界上没有无信息的事物。信息论创始人美国数学家香农（C. E. Shannon，1916—2001）指出：信息是用来消除随机、不确定性的东西。

2. 信息论

信息论（information theory）即信息科学，是以信息为主要研究对象，以信息的运动规律和应用方法为主要研究内容，以计算机等技术为主要研究工具，以扩展人类的信息功能为主要目标的一门新兴的综合性学科。

信息论的创始人香农为解决通信技术中的信息编码问题，把发射信息和接收信息作为一个整体的通信过程来研究，提出通信系统的一般模型；同时建立了信息量的统计公式，奠定了信息论的理论基础。1948 年香农发表的《通信的数学理论》一文，成为信息论诞生的标志。

20 世纪 70 年代以来，电视、数据通信、遥感和生物医学工程的发展，向信息科学提出大量的研究课题，信息论已从原来的通信领域广泛地渗入自动控制、信息处理、系统工程、人工智能等领域，这就要求对信息的本质、信息的语义和效用等问题进行更深入的研究，建立更一般的理论，从而产生了信息科学。

2.3.2　安全信息

1. 安全信息的特点

安全信息是反映人类安全事物和安全活动之间的差异及其变化的一种形式，是安全活动所依赖的基本资源。

安全信息是安全系统功能实现的基本条件。人们通过对安全信息进行系统、动态、定量化地获取、传输和处理，认识系统的状态，服务于系统安全。由人、物及人与物关系的实现方式（"事"——实现的方法和形式）三个要素组成的安全系统，通过其内部信息的传递和交互，实现其功能的协调和统一；安全系统以获取并分析被保护生产系统状态信息为基础，发布安全预报和预警信息、发出安全控制的指令，保证系统安全。因此，为了实现安全功能，安全系统必须进行内部、外部的信息交互，如图 2-4 所示。

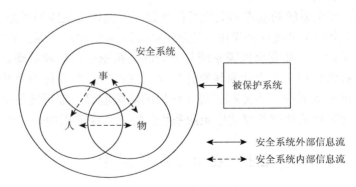

图 2-4　安全信息在安全系统中的作用

安全信息具有以下主要特征：

（1）随机性和不确定性。安全信息具有随机性和不确定性这一信息的基本特征。这是由于事故是随机的、事故的后果是不确定的，安全系统需要通过采集、分析这些随机和不确定的信息来认识事故的规律。

（2）海量性和稀缺性。安全信息既是海量的又是稀缺的，海量性是指很多细节、迹象都与安全有关，安全信息需要从大量蛛丝马迹中捕捉；稀缺性是指完整、真实反映事故过程的信息并不多，要从宝贵的事故信息中提取有益的经验和教训。

（3）显著性和隐匿性。安全系统的物理形态是显著的，其资金人力投入的信息是确定的，而其功能信息却是隐匿的，只有在危害发生时才显露出来；事故损伤的后果信息是显著的，而事故的致因信息却是隐匿的，需要通过逻辑推理、技术鉴定等来揭示。

（4）定性和定量化。由于随机性和不确定性，安全信息初始状态往往是模糊、难以量化的，必须通过数学、物理等手段进行定量化、半定量化处理，才能成为有用信息，科学、有效地指导安全预测、安全控制、安全规划。

（5）警示性和预估性。对可能发生的事故进行警示和预估是安全信息的一个基本功能，其目的是防止事故的发生，功能和目的的差异导致警示和预估"不那么准确"。如果把事故的危险看成是狼，那么，安全信息就是在提醒人们"狼是存在的"、"狼可能要来"，而安全措施是要"消灭狼"、"阻拦狼的到来"。可悲的是，如果狼总是不来，人们就会质疑安全工作者是否诚实，甚至怀疑是否真的有狼，这成了安全工作的"悖论"。然而只要系统中的危险、事故的可能存在，警示性和预估性安全信息就不可缺失。

2. 安全信息的功能

1）安全信息是安全决策的依据

编制安全管理方案，确定目标值和保证措施时，需要有大量可靠的信息作为依据。例如，既要有安全生产方针、政策、法规和上级安全指示、要求等指令性信息，又要有企业内部历年来安全工作经验教训、各项安全目标实现的数据，以及通过事故预测获知生产安全等信息，作为安全决策的依据，这样才能编制出符合实际的安全目标和保证措施。

2）安全信息具有间接预防事故的功能

安全信息不仅静态、动态地反映人、机、环境的联系和状况，也与安全管理效果有关。在此基础上发出的安全指令性信息（如安全生产方针、政策、法规，安全工作计划相关领导指示、要求），可以对被保护系统进行有效的安全组织、协调和控制，统一员工的安全操作和安全生产行为，促进生产实践规律运动，预防事故的发生，这时的安全信息就起到了间接预防事故的功能。

3）安全信息具有间接控制事故的功能

在生产实践活动中，员工的各种异常行为，工具、设备等物质的各种异常状态等大量的不良生产信息，均是导致事故发生的因素。在对安全信息处理和分析的基础上，可以确定不利安全生产的异常信息及其根源，进而通过安全教育、安全工程技术、安全管理手段等，改变人的异常行为、物的异常状态，使之达到安全生产的客观要求，这样安全信息就具有了间接控制事故的功能。

3. 安全信息的分类

依据不同的原则，安全信息可有不同的分类方式。从应用的角度，安全信息可划分为如下三种类型。

1）生产安全状态信息

（1）生产安全信息，如从事生产活动人员的安全意识、安全技术水平，以及遵章守纪等安全行为；投产使用工具、设备（包括安全技术装备）的完好程度，以及在使用中的安全状态；生产能源、材料及生产环境等，符合安全生产客观要求的各种良好状态；各生产单位、生产人员及主要生产设备连续安全生产的时间；安全生产的先进单位、先进个人数量，以及安全生产的经验等。

（2）生产异常信息，如从事生产实践活动人员进行的违章指挥、违章作业等违背生产规定的各种异常行为，投产使用的非标准、超载运行的设备，以及有其他缺陷的各种工具、设备的异常状态；生产能源、生产用料和生产环境中的物质不符合安全生产要求的各种异常状态；没有制定安全技术措施的生产工程、生产项目等无章可循的生产活动；违章人员、生产隐患及安全工作问题的数量等。

（3）生产事故信息，如发生事故的单位和事故人员的姓名、性别、年龄、工种、工级等情况；事故发生的时间、地点、人物、原因、经过，以及事故造成的危害；参加事故抢救的人员、经过，以及采取的应急措施；事故调查、讨论、分析经过和事故原因、责任、处理情况，以及防范措施；事故类别、性质、等级，以及各类事故的数量等。

2）安全活动信息

（1）安全组织领导信息。主要有：安全生产责任制的建立、健全及贯彻执行情况；安全会议制度的建立及实际活动情况；安全组织保证体系的建立，安全机构人员的配备，及其作用发挥的情况；安全工作计划的编制、执行，以及安全竞赛、评比、总结表彰情况等。

（2）安全教育信息。主要有各级领导干部、各类人员的思想动向及存在的问题；安全宣传形式的确立及应用情况；安全教育的方法、内容，受教育的人数、时间；安全教育的成果，考试人员的数量、成绩，安全档案、卡片的及时建立及应用情况等。

（3）安全检查信息。主要有安全检查的组织领导，检查的时间、方法、内容；查出的安全工作问题和生产隐患的数量、内容；隐患整改的数量、内容和违章等问题的处理；没有整改和限期整改的隐患及待处理的其他问题等。

（4）安全指标信息。主要有各类事故的预计控制率、实际发生率及查处率；职工安全教育率、合格率、违章率及查处率；隐患检出率、整改率，安全措施项目完成率；安全技术装备率、尘毒危害治理率；设备定试率、定检率、完好率等。

3）安全指令性信息

主要包括安全生产方针、政策、法规和上级主管部门及领导的安全指示、要求；安全工作计划的各项指标；安全工作计划的安全措施计划；企业现行的各种安全法规；隐患整改通知书、违章处理通知书等。

2.3.3　安全信息管理

安全信息管理是以信息科学为理论基础，以计算机技术为手段，根据安全信息的特点、功能和类别，通过信息获取、处理、存储、传输等技术和管理措施，掌握系统中的风险程度和安全状态，为改进系统安全管理，实施风险控制和事故防范技术、提升系统安全水平服务。

1. 安全信息的收集

信息收集是安全信息管理的基础工作。一般可以通过以下方式获取安全信息：

（1）利用各种渠道收集安全生产方针、政策、法规和上级的安全指示、要求等。

（2）利用各种渠道收集国内外安全管理情报，如安全管理、安全技术方面的著作、论文，安全生产的经验、教训等方面的资料。

（3）通过安全工作汇报、安全工作计划、安全工作总结，安全检查人员、职工群众反映情况等形式收集安全信息。

（4）通过开展各种不同形式的安全检查并利用安全检查记录，收集安全检查信息。

（5）利用安全技术装备，收集设备在运行中的安全运行、异常运行及事故信息。

（6）利用安全会议记录、安全调度记录和安全教育记录，收集日常安全工作和安全生产信息。

（7）利用事故登记、事故调查记录和事故讨论分析记录，收集事故信息。

（8）利用违章登记、违章人员控制表，收集与掌握人的异常信息。

（9）利用安全管理月报表、事故月报表，定期综合收集安全工作和安全生产信息。

2. 安全信息的加工

安全信息的加工是提供规律性信息、指导安全科学管理的重要环节。对信息进行加工处理，就是把大量原始信息进行筛选、分类、排列、比较和计算，聚同分异、去伪存真，使之系统化、条理化，以便储存和使用。具体的加工分以下几个方面：

（1）利用事故统计台账，对事故的类别、等级、数量、频率、危害等进行综合分析，进而掌握事故的动向。

（2）利用隐患统计台账，对隐患的数量、等级、整改率、转化率进行综合统计分析，进而发现隐患，掌握可能导致事故发生的情况，以便及时消除。

（3）利用职工安全统计台账，对职工的结构、安全培训、违章人员、发生事故等情况进行综合统计分析，进而掌握职工的安全动态。

（4）利用安全天数管理台账，对事故改变安全局面，影响安全天数的事故单位、事故时间、类别、等级，以及过去连续安全生产天数等进行定期累计，从中掌握企业的安全动态。

3. 安全信息的储存

长期、分类储存海量安全信息，对于探究安全生产的趋势和规律、总结安全管理的经验和教训是十分重要的。目前，计算机、多媒体信息技术是安全信息进行加工处理和定项、定期储存最有效、最常用的手段。也可以利用各种安全管理记录、各种报表进行临时简易储存，利用安全管理台账、安全管理卡片及其他安全管理措施进行综合、分类储存。

4. 安全信息的反馈

安全信息的反馈具有指导安全管理、改进安全工作和改变生产异常的作用。信息反馈渠道有：

（1）通过领导讲话、指示、要求和安全工作计划、安全技术措施计划、安全法规的贯彻执行，对安全信息进行集中反馈。

（2）利用各种安全宣传教育形式，对安全信息进行间接反馈。

（3）利用各种管理图表，反映安全管理规律、安全工作进度和事故动态。

（4）发现人的异常行为、物的异常状态等生产异常信息，当即提出处理意见，直接向信息源进行反馈。

（5）利用违章处理通知书和隐患整改通知书，对违章人员和发现的隐患提出处理意见，也是对安全信息的一种反馈。

2.3.4　安全管理信息系统

安全管理信息系统是将现代计算机技术、互联网技术与安全信息管理技术有机结合，集各类安全信息收集、加工（包括整理、运算、分析等）、储存、反馈为一体，向安全管理者提供安全决策、安全计划、安全控制服务的管理信息系统。

安全管理信息系统运用于安全系统的设计、管理，以及风险分析、事故预测、预警和应急辅助决策，大大提高安全系统的保障水平和事故预防能力。

1. 安全管理信息系统的技术基础

2015 年，我国提出了"互联网+"行动计划，推动以移动互联网、云计算、大数据、物联网为代表的新一代信息技术与现代制造业、生产性服务业等融合创新的国家战略。为安全管理信息系统的发展指明了方向，构成了安全管理信息系统现代技术基础。

"互联网+"下的安全管理信息系统是移动互联网、云计算、大数据、物联网等现代化信息技术支撑下的安全信息系统。"互联网+安全信息"借助移动互联网技术，在安全系统中增加网络软硬件模块，实现安全信息的远程操控、安全数据的自动采集分析等功能；"云计算+安全信息"基于云计算技术，打造统一的智能安全系统服务平台，为不同功能的智能安全硬件设备提供统一的软件服务和技术支持；"大数据+安全信息"将各类安全状态实时参数与历史数据、理论分析数据等进行整理、筛选、比较、分析，向决策者提供安全状态的预测、预警、决策信息；"物联网+安全信息"将生产、安全设施接入互联网，构建网络化物理设备系统（CPS），使各生产设备能够自动交换信息、触发动作和实施控制，更加迅速、准确地感知、传送和分析安全状态，促进安全系统的优化配置。

2. 安全管理信息系统的结构

1）安全管理信息系统的概念结构

安全管理信息系统的概念结构如图 2-5 所示。其中，信息源是信息的产生地，信息处理器完成信息的接收、传输、加工、存储、处理和输出等任务，信息用户是信息的具体使用者，信息管理者则进行信息的总体管理和协调。该模型对信息处理的一般性组成进行描述，体现了从信息源到信息用户的单向流动和信息管理进行总体控制的特点。

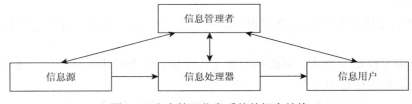

图 2-5　安全管理信息系统的概念结构

2）安全管理信息系统的层次结构

安全管理信息系统的层次结构如图 2-6 所示。在纵向上，对应于用户的高层、中层和基层，分别设战略管理层、管理监督层、作业管理层和事务管理层。其中，事务管理层实现对日常安全管理工作中各类统计、报表、信息的查询和管理等；作业管理层实现对各类作业的风险分析、安全监督和执行；管理监督层实现对安全目标和方针的具体落实情况进行控制；战略管理层则是制定长远安全目标和总体方针。在横向上，由系统用户的一般性管理职能分为若干维度。

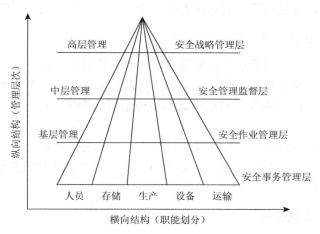

图 2-6　安全管理信息系统的层次结构

　　针对不同层次管理需求的信息，其特性、来源、范围、流通性、精确性要求和使用频率都有所不同。针对不同层次设计的信息系统就应有所区别与侧重，其开发策略和设计风格也会有较大的区别。例如，战略管理层和管理监督层注重安全决策能力和数学模型的应用，作业管理层注重业务逻辑的处理和数据处理的及时性与完整性，事务管理层则注重统计分析工具的使用，强调各类安全报表的查询、分析和使用功能。

　　3）安全管理信息系统的软件结构

　　安全管理信息系统一般可分解为六个基本部分：

　　（1）数据处理部分。它主要完成数据的收集、输入，数据库的管理、查询、基本数学运算、日常安全报表的输出等。

　　（2）分析部分。在电子数据处理系统的基础上，对数据进行深加工，运用各种安全管理模型、定量化分析手段、工程序化方法、运筹学方法等对安全生产情况进行分析。

　　（3）决策部分。安全管理信息系统的决策模型以解决安全管理决策问题为主，其结果是为高层管理者提供一个最优决策方案，并给出最优方案的解释支持信息。

　　（4）数据库部分。数据库部分主要完成数据文件的存储、组织、备份等功能，是管理信息系统的核心部分。例如，政府安全管理信息系统的基础数据库平台一般包括企业基本信息数据库、重大危险源数据库、应急救援信息数据库、法律法规及国家标准数据库、空间（如地理信息系统）与多媒体数据库等。

　　（5）接口部分。它是实现安全管理信息系统与外部数据和系统进行数据交换功能的部分，即数据的输入和输出，是系统的必备功能之一。

　　（6）界面部分。它是用户和系统直接交互的关键，界面设计良好的安全管理信息系统便于使用和容易赢得用户的认可。界面设计在很多情况下需要具有一定的美学基础和素养，随着 4GL 设计语言的出现，界面设计变得更加容易。

　　4）安全管理信息系统的物理架构

　　安全管理信息系统的物理架构可以理解为系统的硬件构成，包括计算机系统、网络等。安全管理信息系统的物理架构随着信息系统及信息技术的发展有较大的变化。例如，早期基于大型机（终端）的信息系统结构，后来发展为基于 Internet/Intranet/Extranet 的信息系统，以及 B/S 和 C/S 的信息系统等。安全管理信息系统的具体物理架构取决于应用的具体环境和需求，没有固定的模式，并且将随着信息技术的快速发展而不断发展和更新。

3. 安全管理信息系统的设计原则

（1）简单性原则，设计的系统尽可能简单，缩短处理过程，减少有关费用。

（2）灵活性原则，保证外部环境、内部条件发生变化以后，仍能提供详尽、准确的信息。

（3）统一性原则，注意输入、输出形式和传递语言等的统一性，以有利于各种系统间的工作。

（4）可靠性原则，保证系统运行可靠，以取得使用者的信任。

（5）经济性原则，计算系统投资和运行费用的支出，并同所获效益进行比较，选择既经济又能达到目标的手段。

4. 安全管理信息系统示例

例 2-1：根据某开发区安全监管要求，设计和研发了"智慧安监与事故应急一体化信息平台"。实现面向安监、企业等用户的集成安全信息服务与推送、重大危险源监控、重点企业监控视频接入、监测预警、信息共享、综合研判、辅助决策和总结评估等功能，形成综合管理、统一协调、反应灵敏、协调有序、运转高效的安全监管、监测预警与应急救援机制。

1）系统架构

安全管理信息系统网络拓扑架构如图 2-7 所示。

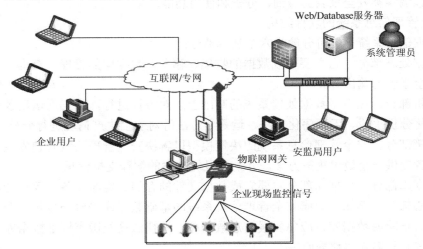

图 2-7　安全管理信息系统网络拓扑架构

2）系统功能

安全管理信息系统功能架构如图 2-8 所示。其中主要包括安监客户端、企业客户端和 APP 终端三个组成部分。安监客户端主要实现安全基础数据采集、日常业务管理、风险管控管理、隐患排查管理、网格化安全监管、在线监测预警、应急辅助决策、文件传递与信息推送等功能；企业客户端主要实现安全基础档案信息、在线监控预警、风险管控管理、隐患排查管理、文件传递与接收等功能；APP 终端对公众用户，依托互联网，实现基本信息查询、监管信息录入、交流互动、投诉举报等功能。

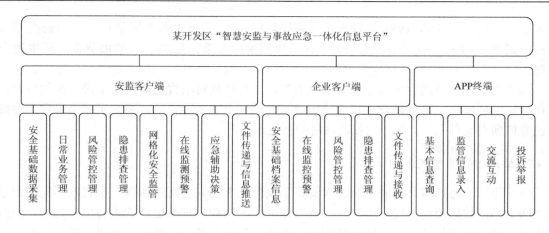

图 2-8　安全管理信息系统功能架构

3）数据库

数据库包括企业安全管理基础数据库、监管业务数据库、安全生产辅助决策数据库、交换共享数据库和公共服务数据库共五个子库（表 2-1）。

表 2-1　安全生产统一数据库内容及部署方式

序号	数据库名称	数据项	部署网络
1	企业安全管理基础数据库	企业基本情况、隐患排查、标准化、重大危险源、安全培训、应急预案、应急资源、应急演练、职业健康、生产安全事故等数据	
2	监管业务数据库	行政许可、行政执法、隐患监管、标准化达标、事故管理、监督计划、事故调查、应急救援等数据	电子政务外网
3	安全生产辅助决策数据库	风险评估、监测预警、统计分析、安全生产指数分析、地理信息服务、事故计算、智能化决策方案等数据	
4	交换共享数据库	指标控制、统计分析、协同办公、联合执法、挂牌督办、事故调查、协同应急、诚信信息、打非治违等数据	
5	公共服务数据库	信息公开、信息查询、建言献策、警示教育、举报投诉、舆情监测预警发布、宣教培训、诚信信息等数据	互联网

2.4　安全系统协同学

2.4.1　协同学及其特征

1. 协同学

协同学（synergetics）源于希腊文，意为协调合作之学。我国《说文》提到"协，众之同和也。同，合会也"。

协同学研究各种不同的系统从混沌无序状态向稳定有序结构转化的机理和条件，研究系统自主地、自发地通过子系统的相互作用而产生的系统规则，研究系统中子系统之间产生宏观空间结构、时间结构或功能结构的协同、合作关系。这种关系可能是确定的或随机的，其中"空间结构、时间结构和功能结构"又称为自组织（self-organizing）现象。

协同学由德国物理学家哈肯（H. Haken）创立。20 世纪 60 年代初，哈肯在从事激光理论研究时发现，激光现象是一种典型的远离平衡态时由无序转化为有序的现象。哈肯 1976 年发表了《协同学导论》，1988 年发表了《高等协同学》，这标志着协同学作为一门新兴横断学科的诞生。后来，他主编了近 20 本有关协同学的专著，推动协同学由孕育、诞生走向成熟。

钱学森认为"协同学实际上就是系统学"，并且依此对哈肯的观点做了进一步的概括："在给定的环境中，系统只有在目的的点或目的的环上才是稳定的，离开了就不稳定，系统自己要拖到点或环上才罢休。这就是系统的自组织。"

2. 协同学的主要概念

（1）协同。协同概念有着更深的含义，不仅包括人与人之间的协作，也包括不同应用系统之间、不同数据资源之间、不同终端设备之间、不同应用情景之间、人与机器之间、科技与传统之间等全方位的协同。协同是指元素对元素的相干能力，表现了元素在整体发展运行过程中协调与合作的性质。

（2）序参量。序参量是一种宏观参量，是描述系统宏观有序度或宏观模式的参量。它是处理自组织问题的一般判据，是系统相变前后所发生质的变化的突出标志。它表示系统有序结构的类型，是所有子系统介入系统运动程度的集中体现。

（3）序参量分析。序参量确定后，便可进行序参量分析。系统的演化关键是研究序参量，因为序参量高度集中了整个系统演化的主要信息，代表了系统演化的主流和方向。系统中每个序参量都对应着一种微观组态和宏观结构。而序参量的数目将决定系统处于稳定、振荡或无序的状态。如果系统只剩下一个序参量，那就是"一统天下"的格局，如果是几个序参量，那么几个序参量之间的合作、竞争将决定系统的演化过程和结局。

（4）涨落。即使系统处于有序状态，也并不是说子系统无规则的独立运动就会完全停止。子系统的独立运动及它们可能产生的局部耦合，加上环境条件的随机波动等，都反映在系统宏观量的瞬间值经常会偏离它的平均值而出现的起伏上，这种偏离平均值的起伏现象称为涨落。从随机理论来看，涨落是形成有序结构的动力，因而可以说涨落是有序之源。

（5）组织系统。一个系统如果其子系统之间的相互作用关系是在外界力量的控制下被动形成的，而它们向着有序化方向的集体行为也是由外界力量操纵的，它就是一个组织系统。

（6）自组织系统。通过低层次客体局域的相互作用而形成的高层次结构、功能有序模式不由外部特定干预和内部控制者指令的自发过程，由此而形成的有序较复杂系统称为自组织系统。

（7）相。相指系统宏观上具有一定特性的状态。

（8）相变。相变指系统从一种相到另一种相的转变。

3. 自组织系统的基本特征

自组织系统（self-organizing system）是协同学研究的主要对象。自组织系统的行为模式具有以下突出的特征：

（1）信息共享。系统中每一个单元都掌握全套的"游戏规则"和行为准则，这一部分信息相当于生物 DNA 中的遗传信息，为所有的细胞所共享。

（2）单元自律。自组织系统中的组成单元具有独立决策的能力，在"游戏规则"的约束下，每一个单元有权决定自己的对策与下一步的行动。

（3）短程通信。每个单元在决定自己的对策和行为时，除了根据它自身的状态以外，往往还要了解与它临近单元的状态，单元之间通信的距离比系统的宏观特征尺度要小得多，而所得到的信息往往也是不完整、非良态的。

（4）微观决策。每个单元所作出的决策只关乎自己的行为，而与系统中其他单元的行为无关；所有单元各自行为的总和，决定整个系统的宏观行为；自组织系统一般并不需要关乎整个系统的宏观决策。

（5）并行操作。系统中各个单元的决策与行动是并行的，并不需要按什么标准来排队，以决定其决策与行动顺序。

（6）整体协调。在各单元并行决策与行动的情况下，系统结构和游戏规则保证了整个系统的协调一致性和稳定性。

（7）迭代趋优。自组织系统的宏观调整和演化并非一蹴而就，而是在反复迭代中不断趋于优化；事实上，这类系统一般无法达到平衡态，而往往处在远离平衡态的区域进行永无休止的调整和演化；一旦静止下来，就表示这类系统的"死亡"。

4. 协同学的基本原理

协同学的基本原理主要包括以下三个"硬核"。

1）不稳定性原理

协同学认为任何一种新结构的形成都意味着原先状态不再能够维持，即变成不稳定的。不稳定性在结构有序演化中具有积极的建设性作用。当一种陈旧的框架或模式已经变得不利于系统存续和发展时，就需要出现一种激进的、力图变革的力量，把系统推向失稳点，才可能创建有利于系统存续发展的新框架、新模式。这就是协同学的不稳定性原理的基本含义。

2）支配原理

协同学认为，在临界点系统内部的各子系统或诸参量中，存在两种变量，即快变量和慢变量。支配原理是慢变量支配快变量而决定系统的演化进程。慢变量和快变量各自都不能独立存在，慢变量使系统脱离旧结构，趋向新结构；而快变量又使系统在新结构上稳定下来。伴随着系统结构的有序演化，两种变量相互联系、相互制约，表现出一种协同运动。这种协同运动在宏观上表现为系统的自组织运动。

3）序参量原理

如果某个参量在系统演化过程中从无到有地产生和变化，系统处于无序状态时它的取值为0，系统出现有序结构时它取非0值，因而具有指示或显示有序结构形成的作用，就称为序参量。序参量是由系统自组织运动产生的，而它一旦产生就取得支配地位，成为系统内部的组织者，支配其他组分、子系统、模式，因而转化为一种他组织力量，类似于控制中心的作用。

总之，不稳定性原理说明了系统演化的基本模式是系统中激进的、力图变革的力量使系统失稳，促成了新的系统框架和模式；支配原理则阐述了这种激进的、力图变革的、使系统脱旧趋新的力量源于少数变化相对较慢的变量；序参量原理进一步揭示了这种慢变量就是决定自组织系统演化进程和状态的根本变量和主要因素。

2.4.2　安全系统协同模型

1. 安全系统的自组织特征

安全系统具有自组织系统的全部特征。

（1）安全系统需要信息共享。系统中每一个单元的信息都从某一角度反映了系统的状态，需要为所有的单元所共享。

（2）安全系统需要单元自律。系统的组成单元具有独立决策的能力，在"系统安全"的约束下，每一个单元可以决定自己的对策与下一步的行动。

（3）安全系统是短程通信。系统的每个单元在决定自己的对策和行为时，除了根据它自身的状态以外，需要了解与它临近的、可能对其产生关联和影响的单元的风险和安全状态，通信距离是短程的。

（4）安全系统的决策通常是微观的。系统中每个单元所做出的决策只关乎它自己的行为，而所有单元各自的行为的总和，决定整个系统的宏观行为。

（5）安全系统的操作是并行的。系统中各个单元的安全决策与行动可以是并行的，通常并不需要安排行动顺序。

（6）安全系统需要整体协调。系统在诸单元并行决策与行动的情况下，需要根据其系统结构和运行规则决定系统整体的安全性和稳定性。

（7）安全系统需要迭代趋优。安全的相对性决定了安全系统必须根据自身的运行状态、被保护系统的风险性质进行持续改进，使之不断趋于优化，否则就意味着系统的"死亡"。

可见，安全系统是一个典型的自组织系统，可以运用协同学的原理、分析方法确定其序参量、利用支配原理揭示系统演化规律。

2. 安全系统的协同学特征

安全系统的运动状态符合协同学的基本原理。

（1）安全系统的不稳定性。任何安全系统都处于稳定—不稳定—再稳定的交变过程中，其中稳定是暂时的、相对的，不稳定是长期的、绝对的。安全系统的不稳定既源于其被保护系统的危险、有害因素的变化影响，又源于其自身安全功能不断提高的要求，系统长期处于这些不稳定因素的干扰之中。例如，作为建筑安全系统的灭火器，既要能够迅速扑灭突发的明火，防范和控制火灾事故，又要定期更新灭火器，保证其安全功能。安全系统的不稳定性原理，就是要辨识和处置这些不稳定因素，得到不断更新和完善，从而创建有利于系统存续发展的新框架、新模式，持续提高系统安全功能。

（2）安全系统的支配因素。在安全系统运行的不同阶段，其内部的各子系统或诸参量表现为慢变量和快变量（系统主导因素和非主导因素）。安全系统的支配原理就是系统主导因素支配非主导因素而决定系统的演化进程的原理。两类因素共存于系统之中，相互联系、相互制约、相互转化，表现出一种协同运动。这种协同运动在宏观上则表现为系统的自组织运动。例如，建筑地基开挖时，事故主要表现为土方坍塌，而主体建设时，事故主要表现为高空坠落，建筑施工的不同阶段，影响系统安全的主要因素有所不同。

（3）安全系统的序参量。安全系统中存在决定自组织系统演化进程和状态的序参量。它是由系统自组织运动产生的支配其他组分、子系统的力量。例如，建筑地基开挖时，各种护坡、固帮措施是安全系统的重点；而主体建设时，各种脚手架、安全带、防坠网则是安全系统的必需品，可见这些序参量是由系统内生、根据系统演化进程和状态决定的支配其他子系统的重要因素。

总之，协同学的基本原理对于安全系统都是适用的。这就再次验证了钱学森的论断"协同学就是系统学"。

3. 安全系统协同度模型

安全系统是由众多子系统合成的复合系统。以协同学的序参量原理和支配原理为基础，针对安全系统，研究建立其整体协同度模型。

1）系统有序度模型

某复合系统 S 具有 k 个子系统 $S_j \in [1, k]$，设其发展过程中的序参量变量为 $e_j = (e_{j1}, e_{j2}, \cdots, e_{jn})$，其中 $n \geq 1$，$B_{ji} \leq e_{ji} \leq A_{ji}$，$i \in [1, n]$。不失一般性，假定 $e_{j1}, e_{j2}, \cdots, e_{jn}$ 的取值越大，系统的有序程度越高，其取值越小，系统的有序程度越低，因此有下述定义。

定义 1　定义式（2-1）为系统 S_j 序参量分量 e_{ji} 的系统有序度。

$$u_j(e_{ji}) = \begin{cases} (e_{ji} - B_{ji})/(A_{ji} - B_{ji}), & i \in [1, l_j] \\ (A_{ji} - e_{ji})/(A_{ji} - B_{ji}), & i \in [l_j + 1, n] \end{cases} \tag{2-1}$$

由如上定义可知，$u_j(e_{ij}) \in [0, 1]$，其值越大，e_{ji} 对系统有序的"贡献"越大。

需要指出，在实际系统中还会有若干 e_{ji}，其取值过大或过小都不好，而是集中在某一特定点周围最好，对于这类 e_{ji}，总可以通过调整其取值区间 $[B_{ji}, A_{ji}]$ 使其有序度定义满足定义 1。

从总体上看，序参量变量 e_j 对系统 S_j 有序程度的"总贡献"可通过 $u_j(e_{ji})$ 的集成来实现。系统的总体性能从理论上讲不仅取决于各序参量数值的大小，更重要的是还取决于它们之间的组合形式。不同的系统具体结构具有不同的组合形式，组合形式又决定了"集成"法则。为简捷起见，这里采用几何平均法与线性加权和法进行集成，即

$$u_j(e_j) = \sqrt[n]{\prod_{i=1}^{n} u_j(e_{ji})} \tag{2-2}$$

若考虑第 i 个子系统的权系数 λ_i，则

$$u_j(e_j) = \sqrt[n]{\prod_{i=1}^{n} \lambda_i u_j(e_{ji})} \qquad \lambda_i \geq 0, \ \sum_{i=1}^{n} \lambda_i = 1 \tag{2-3}$$

定义 2　称如上定义的 $u_j(e_j)$ 为序参量变量 e_j 的系统有序度。

由定义 2 可知，$u_j(e_j) \in [0, 1]$，$u_j(e_j)$ 越大，e_j 对系统有序的"贡献"越大，系统有序的程度就越高，反之则越低。

在线性加权和法中，子系统的权系数 λ_i 的确定既应考虑系统的现实运行状态，又应能够反映系统在一定时期内的发展目标，其含义是 e_{ji} 在保持系统有序运行中所起的作用或所处的地位。

定义 3（复合系统协同度模型）　对给定的初始时刻 t_0，设各个子系统序参量的系统有序度为 $u_{0j}(e_j)$，$j = 1, 2, \cdots, k$，则对于整体复合系统在发展演变过程中的时刻 t_1 而言，如果此时各个子系统序参量的系统有序度为 $u_{1j}(e_j)$，$j = 1, 2, \cdots, k$，则定义 cm 为复合系统协同度

$$\text{cm} = \theta \sqrt[k]{\left| \prod_{i=1}^{k} [u_j^1(e_j) - u_j^0(e_j)] \right|} \tag{2-4}$$

式中

$$\theta = \frac{\min_j [u_j^1(e_j) - u_j^0(e_j) \neq 0]}{\left| \min_j [u_j^1(e_j) - u_j^0(e_j) \neq 0] \right|} \qquad j = 1, 2, \cdots, k$$

对定义 3 的说明：

（1） cm∈[−1,1]，其值越大，复合系统协同发展的程度越高，反之则越低。

（2）参数 θ 的作用在于：当且仅当式（2-5）成立时，复合系统才有正的协同度：

$$u_j^1(e_j) - u_j^0(e_j) > 0, u_j \in [1,k], j = 1,2,\cdots,k \qquad (2\text{-}5)$$

（3）定义 3 综合考虑了所有子系统情况，如一个子系统的有序程度提高幅度较大，而另一些子系统的有序程度提高幅度较小或下降，则整个系统不能处于较好的协同状态或根本不协同，体现为 cm∈[−1,0]。

（4）利用该定义可以检验现实的复合系统相对于考察的基期而言，其协同程度的特征与变化趋势。

2）安全系统有序度计算示例

例 2-2：企业安全系统通常由安全管理子系统、安全技术子系统、安全制度子系统、安全监管子系统等子系统构成，用以抵御来自系统外部的各类危险源、事故隐患，实现系统安全。在安全系统运行过程中，各子系统之间要均衡发展、协调进行，以其使企业整体安全状况达到最优化。否则，若某一子系统发展缓慢，即使其他子系统表现得再好，也无法使系统整体上达到最好的安全状态，如图 2-9 所示。

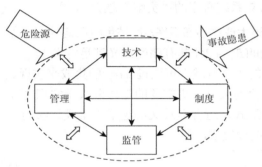

图 2-9　企业安全系统的协同效应

现考查企业安全系统各影响因素（子系统）——技术、管理、制度、监管相互协调、共同作用的现象，分析各影响因素间的整体协同效应。设各子系统的序参量变量指标见表 2-2。

表 2-2　基于协同学的企业安全系统指标体系

系统 S	子系统 S_k	序参量分量 e_{ki}
企业安全系统	安全管理子系统	安全管理体制
		安全管理流程
		安全文化建设
	安全技术子系统	事故预防技术
		隐患检测技术
		事故控制技术
	安全制度子系统	安全标准化管理
		安全生产责任制
	安全监管子系统	第三方安全监管
		政府安全监管

已知，该企业 6 个时期的各子系统的序参量分量见表 2-3。在各序参量分量的设计时，均考虑取值越大，系统的有序程度越高，且取值区间均为[0,10]，即 $B_{ji}=0$，$A_{ji}=1$。

表 2-3　企业 6 个时期的各子系统的序参量分量

时期	序参量分量									
	e_{11}	e_{12}	e_{13}	e_{21}	e_{22}	e_{23}	e_{31}	e_{32}	e_{41}	e_{42}
t_0	5.39	5.55	3.85	4.75	4.71	5.63	5.23	4.54	3.43	3.32
t_1	5.88	5.84	4.74	5.12	5.26	5.56	5.86	5.16	3.92	4.49
t_2	6.13	6.12	5.21	4.61	4.72	5.03	6.12	5.43	4.23	4.83
t_3	6.46	6.45	6.45	4.28	4.39	4.83	6.46	6.19	4.43	5.18
t_4	6.59	6.78	6.82	5.84	5.78	4.78	6.79	6.39	4.81	5.32
t_5	6.88	7.13	7.22	6.32	5.91	5.13	7.11	6.75	5.32	5.62

将表 2-3 各数值代入式（2-2），可得各子系统 S_j 序参量分量 e_{ji} 在各时期的系统有序度（表 2-4）。

表 2-4　各子系统序参量分量在 6 个时期的系统有序度

时期	序参量分量的系统有序度									
	$u_1(e_{11})$	$u_1(e_{12})$	$u_1(e_{13})$	$u_2(e_{21})$	$u_2(e_{22})$	$u_2(e_{23})$	$u_3(e_{31})$	$u_3(e_{32})$	$u_4(e_{41})$	$u_4(e_{42})$
t_0	0.539	0.555	0.385	0.475	0.471	0.563	0.523	0.454	0.343	0.332
t_1	0.588	0.584	0.474	0.512	0.526	0.556	0.586	0.516	0.392	0.449
t_2	0.613	0.612	0.521	0.461	0.472	0.503	0.612	0.543	0.423	0.483
t_3	0.646	0.645	0.645	0.428	0.439	0.483	0.646	0.619	0.443	0.518
t_4	0.659	0.678	0.682	0.584	0.578	0.478	0.679	0.639	0.481	0.532
t_5	0.688	0.713	0.722	0.632	0.591	0.513	0.711	0.675	0.532	0.562

将表 2-4 各数值代入式（2-3），可得各子系统 S_j 在 6 个时期的系统有序度（表 2-5），并可得到其发展趋势图（图 2-10）。

表 2-5　各子系统在 6 个时期的系统有序度

时期	子系统有序度				子系统有序度最大差距
	u_1	u_2	u_3	u_4	
t_0	0.486535	0.501273	0.4873	0.337455	0.163818
t_1	0.545996	0.848315	0.5499	0.419533	0.428782
t_2	0.580341	0.886706	0.5765	0.452006	0.434701
t_3	0.645333	0.905108	0.6324	0.479034	0.426073
t_4	0.672925	0.837561	0.6587	0.505858	0.331704
t_5	0.707519	0.810173	0.6928	0.546794	0.263379

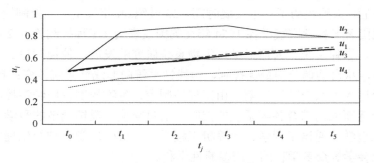

图 2-10　各子系统 S_j 有序度的发展趋势

由表 2-5、图 2-10 可见，各子系统 S_j 有序度均呈现不断发展趋势。从各子系统 S_j 有序度的协同性上看，其差距不大（最大为 0.434701），总体较为协调；从各子系统 S_j 有序度的活跃性上看，u_2 子系统（安全技术子系统）表现最活跃，u_4 子系统（安全监管子系统）表现最迟钝。为了保持整个系统的协调性，需要加快安全监管子系统的发展。

将表 2-5 各数值代入式（2-4），可得安全系统 S 各时期的系统协同度（表 2-6），并可得到其发展趋势图（图 2-11）。

表 2-6　安全系统 S 各时期的系统协同度

时期	系统协同度/cm
t_1	0.101476584
t_2	0.138634354
t_3	0.19050697
t_4	0.206245029
t_5	0.232784028

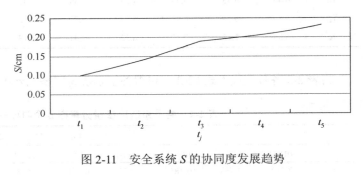

图 2-11　安全系统 S 的协同度发展趋势

由表 2-6、图 2-11 可见，系统 S 协同度呈现不断发展趋势，整体上升比较平稳，说明该企业安全系统整体表现较好。

2.5　安全系统控制论

2.5.1　控制与安全控制

1. 控制论

控制论一词源自希腊文"mberuhhtz"，意为掌舵的方法和技术。控制论（cybernetics）研究生物体和机器以及各种不同基质系统的通讯和控制的过程，探讨它们共同具有的信息交换、反馈调节、自组织、自适应的原理和改善系统行为、使系统稳定运行的机制。

美国数学家维纳（N. Wiener）在 1919 年研究勒贝格积分时，就从统计物理方面萌发了控制论思想。第二次世界大战期间，他参加了美国研制防空火力自动控制系统的工作，提出了负反馈概念，应用了功能模拟法，对控制论的诞生起了决定性的作用。1948 年维纳的《控制论——关于在动物和机器中控制和通讯的科学》出版，宣告了这门科学的诞生。

控制论诞生后，大致经历了三个发展时期。20 世纪 50 年代是经典控制论时期，这个时期的代表著作有我国著名科学家钱学森 1954 年在美国发表的《工程控制论》；20 世纪 60 年代是现代控制论时期，导弹系统、人造卫星、生物系统研究的发展，使控制论的重点从单变量控制到多变量控制，从自动调节向最优控制，由线性系统向非线性系统转变；自 20 世纪 70 年代以后，控制论进入大系统理论时期，由工程控制论、生物控制论向经济控制论、社会控制论发展。控制论逐渐成为综合各类系统的控制、信息交换、反馈调节的科学，成为跨及人类工程学、控制工程学、通讯工程学、计算机工程学、一般生理学、神经生理学、心理学、数学、逻辑学、社会学等众多学科的一门横断性学科。

2. 控制论的主要方法

控制论是具有方法论意义的科学理论。控制论的理论、观点可以成为研究各门科学问题的科学方法，这些方法包括：

（1）控制方法。它是撇开各门科学的质的物点，把它们看作一个控制系统，分析系统的信息流程、反馈机制和控制原理，寻找使系统达到最佳状态的方法。

（2）信息方法。它是把研究对象看作一个信息系统，通过分析系统的信息流程把握事物规律的方法。

（3）反馈方法。它是运用反馈控制原理分析和处理问题的研究方法。它是由控制器发出的控制信息的再输出发生影响，以实现系统预定目标的过程，正反馈能放大控制作用，实现自组织控制，但也使偏差加大，导致振荡。负反馈能纠正偏差，实现稳定控制，但它会减弱控制作用、损耗能量。

（4）功能模拟方法。它是用功能模型来模仿客体原型的功能和行为的方法。它是只以功能行为相似为基础而建立的模型。例如，猎手瞄准猎物的过程与自动火炮系统的功能行为是相似的，但二者的内部结构和物理过程是截然不同的，这就是一种功能模拟。功能模拟方法为仿生学、人工智能、价值工程提供了科学方法。

（5）黑箱方法。它是控制论的主要方法。黑箱是指那些既不能打开箱盖，又不能从外部观察内部状态的系统。黑箱方法就是通过考察系统的输入与输出关系来认识系统功能的研究方法。它是探索复杂大系统的重要工具。

3. 安全控制的原则

安全控制是安全系统实现其功能的重要方式。在安全生产领域，安全控制是运用控制论基本原理对生产系统中的危险因素和事故隐患进行控制的过程。安全系统控制理论是在系统论和控制论的思想和工作方法的基础上发展起来的预防和控制事故的理论。

实施安全控制要坚持的基本原则是：

（1）闭环控制原则，要求安全控制过程有明确的目的性和有效性，要通过评价持续改进内容和手段。

（2）分层控制原则，安全控制要保持程序上的递进性、总体上的协调性。

（3）分级控制原则，安全控制要有主次，要根据被控制系统实时的状态，确定主要控制对象，有重点地解决突出的安全问题。

（4）动态控制性原则，无论在技术上、管理上，安全控制都要有自组织、自适应的功能，应能够根据系统的变化动态调整控制方案。

（5）等同原则，无论是从人的角度还是物的角度，安全控制要素的功能必须大于和高于被控制要素的功能，以保证控制的有效性。

（6）反馈原则，对于计划或系统的输入，安全控制都要有自检、评价、修正的功能，以减少和杜绝安全控制自身的故障。

2.5.2　安全控制系统

1. 安全控制系统及其特征

安全控制系统是由各种相互制约和影响的安全要素组成的、具有一定安全特征和功能的安全整体。安全控制系统是系统论和控制论的思想和方法在安全系统功能分析、危险辨识与控制、不安全行为与失误操作的预防与控制、人机适配系统优化等方面的应用。

安全控制系统的基本要素包括：安全物质，如工具设备、能源、应急物资、人员、组织机构、资金等；安全信息，如政策、法规、指令、情报、资料、数据和各种消息等。

安全控制系统与一般技术系统比较，有如下特征：

（1）安全控制系统具有一般技术系统的全部特征。

（2）安全控制系统是其他生产、社会、经济系统的保障系统。

（3）安全控制系统中包括人这一最活跃的因素，因此人的目的性和人的控制作用时刻都会影响安全控制系统的运行。

（4）安全控制系统受到的随机干扰非常显著，因而研究更加复杂。

2. 安全控制系统的运行模式

1）前馈式控制

前馈式控制是指对系统的输入进行检测，判定可能出现的非正常输入或偏差，采取相应的控制措施，以保证系统实现预定功能的控制方式（图2-12）。为了预防各类事故，安全控制系统应根据事故的各种征兆预见事故的可能性，在事故发生之前采取措施消除隐患，因此必须以前馈式控制为主。

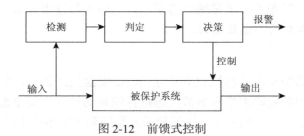

图2-12　前馈式控制

2）反馈式控制

反馈式控制是使用最为广泛的控制方式。反馈式控制是指对系统的输出进行检测，判定其与正常输出的偏差，采取相应的控制措施，以保证系统实现预定功能的控制方式（图2-13）。

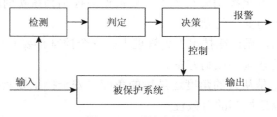

图2-13　反馈式控制

尽管前馈式控制是安全控制系统的首选方式，但无论其如何完备，完全消灭事故是不可能的。积极的反馈式安全控制是在偏差出现时及时采取调控措施，改"斜"归正；在事故出现之后控制事故规模，减少事故损失。

3）闭环控制

"持续"是指在受控对象整个生命周期，保持该信息采集和控制传递路线，并在此期间不断改进和提升控制效果。"闭环"是指对系统的输入、输出都进行检测，通过信息反馈进行决策，并控制输入，保持系统完整、畅通的信息采集和控制传递路线（图 2-14）；持续式的闭环控制系统不是单点、短时的控制，而是全方位、全过程地对流程进行连续的在线监控，并通过积极的反馈式控制实现系统的持续改进。

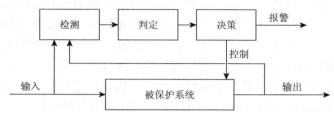

图 2-14　持续式的闭环控制

3. 安全控制系统的构建

构建安全控制系统通常的步骤包括：

（1）绘制安全系统框图。根据安全控制系统的需求，分析其运行过程的性质及其规律性，并按照控制论原理用框图将该系统表述出来。

（2）建立安全控制系统模型。在安全系统框图基础上，运用现代数学工具，通过建立数学模型或其他形式的模型，对安全系统状态、功能、行为及动态趋势进行描述。

（3）对模型进行计算和决策。描述动态安全系统的控制论模型一般是几十个、几百个联立的高阶微分或差分方程组，涉及众多的参数变量。对于非数学模型，可通过分析形成一定的措施、办法和政策等。

（4）综合分析与验证。把计算出的结果或决策运用到实际安全控制工作中，进行小范围的实验，以此矫正前三个步骤的偏差，促使所研究的安全问题达到既定的控制目标。

以上过程既相对独立，又前后衔接、相互制约，它们之间的关系如图 2-15 所示。

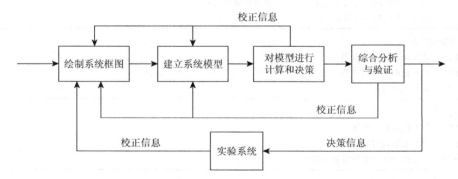

图 2-15　安全控制系统的构建程序

4. 安全控制系统的设计原则

从控制论的角度考虑安全系统的设计问题，应该遵守以下基本原则：

（1）系统目的性原则。系统必须有安全目标，这是设计和实施安全控制的前提。安全目标可能是一个事先设定的指标值，也可能是一组安全目标集。

（2）系统可控性原则。根据控制论的基本原理，在系统设计时必须保证系统的安全可控性。在设计各类技术与社会系统时，要分析系统的各种状态及输出变量，设计合适的系统控制变量，使系统的状态及输出变量可以随着控制变量的变化而变化。这样，当系统的状态超出允许的安全界限时，能够通过控制措施使其回到安全状态。

（3）系统可观测性原则。通过对系统输出的观测而了解系统当前的状态，是对系统进行有效控制的前提。如果系统的状态不可观测，就不可能发现系统存在的安全隐患，也无法采取控制措施避免事故的发生。在设计各类技术与社会系统时，需要在系统中设置必要的监测仪表或安全检查人员，或者建立自动化的安全监测系统，以及时了解系统的状态。

（4）系统稳定性原则。系统的稳定性与系统的安全性密不可分。在设计各类技术与社会系统时，在系统可控的前提下，通过给系统施加安全约束，通过监测系统及时识别出危险因素，并且通过控制器及时采取有效的控制动作等，可以保证系统的稳定性。

（5）系统控制协调性原则。系统的控制应当基于合理的控制模型，即控制的作用应有利于安全目标的实现。当系统存在多个控制器（自动或人工）时，它们的控制动作应协调一致。

2.5.3　安全控制系统与事故分析

从安全系统控制论的角度来看，事故就是安全控制系统的失效，是对系统部件的失效、外部的干扰及系统元素间不正常交互作用没有及时有效地控制。

1. 安全控制系统失效的表现

因安全控制系统失效而发生事故的原因可以归结为：控制目标或约束、控制动作、控制模型、状态监测四个方面，各方面有不同的表现，见表 2-7。

表 2-7　引发事故的主要因素

F1	控制目标或约束设置不当
	F1.1　系统中仍有危险源（能量或危险物质等）尚未辨识出来
	F1.2　对辨识出的危险源，控制动作不当、无效或缺失
	F1.2.1　设计的控制动作无法对危险源施加必要的约束
	F1.2.2　控制器和决策者之间的协调问题
F2	控制动作执行不力
	F2.1　信息沟通方面的缺陷
	F2.2　执行机构动作的缺陷
	F2.3　系统控制时滞
F3	控制模型不一致、不完整或不正确
	F3.1　模型构建过程的缺陷
	F3.2　模型更新过程的缺陷
	F3.3　系统控制时滞和测量精度误差
F4	状态监测缺失或有缺陷
	F4.1　系统设计中没有提供反馈机制
	F4.2　信息沟通交流缺陷
	F4.3　系统状态变化及观测时滞
	F4.4　监测装置运行缺陷

2. 安全控制系统用于事故分析

例 2-3：2003 年 12 月 23 日，位于重庆市开县的中石油川东北气矿罗家寨 16H 井发生特大井喷事故，造成 243 人死亡，直接经济损失 9262.7 万元。经调查，这起重大生产安全事故并引发公共安全危机事件的主要危险因素有：气层富含剧毒 H_2S；井口周围 500m 内有大量的居民。

1）安全系统的控制对象

（1）剧毒 H_2S 安全控制措施：避免 H_2S 泄漏措施，如钻井工艺（钻井液、回压阀）、安全监测等；避免 H_2S 扩散至居民区措施，如设立安全区、发生井喷时立即点火。

（2）井口周围居民避险措施：安全规划、应急预案、安全教育、应急演练、应急资源。

2）安全系统的控制结构

针对以上分析的危险因素及其应施加的安全约束，构建生产作业现场事故防控安全控制结构、社会应急管理安全控制结构如图 2-16、图 2-17 所示。

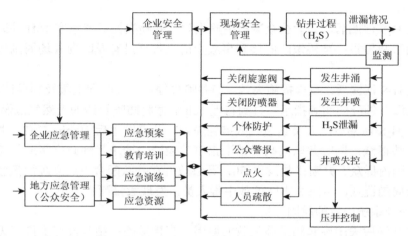

图 2-16　生产作业现场事故防控安全控制结构

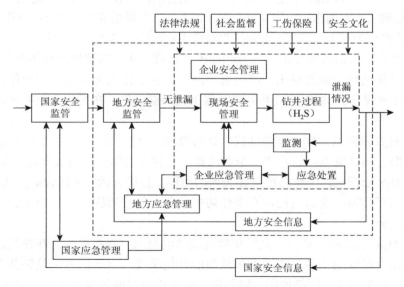

图 2-17　社会应急管理安全控制结构

3）安全控制系统失效的具体表现

如果上述安全控制系统能够有效发挥作用，则事故的严重后果就不会发生。正是出现安全控制失效，才使得安全约束被突破，导致后果的发生。事故中出现的失效包括：

（1）发生井涌后，关闭旋塞阀措施失效。发生井涌后，司钻下放钻具，准备抢接顶驱，关闭旋塞阀，因无支撑点使钻具无法对接，抢接顶驱、关闭旋塞阀的控制措施失效。

（2）发生井喷后，关闭防喷器措施失效。在关闭旋塞阀失败的情况下，通过远程控制台关闭防喷器，将钻杆压扁，但防喷器没有完全关闭。钻杆压扁的后果是泥浆从压扁的钻杆内部喷出，将顶驱火熄灭，致使喷出的 H_2S 含量高的天然气未经燃烧，在大气中扩散。

（3）发生 H_2S 泄漏后，H_2S 监测措施失效。井喷发生 11 个多小时后，才由检测人员携带检测仪器到达事故现场，进行 H_2S 浓度、风速、风向等数据的监测。

（4）发生 H_2S 泄漏后，个体防护措施失效。由于缺少个体防护措施，事故造成井场内 2 人中毒死亡，井场外 241 人中毒死亡；井喷发生后 25h，各类安全防护设备才调用到位，开始大范围人员搜救。

（5）发生 H_2S 泄漏后，紧急公众警报措施失效。井喷失控后罗家寨 16H 井队没有向井场周围居民发出事故警报；高桥镇政府接到事故险情报告后没有及时向井场周围居民发出紧急疏散警报。

（6）发生 H_2S 泄漏后，点火措施失效。当井喷失控后，井队向上级及领导请示是否点火，却没有得到上级及领导的明确指示，直到将近 18h 后才将防喷管线的天然气点燃。

（7）发生 H_2S 泄漏后，人员紧急疏散措施失效。井喷发生后 30min 左右，井队开始撤离现场，疏散周边群众；同时井队向高桥镇汇报事故险情，请求当地政府帮助紧急疏散井场周围 3～5km 范围内群众。井喷事故发生 5h，开县政府在井队配合下成立疏散搜救领导小组，组织疏散井场周围群众，组织突击队搜救中毒人员，发现大量死亡人员。

4）安全控制系统失效的原因分析

（1）发生井涌后关闭旋塞阀措施失效的原因。直接原因：钻具没有支撑点无法对接。间接原因：钻井液和天然气从钻杆内强烈喷出，产生的强烈冲击使工作人员不能正确操作；顶驱下部发生爆燃，影响了正常操作；操作人员心理准备不足，在顶驱着火时对继续操作的重要性缺乏认识，而是停止操作去灭火；操作人员的操作技能不够熟练，缺乏必要的应急处置技能。

（2）发生井喷后关闭防喷器措施失效的原因。直接原因：防喷器动作不到位。间接原因：钻井液和天然气从钻杆内强烈喷出，产生强烈冲击，使工作人员无法正确操作；顶驱下部发生爆燃，影响正常操作；高 H_2S 气井的防喷器工艺不够成熟；在发生强烈井喷时如何关闭防喷器的工艺不够成熟。

（3）发生 H_2S 泄漏后，H_2S 监测措施失效的原因。直接原因：钻井井场内无 H_2S 检测、监测装置或仪器。间接原因：钻井施工企业没有建立完善的作业现场安全监测制度。

（4）发生 H_2S 泄漏后，个体防护措施失效的原因。直接原因：井场没有灾害紧急避难室，没有配备必要的呼吸器；周边居民没有个体防护设备。间接原因：钻井施工企业及地方政府的应急准备不充分。

（5）发生 H_2S 泄漏后，紧急公众警报措施失效的原因。直接原因：在井场没有紧急疏散警报装置，也没有尽快通知井场周围人员疏散的其他手段，唯一的方法是钻井作业人员直接进入住户通知，效率很低。间接原因：钻井施工企业没有与井场周围居民建立事故通报制度，没有建立事故警报协调制度；地方政府与中央企业之间的信息沟通不畅。深层次原因：国家没有有关钻井施工企业事故警报、紧急疏散警报等方面的法律法规和标准。

（6）发生 H_2S 泄漏后，点火措施失效的原因。直接原因：有关决策人员接到现场人员井喷失控的报告后，未能及时决定并采取防喷管线点火措施（担心点火引起爆炸毁坏钻井设备和气井）。间接原因：井场无随钻探设备成套的防喷管自动点火装置（设备），也无其他点火装置（设备）；川东气矿无移动式防喷管点火装备（设备）。深层次原因：国家没有有关井喷事故后点火作业的法律法规和技术标准。

（7）发生 H_2S 泄漏后，人员紧急疏散措施失效的原因。直接原因：警报与通知不及时；缺乏有效的组织；缺乏必要的个体防护设备。间接原因：井场附近 500m 范围内有大量的居民长期居住；居民没有畅通的紧急疏散通道；井场周边地形和地貌及当时的气象条件不利于大气扩散。深层次原因：国家没有石油天然气开采的安全规划及公众保护方面的法律法规和技术标准。

通过上述分析，发现了安全系统没有及时有效地实施控制的具体原因，指出了安全系统结构上存在的缺陷，为改进系统功能和机构、避免类似事故的发生提供了方向。

2.6　系统突变论

2.6.1　突变论及其数学模型

1. 突变论

突变（catastrophe）一词法文原意为"灾变"，是强调变化过程的间断或突然转换的意思。突变论（catastrophe theory）是研究系统中某些控制因素的变化导致系统状态突变现象的理论。突变论利用连续函数表达具有某种突变特性的系统，运用数学方法研究系统控制参数的变化及系统各个状态之间的演化、描述和预测事物的连续性中断的质变过程。

1967 年法国数学家托姆（R. Thom）发表《形态发生动力学》一文，阐述突变论的基本思想，1972 年发表专著《结构稳定与形态发生》，系统地阐述了突变论。

2. 初等突变理论

初等突变理论是利用初等连续函数描述系统复杂的突变性质的理论。该理论使突变论的应用更加简单，应用领域更加广泛。初等突变理论涉及如下概念。

1）系统的稳定性和奇点理论

系统所处的状态可以用一组参数描述，当系统处于稳定状态时，标志该系统状态的某个函数取得唯一的极值（如能量取极大、熵取极小等）。当参数在某个范围内变化，该函数有多个极值时，系统就会处于不稳定的状态。因此，考查系统是否稳定，只要考查表达此系统的函数所具有的极值个数。

导数值为零的点是系统的极值点，又称为奇点。若系统的状态可用 m 个参数、n 个变量 $x_1, x_2, \cdots, x_n$ 的函数 $F_{u1,\cdots,um}(x_1, x_2, \cdots, x_n) = 0$ 来表达，则奇点是满足偏微分方程的点

$$\frac{\partial}{\partial x} F_{u1,\cdots,um}(x_1, x_2, \cdots, x_n) = 0 \tag{2-6}$$

当式（2-6）对于同一组变量有多个解时，系统就处于不稳定状态。

2）状态变量和控制变量

在突变理论中，把可能出现突变的量称为状态变量，而把引起突变的原因、连续变化的因素称为控制变量。

托姆曾经证明，对于初等突变而言，如果控制参数集 Ψ 中元素不超过 4 个，则系统状态的函数 V 只有 7 种突变形式，见表 2-8。

表 2-8　初等突变模型

突变类型	控制变量个数	状态变量个数	势函数 V_t
折叠型	1	1	x^3+ux
尖点型	2	1	x^4+ux^2+vx
燕尾型	3	1	$x^5+ux^3+vx^2+wx$
蝴蝶型	4	1	$x^6+tx^4+ux^3+vx^2+wx$
对曲脐型	3	2	$x^3+y^3+wxy-ux-vy$
椭圆脐型	3	2	$x^3/3-xy^2+w(x^2+y^2)-ux+vy$
抛物脐型	4	2	$y^4+x^2y+wx^2+ty^2-ux-vy$

3）平衡曲面和分叉点集

以尖点突变为例，势函数为（为了推导简便，对表 2-8 中模型的变量系数做了调整）

$$V(x) = \frac{1}{4}x^4 + \frac{1}{2}ux^2 + vx \qquad (2-7)$$

则由系统全部点的集合构成的空间平衡曲面 M（又称突变流形）为

$$\frac{\partial V}{\partial x} = x^3 + ux + v = 0 \qquad (2-8)$$

由初等函数的连续性知，M 是一个光滑的曲面。M 分为上、中、下三叶，上下两叶是稳定结构，中叶不稳定。在从上叶到下叶或从下叶到上叶的转换中，如果跨越了折叠线（折叠线上的点称为奇异点），则发生突跳。所有突变形式都存在同样的突变特征，如多模态——上下两叶状态不同；突跳——经过折叠线时；不可达——中叶不能到达；发散——一个小的变化导致状态完全不同及滞后等。

M 在控制空间 C 中的投影［即突变曲面在控制变量 $V(x)=0$ 平面上的投影］称为分叉点集 B。可由下式求得

$$\begin{cases} \dfrac{\partial^2 V}{\partial x^2} = 0 \\ \dfrac{\partial V}{\partial x} = 0 \end{cases}$$

即

$$\begin{cases} x^3 + ux + v = 0 \\ 3x^2 + u = 0 \end{cases}$$

解得分叉点集 B 方程：

$$4u^3 + 27v^2 = 0 \qquad (2-9)$$

这样，尖点突变的突变流形和分叉点集如图 2-18 所示。

3. 安全系统突变观

安全系统的突变观即人们对于安全系统运行过程中，运用突变思想对可能发生导致其功能失效甚至发生事故的变化的认识。

用突变思想解释安全系统的变化，即以可能造成事故的主要因素为控制变量，以流程功能为状态变量来描述系统在生命周期内功能的连续演化过程，从中探讨控制变量及其相互间的共同作用导致安全系统功能变化甚至发生突跳的情形，在多因素综合分析的过程中、在对安全系统功能的变化中认识危险源的演化以至发生事故的规律。

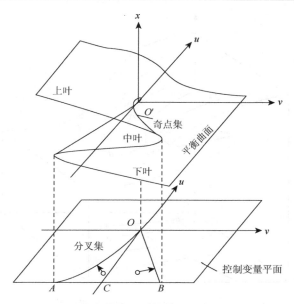

图 2-18　尖点突变的突变流形和分叉点集

　　安全系统的突变观有别于一切事故致因理论，不再仅解释事故发生的原因，不再仅关注事故的多因素性，而是强调各种因素相互作用的关系及系统发生突变的过程。

　　用突变论解释安全系统的变化较其他方法具有明显优点：

　　（1）能够历史地、全面地考查系统的危险源及其运动情况，克服了静止、片面地进行危险辨识的欠缺。

　　（2）能够通过作图方式，形象、直观地对危险源及其演化过程进行定性分析。

　　（3）能够建立反映控制变量与系统状态变量关系的数学模型，实现对系统功能的定量化分析。

2.6.2　事故致因的尖点突变模型

1. 基于尖点突变的事故描述

　　将人的因素 H 和物的因素 M 作为两个控制参数，生产能力或系统功能 F 作为状态参数，建立事故致因的尖点突变模型，如图 2-19 所示。其中 H 轴、M 轴分别表示人的因素、物的因素，数值增加表示恶化；F 轴表示安全系统的状态，数值增加表示功能良好。曲面的上叶表示安全系统功能良好，生产正常的状态。下叶表示安全系统功能丧失，生产中断，发生损伤事故的状态。从上叶到下叶或从下叶到上叶系统功能的突跳即表示事故发生。

　　当人的因素 H 与物的因素 M 同时恶化（数值增加）时，就有可能使系统功能 F 急剧恶化，见图中曲线 $abcd$，其中 $a \rightarrow d$ 是系统功能 F 的突跳，变化值为 $\Delta F = F(H_a, M_a) - F(H_d, M_d)$，在由 b 到 c 时系统发生事故。相应地，在分叉点集上就是一条经过分叉点集两个边缘的曲线。

　　进一步分析，当 H、M 恶化程度不一样时，系统功能 F 变化的程度也不一样。曲线 $a_1 d_1$ 不发生突跳；曲线 $a_2 b_2 d_2$ 处于临界状态；曲线 $a_3 b_3 c_3 d_3$ 和曲线 $a_4 b_4 c_4 d_4$ 发生了突跳，分别为 $\Delta F_3 = F(H_{a_3}, M_{a_3}) - F(H_{d_3}, M_{d_3})$、$\Delta F_4 = F(H_{a_4}, M_{a_4}) - F(H_{d_4}, M_{d_4})$，显然 $\Delta F_3 < \Delta F_4$，即前者是小型事故，后者为重大事故。反映到分叉点集上是两条跨越分叉点集程度不一样的曲线。当突变

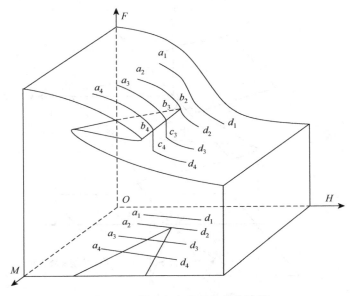

图 2-19　基于尖点突变的事故过程

流形上的曲线在由上叶向下叶发展时，如果不经过折叠线，虽然也会导致生产能力的降低和系统功能的恶化，但不会有事故发生，如曲线 a_1d_1。

在事故致因尖点突变模型的突变流形上选择不同的点，通过分析不同点之间的转换，可以得到许多重要的结论。如图 2-20，选从 A 到 J（除 F、H 外）共 8 个点形成的几何图形进行讨论。

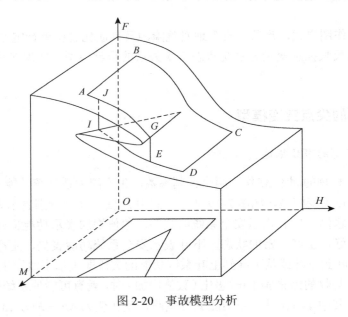

图 2-20　事故模型分析

$B \to A$ 及 $B \to C$：当只有一个控制变量恶化，即仅有物的因素 M 恶化或人的因素 H 恶化，而另一控制变量处于极佳状态时，系统功能 F 不会发生突跳，即不会发生事故，但系统功能将逐渐降低。

$A \to G \to E$：当两个控制变量同时恶化时，即由于 H 的不安全行为和 M 的不安全状态，事故就不可避免地发生。此时 F 一定产生突跳。

$C \to B$：当一个控制变量状态良好时，提高另一控制变量的状态，就能提高状态变量值。即在机器设备条件良好时，提高工人的安全素质，加强安全管理，就能提高安全水平和劳动生产率。这也证明了安全工作与生产是一致的。

$D \to I \to J$：如果在物（如机器设备）环境极差的不安全环境中盲目强调人的主观意识，则非但不能提高系统功能，而且必然穿过折叠线使 F 发生突跳，导致事故的发生。这一点尤其值得注意和深入研究。

$D \to C \to B$：当系统的两个状态变量都很糟糕时，即当 H、M 很差时，提高系统安全性的方案是：首先应提高 M 的安全水平（$D \to C$），然后提高 H 的安全水平，这样才能绕过折叠线，在避免事故发生的前提下提高系统的安全性。

2. 基于尖点突变的事故预防

根据尖点突变模型可知，预防事故可以通过以下途径实现：

（1）消除系统的某些分岔点，如起重机械安装力矩限制器，以及其他某些生产设备安装事故自锁装置。

（2）改变系统的分岔点，提高系统的耐故障水平，如对存在滑坡危险的岩体加固边坡。

（3）限制控制参量的演化。例如，汽车上安装监视自控装置，当车前一定距离内有障碍物时自动控制汽车减速，距离减小到一定值时自动控制汽车停车。

（4）改变控制参量变化，如调整生产计划、改善生产管理制度。

（5）改善系统组分的性质状态，如提高人员的素质、提高设备的可靠性。

（6）改善系统的结构，如提高设备间相互适应的配套性能、改善生产管理组织机构。

（7）消除环境随机性强烈作用，如安装建筑物的避雷设施、消除影响交通安全的光污染源等。

（8）减轻环境随机性强烈作用，如防风、防雨、防冻等设施。

2.6.3　安全系统的蝴蝶突变模型

任何生产系统都在一定程度上受控于安全系统。系统中危险源只能导致事故隐患，只有在安全系统监控功能丧失时才可能发生事故。从这个意义上说，尖点突变仅可用于对事故可能性的描述，而事故完整的演化过程必须考虑安全保护系统的作用，建立更复杂的突变模型。

1. 蝴蝶突变模型的建立

两类危险源理论认为，事故是两类危险源共同作用的结果，第一类危险源是系统中可能发生意外释放的各种能量或危险物质；第二类危险源是导致约束、限制能量措施失效或破坏的各种不安全因素。同时，任何安全系统都不可避免地存在误动作（显性失效）、拒动作（隐性失效）两类故障。

蝴蝶突变模型是具有 4 个控制变量、1 个状态变量的突变模型，可以描述具有两类危险源及安全系统两类故障的生产过程。现以两类危险源、安全系统两类故障为控制变量，以系统的安全状况为状态变量建立蝴蝶突变模型。

取第一类危险源集合为 P，第二类危险源集合为 Q；取安全系统隐性故障集合为 J，显性故障集合为 W，则蝴蝶突变势函数及其突变流形可分别表示为

$$V(x) = \frac{1}{6}(x-x_0)^6 - \frac{1}{4}P(x-x_0)^4 + \frac{1}{3}Q(x-x_0)^3 + \frac{1}{2}J(x-x_0)^2 + W(x-x_0) = 0 \tag{2-10}$$

$$\frac{\partial V(x)}{\partial x} = (x-x_0)^5 - P(x-x_0)^3 + Q(x-x_0)^2 + J(x-x_0) + W = 0 \tag{2-11}$$

其中，为了简化突变流形，取各项系数中的常数部分为其指数的倒数；取控制变量 P 的系数为负；取系统初始功能为 x_0。

当 $J=W=0$ 时，系统状态仅由第一、第二类危险源的状态决定。此时式（2-11）为

$$\frac{\partial V}{\partial x} = (x-x_0)^5 - P(x-x_0)^3 + Q(x-x_0)^2 = 0 \tag{2-12}$$

及

$$\frac{\partial^2 V}{\partial x^2} = 5(x-x_0)^4 - 3P(x-x_0)^2 + 2Q(x-x_0) = 0 \tag{2-13}$$

设 $x-x_0 \neq 0$，则式（2-12）为突变流形

$$(x-x_0)^3 - P(x-x_0) + Q = 0 \tag{2-14}$$

式（2-13）与式（2-14）联立，有

$$Q = 2(x-x_0)^3, \quad P = 3(x-x_0)^2$$

因此，突变分叉点集为

$$\left(\frac{Q}{2}\right)^2 = \left(\frac{P}{3}\right)^3 \tag{2-15}$$

由式（2-14）、式（2-15）可见，当安全系统丧失作用时，生产系统表现为尖点突变流型和分叉点集，具有两个稳定状态和一个非稳定状态，其具体特征与尖点突变模型相同。这说明由两类危险源为控制变量的尖点突变模型只是蝴蝶突变模型的一个特例，蝴蝶突变模型具有通用性。

2. 与第一类危险源耦合作用的突变模型

当 $Q=0$ 时，只考虑受安全系统监控的第一类危险源对生产系统状态的影响。这时有

$$\frac{\partial V}{\partial x} = (x-x_0)^5 - P(x-x_0)^3 + J(x-x_0) + W = 0 \tag{2-16}$$

$$\frac{\partial^2 V}{\partial x^2} = 5(x-x_0)^4 - 3P(x-x_0)^2 + J = 0 \tag{2-17}$$

突变流形为

$$(x-x_0)^5 - P(x-x_0)^3 + J(x-x_0) + W = 0 \tag{2-18}$$

由式（2-17）、式（2-18）可见，有

$$J = -5(x-x_0)^4 + 3P(x-x_0)^2, \quad W = -(x-x_0)^5 + P(x-x_0)^3 - J(x-x_0)$$

即

$$\left(\frac{J}{5}\right)^5 = -\left(\frac{W}{4}\right)^4 \tag{2-19}$$

此时的系统流形和分叉点集如图 2-21 所示。可见，具有第一类危险源且在安全保护下的生产系统可用蝴蝶突变模型表达。此时，系统具有 3 种稳定状态：第 1 稳态为系统安全稳定运行状态；第 2 稳态为系统在安全系统隐性故障下稳定运行状态；第 3 稳态为系统稳定停车状态。

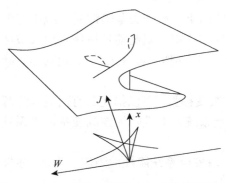

图 2-21　第一类危险源与安全系统作用模型

安全系统的显性故障 W 使生产系统功能由稳定运行状态（第 1 稳态）发生突跳，直到失去系统功能而进入稳定的停车状态（第 2 稳态）；安全系统的隐性故障 J 使系统处于可以正常运行但失去安全保护的稳定状态（第 3 稳态），此时第一、二类危险源共同作用产生的任何系统事故隐患都会造成系统功能的突跳（事故）。

3. 与第二类危险源耦合作用的突变模型

当 $P=W=0$ 时，只考虑第二类危险源和安全系统隐性故障对生产系统的控制作用（由于第一类危险源通常是确定的，而安全系统的显性故障是"故障-安全"型的，为了简化问题而又不失安全性，可以忽略这两个控制变量），有

$$\frac{\partial V}{\partial x} = (x-x_0)^5 + Q(x-x_0)^2 + J(x-x_0) = 0 \qquad (2-20)$$

$$\frac{\partial^2 V}{\partial x^2} = 5(x-x_0)^4 + 2Q(x-x_0) + J = 0 \qquad (2-21)$$

因此，突变流形为

$$(x-x_0)^5 + Q(x-x_0)^2 + J(x-x_0) = 0 \qquad (2-22)$$

具有五个根，其中一个是 $x=x_0$。其余的根由以下两式

$$5(x-x_0)^4 + 2Q(x-x_0) + J = 0 , \quad (x-x_0)^4 + Q(x-x_0) + J = 0$$

联立得到，即

$$Q = -4(x-x_0)^3 , \quad J = 3(x-x_0)^4$$

因此

$$\left(\frac{Q}{4}\right)^4 = \left(-\frac{J}{3}\right)^3 \qquad (2-23)$$

此时的系统流形和分叉点集如图 2-22 所示。可见，以第二类危险源和安全系统隐性故障为控制变量的生产系统功能仍可用蝴蝶突变模型表达。此时系统具有 3 种稳定状态。第二类危险源 Q 的恶化使系统功能由稳定运行状态（第 1 稳态）发生突跳，直到失去其功能而进入稳定的停车状态（第 2 稳态）；安全系统的隐性故障 J 使系统处于可以正常运行但失去安全保护的稳定状态（第 3 稳态），此时任何事故隐患将会造成系统功能突跳（事故）。

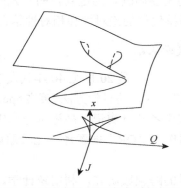

图 2-22 第二类危险源与安全系统作用模型

第 3 章　安全系统方法学

3.1　概　　述

3.1.1　系统方法及基本原则

1. 系统方法

系统方法又称系统分析方法，是由系统论和系统思维的观点出发，从系统整体与要素之间、整体与外部环境的相互联系、相互制约、相互作用的关系中综合地、精确地考察对象，揭示系统性质和运动规律，从而达到系统优化的目的。

2. 系统方法的基本原则

（1）整体性原则。这是系统方法的出发点。这个原则要求人们看待问题、处理问题时从整体着眼，从整体和要素的相互作用和相互联系中把握事物的本质和规律，找到最佳的处理方法。

（2）有序性原则。系统与系统、系统与要素、要素与要素之间是层次分明、井井有条的。系统的有序性通过系统的结构来体现，结构决定功能，结构不同，功能不同，有序性也不同。此原则可以帮助人们认识系统本身的发展变化规律，而且认识到通过调整或改变结构可以提高整体的功能。

（3）动态性原则。一切系统都是变化、运动着的，这也是客观世界的发展规律，因此探索系统发展变化的方向、动力、速度、原因和规律等有助于人们对更复杂的对象进行研究。这个原则告诉人们，考察系统性质时要在动态中考察，研究系统的动因，从系统自身的矛盾运动中寻找改善方法，注重提高自我调节能力，提高系统的管理水平，遵循动态原则。

（4）最优化原则。如何从几种方案中选出最佳方案，使系统运转处于最佳状态，达到最优目标，这是系统方法要解决的主要问题。为达到目的，人们应遵循：局部效应服从整体效应；坚持系统多级优化原则；坚持优化的绝对性和相对性结合的原则。

3. 运筹学——系统方法的数学基础

运筹学（operational research，OR）是 20 世纪 40 年代发展起来的，用定量化的方法获得系统运行的最优解，为管理决策提供依据的科学方法。英文 operational research 一词直译是"作战研究"或"作业研究"。我国学者从《史记·高祖本纪》中"夫运筹帷幄之中，决胜于千里之外"，摘取了"运筹"一词作为"OR"的意译，比较贴切地反映了 OR 的意义——既有运用，又有筹划。

运筹学应用数学和形式科学的跨领域研究，利用统计学、数学模型和算法等方法，寻找复杂问题中的最佳或近似最佳的解答。运筹学经常用于解决现实生活中的复杂问题，特别是改善或优化现有系统的效率。

运筹学是为系统分析方法提供数学理论和技术的科学。系统方法强调系统思想，运筹学强调数学方法，二者相辅相成可使问题得到较合理的解决。

3.1.2　安全系统方法学的研究对象和程序

1. 安全系统方法学的研究对象

安全系统方法是以系统方法及其基本原则为指导，结合安全系统实践所开展的一系列对系统优化的探索和研究。安全系统方法学研究涉及的基础理论和重要方法是运筹学。

目前，比较成熟的运筹学方法包括：规划论、预测论、决策论、对策论、图论、价值论、排队论、网络流、仿真和模拟等。这些方法都可以用于解决安全系统在规划、设计、分析、运行、功能检验等方面的优化问题。

2. 安全系统方法学的程序

（1）确定问题。即确定安全系统的研究目标，弄清楚系统中相关因素的变化范围（定义域）和相互关系。

（2）收集数据与建立模型。根据研究的目标，建立系统状态数学模型或系统仿真模型，并根据所建立的模型收集和整理安全信息和相关数据。

（3）检验模型。运用所收集的信息和数据，代入模型检验其合理性和正确性。

（4）模型求解。根据模型安全系统的性质及其模型的数学复杂性，选择恰当的数学分析方法或计算机模拟途径求解模型。

（5）求解结果分析。对求解结果进行全面评价，分析其是否符合安全系统的现实问题。

（6）最优结果实施。将求解结果表示为安全决策人员能够理解和执行的形式，使其付诸实施，达到安全系统可能的最优功能。

在实践中，根据所确定的问题，收集数据与建立模型是系统方法学中最关键通常也是最困难的环节，这需要较丰富的安全管理和技术经验，较扎实的统计学和运筹学知识，而模型求解及其分析则基本可依靠计算机完成。

3.2　安全系统规划论

3.2.1　规划论及其数学模型

规划论（programming theory）又称数学规划，是运筹学的一个分支。规划论是研究在所给定的条件下，如何通过构建、求解数学规划模型，按某一衡量指标来寻求计划管理工作中的最优方案。通常称必须满足的条件为"约束条件"，衡量指标为"目标函数"。

规划论所建立的数学模型具有以下特点：

（1）决策变量 $(x_1, x_2, x_3, \cdots, x_n)$。其中 n 为决策变量个数。决策变量的一组值表示一种方案，决策变量一般是非负的。

（2）目标函数 Z。它是决策变量的函数，表达规划欲达到的目标，根据具体问题可以是最大化（max）或最小化（min），二者统称为最优化（opt）。

（3）约束条件。它也是决策变量的函数，表达规划的限制条件，根据具体问题可以是一组不等式。

根据所研究问题的性质和所建立的数学模型的不同，规划论包括线性规划、非线性规划、整数规划、动态规划、组合规划、随机规划、多目标规划等。

3.2.2　安全系统的线性规划

1. 安全系统线性规划问题

线性规划（linear programming）是全部数学模型均由决策变量线性表达的规划问题。安全系统的线性规划通常涉及以下问题。

1）生产计划问题

例 3-1：某行业需要 A、B 两套安全设施，分别需消耗人力资源（生产人员 3 人、2 人）、环境资源（作业场地 2m²、1m²）、设备资源（0 台时、3 台时），各安全设施的功能效果不同（采用功能打分确定为 1500 分、2500 分），已知三种资源的拥有量见表 3-1。应如何规划两套安全设施的数量，以获得最大的系统安全价值？

表 3-1　安全设施生产有关数据

	安全设施 A	安全设施 B	资源的拥有量
人力资源/人	3	2	65
环境资源/m²	2	1	40
设备资源/台时	0	3	75
安全贡献程度/分	1500	2500	

解：设变量 x_i 为各安全设施的规划数量（$i=1,2$），则有

目标函数：　　　　　$\max Z = 1500x_1 + 2500x_2$（最大的效能目标）　　　　　（3-1）

约束条件：　s.t.　　$3x_1 + 2x_2 \leqslant 65$（人力资源消耗不能超过 65）

　　　　　　　　　　$2x_1 + x_2 \leqslant 40$　（环境资源消耗不能超过 40）

　　　　　　　　　　$3x_2 \leqslant 75$（设备资源消耗不能超过 75）

　　　　　　　　　　$x_1, x_2 \geqslant 0$（系统的规划数量不能为负数）

这是一个效益最大化的线性规划模型。含义是：在给定条件的限制下，使目标函数 Z 达到最大值的 x_1、x_2 取值。其中，"max"为"最大化"；"s.t."是"满足于……"。由于模型是以变量 x_1、x_2 线性描述的，因此这是一个线性规划问题。

2）投资问题

例 3-2：某行业需要一定量的 A、B 两套安全设施，每套安全设施消耗的人力资源、环境资源、设备资源不同，且具有不同的单元成本（表 3-2）。如何调配这些资源，以使能够在满足安全设施数量要求的基础上总投入最低？

表 3-2　安全设施投资有关数据

	人力资源	环境资源	设备资源	所需套数
安全设施 A	3	2	0	65
安全设施 B	2	1	3	40
资源成本	4000 元/月	250 元/(月·m²)	7500 元/月	

解：设变量 y_i 为各资源的规划数量（i=1,2,3），则有

目标函数：　$\min W = 4000y_1 + 250y_2 + 7500y_3$（最小的总投入目标）

约束条件：　s.t.　$3y_1 + 2y_2 \geqslant 65$（安全设施 A 要超过 65）

　　　　　　　　　$2y_1 + y_2 + 3y_3 \geqslant 40$（安全设施 B 要超过 40）

　　　　　　　　　$y_1, y_2, y_3 \geqslant 0$（资源的规划数量不能为负数）

这是一个投入最小化的线性规划模型。含义是：在给定条件的限制下，使目标函数 W 处于最小值的 y_1、y_2、y_3 取值。其中，"min"为"最小化"。

2. 解线性规划的图解法

图解法适用于解两个决策变量的线性规划问题。

以例 3-1 为例，在以决策变量 x_1、x_2 为坐标向量的平面直角坐标系上对每个约束（包括非负约束）条件作出直线（其中，直线 A 对应 $3x_1 + 2x_2 \leqslant 65$；B 对应 $2x_1 + x_2 \leqslant 40$；C 对应 $3x_2 \leqslant 75$），并通过判断确定不等式所决定的半平面。各约束半平面共同包含的区域中的所有点所对应的决策变量 x_1、x_2 都满足约束条件，将这些点的集合称为可行解集或可行域，如图 3-1 中阴影所示。

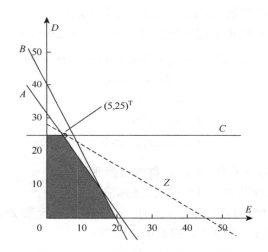

图 3-1　线性规划问题可行域和最优解

任意给定目标函数一个值（如取 $Z = 1500x_1 + 2500x_2 = 0$），获得一条目标函数的等值线，随着 Z 的增加，该等值线向右上方平移，逐步掠过可行域，当其达到既与可行域有交点又不可能再增加的位置，得到交点 $(5,25)^{\mathrm{T}}$，此时目标函数的值为 70000。于是，得到这个线性规划的最优解为 x_1=5、x_2=25，最优值 Z=70000，即最优方案为：规划 A 安全系统 5 套、B 安全系统 25 套，可获得最大的安全价值为 70000。

通过以上图解，可以直观地了解线性规划问题最优解的特征：

（1）若线性规划的可行域非空，则可行域必定为凸集（其中任何两个不相同点的连线上的点都位于该集之中）。

（2）若线性规划的可行域非空，则仅有有限个极点。

（3）若线性规划问题有最优解，则至少有一个极点是最优解。

于是可以得到重要启示：为了找到线性规划问题的最优解，不需要遍历或穷举所有的可

行解（实际上也是不可能的，因为可行域中有无穷多个点都是可行解），而只要在可行域的有限个极点中去寻找最优解——这就是解决线性规划问题的单纯形法的基本原理。

3. 解线性规划的单纯形法

单纯形法是求解线性规划问题最常用的方法。其基本思路是对线性规划问题中的基本可行解（相当于可行域的顶点）进行选择，比较其对应目标函数值，从中找到最优解，具体过程如图 3-2 所示。

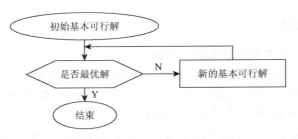

图 3-2　单纯形法的基本过程

例 3-1 是求最大值的线性规划问题。运用单纯形法求解：

（1）化为标准形式（在约束方程的变量系数中构造单元矩阵）。

$$\max Z = 1500x_1 + 2500x_2 + 0x_3 + 0x_4 + 0x_5$$
$$3x_1 + 2x_2 + x_3 = 65$$
$$2x_1 + x_2 + x_4 = 40$$
$$3x_2 + x_5 = 75$$
$$x_1, x_2, x_3, x_4, x_5 \geqslant 0$$

其中，x_3、x_4、x_5 的系数构成了单元矩阵，称为松弛变量。

（2）获得初始解。由标准型可以直接获得初始基本可行解：

若令 $x_1 = x_2 = 0$，则松弛变量：$x_3 = 65$，$x_4 = 40$，$x_5 = 75$，目标函数 $Z = 0$。

（3）建立初始单纯形表（表 3-3 为初始单纯形表）。

表 3-3　单纯形表

		1	2	3	4	5	6	7	8	9
	1	C_B	X_B	b'	1500	2500	0	0	0	θ_i
					x_1	x_2	x_3	x_4	x_5	
初始单纯形表	2	0	x_3	65	3	2	1	0	0	32.5
	3	0	x_4	40	2	1	0	1	0	40
	4	0	x_5	75	0	(3)	0	0	1	25
	5	$-Z$		0	1500	2500*	0	0	0	
第一次基变换后	6	0	x_3	15	(3)	0	1	0	$-2/3$	5
	7	0	x_4	15	2	0	0	1	$-1/3$	7.5
	8	2500	x_2	25	0	1	0	0	$1/3$	
	9	$-Z$		-62500	1500*	0	0	0	$-2500/3$	

续表

		1	2	3	4	5	6	7	8	9
第二次 基变换后		1500	x_1	5	1	0	1/3	0	−2/9	
	10	0	x_4	5	0	0	−2/3	1	1/9	
	11	2500	x_2	25	0	1	0	0	1/3	
	12	−Z		−70000	0	0	−500	0	−500	

其中，C_B 列为基本变量在目标函数中的系数，X_B 列为基本变量（构成单元矩阵的变量），b' 列为基本变量的取值，第 4～8 列为标准型中各变量的系数。显然，b' 与第 4～8 列分别对应约束方程等式的左右两边的值。

表中最后一行 −Z 又称为检验数行，各数值分别为

第 3 列：$C_B b' = 0×65 + 0×40 + 0×75 = 0$；

第 4～8 列为目标函数的系数（第一行）减去 C_B 与 x_i 乘积的和，即

$1500 − (0×3 + 0×2 + 0×2) = 1500$；　$2500 − (0×2 + 0×1 + 0×3) = 2500$；

$0 − (0×1 + 0×0 + 0×0) = 0$；　$0 − (0×0 + 0×1 + 0×0) = 0$；　$0 − (0×0 + 0×0 + 0×1) = 0$

在这些检验数中，选择最大数所在的列（2500，在第 5 列，标*号）作为检验列。确定该列变量 x_2 作为换入基本变量。

表中最后一列 θ_i 称为检验数列，由 b'/x_2 得到，即 65/2=32.5；40/1=40；75/3=25。

在这些检验数中，选择最小数所在的行（25，在第 4 行）作为检验行，所对应的变量 x_5 作为换出基本变量。检验行与检验列相交的数为检验数（3，标括号）。

（4）进行迭代计算。就是通过初等变换，在保持单元矩阵的情况下，对换入和换出基本变量进行交换，又称基变换。

具体地，在表 3-3 中，令换入基本变量 x_2 所在的列各个系数 $(2,1,3)^T$，通过初等变换成为换出基本变量 x_5 所在的列各个系数 $(0,0,1)^T$。

为此，只要对第 4 行除以 3，得新的第 4 行：（25, 0, 1, 0, 0, 1/3）；

用第 3 行各值减去新的第 4 行各值，有新的第 3 行：（15, 2, 0, 0, 0, −1/3）；

用第 2 行各值减去新的第 4 行各值的 2 倍，有新的第 2 行：（15, 3, 0, 1, 0, −2/3）。

在此基础上，重复前述方法计算检验行 −Z、检验列 θ_i，得表 3-3 中第一次基变换后的单纯形表。其中，检验行中的最大值为 1500（对应非基本变量 x_1），检验列中最小值是 5（对应基本变量 x_3），检验行与检验列相交的检验数为 3（标括号）。

仍按前述方法进行迭代计算，得表 3-3 中第二次基变换后的单纯形表。此时，检验行中的最大值为 0，说明已经得到最优的基本可行解，这个解可以从表中读出：X=(5, 25, 0, 5, 0)，Max Z=70000，即规划 A 安全设施 5 套、B 安全设施 25 套，可获得最大的安全价值为 70000。

4. 线性规划的对偶问题

线性规划的对偶问题是指最优方案所涉及的两类问题：一类是资源约束条件确定，求最优（最大或最好）目标函数的问题；另一类为目标函数确定，求最小资源消耗的问题。

例 3-3：对于例 3-1 的线性规划问题，其对偶问题是，若存在与 A、B 两套安全系统（称为甲类安全系统）不同的 C、D 两套安全系统（称为乙类安全系统），同样需消耗现有的

人力资源、环境资源、物力（财力）资源，则这些资源是否值得用于新的（乙类）系统的开发。

设变量 y_j 为第 $j(j=1,2,3)$ 种单位资源对安全系统的贡献程度（安全价值），则这些资源用于开发乙类安全系统 C 所获得的总的安全贡献程度应大于 1500；用于开发乙类安全系统 D 所获得的总的安全贡献程度应大于 2500，否则就不如开发甲类安全系统 A、B。即有：

目标函数（为了达到上述安全贡献程度，最少应达到总的安全价值）：

$$\min F = 65y_1 + 40y_2 + 75y_3$$

约束条件：　　s.t.　$3y_1 + 2y_2 \geqslant 1500$（安全系统 C 达到其贡献程度）

$2y_1 + y_2 + 3y_3 \geqslant 2500$（安全系统 D 达到其贡献程度）

$y_1, y_2, y_3 \geqslant 0$（变量 y_j 不能为负数）

这是一个关于目标函数最小化的线性规划问题，关于此类问题的解法，读者可参考相关著作。可以得到这个线性规划对偶问题的最优解为 $y_1=500$、$y_2=0$、$y_3=500$，最优值 $F=70000$，即 $Y=(500, 0, 500, 0, 0)$，$\min F=70000$。即单位人力资源对安全系统的贡献程度为 500，环境资源为 0，物力（财力）资源为 500；利用这些资源，总的安全价值最少应达到 70000。

从对偶问题的解可见，每单位的人力资源、环境资源、物力（财力）资源对安全系统贡献程度是不同的。这种不同的安全价值是通过甲、乙两类安全系统的比较而获得的，相当于人力资源、环境资源、物力（财力）资源对安全的贡献存在"潜在的价值"，这个"潜在的价值"相当于资源的价格，决定了在开发甲、乙两类安全系统时的决策方向。因此，对偶问题的解在经济学上又称为影子价格。

3.2.3　目标规划和整数规划

1. 安全系统目标规划

目标规划（goal programming）是对多目标或相互矛盾的多重目标进行择优的一种方法。目标规划不同于线性规划之处是：

（1）目标规划中的目标既有主要目标又有次要目标。各次要目标必须在主要目标完成之后才能给予考虑。

（2）目标函数不是寻求最大值或最小值，而是寻求这些目标与预计成果的最小差距，差距越小，目标实现的可能性越大。

理论上说，任何安全系统都面临着目标规划问题，或者说，任何安全系统的规划都是多目标规划问题。因为任何安全系统都以为特定领域提供安全保障为目的，是该特定领域的一个子系统，必然需要在该特定领域的其他子系统的功能目标及总体功能目标之间评估权重，调度资源，寻求相对较优决策方案。鉴于"安全第一"的原则，在较优决策方案中，通常应将安全功能放在首位考虑，同时应兼顾安全相对性的特点和可接受的安全水平的原则，防止因过度安全而造成资源的浪费，影响其他子系统和总体功能目标的实现。

例 3-4：某企业使用 A、B、C 三种设备（其中 A 设备为安全保护设施）生产甲、乙两种产品，各产品需用工时见表 3-4。需要满足条件：硬性目标，安全设施 A 不得超时使用；一级目标，利润指标大于 15；二级目标，市场要求两种产品的比例接近 1：2。

表 3-4 各产品需用工时

每件产品所用工时	设备 A（安全系统）	设备 B	设备 C	产品价格/万元
产品甲	2	4		2
产品乙	2	0	5	3
设备可用工时	12	16	15	

解：设 d_1^-、d_1^+ 分别为小于、大于一级指标（利润）的偏差，d_2^-、d_2^+ 分别为小于、大于二级指标（市场要求两种产品的比例）的偏差，x_1、x_2 分别为生产甲、乙产品的数量，则根据题意有

目标函数：$\min Z = P_1 d_1^- + P_2(d_2^- + d_2^+)$（希望 d_1^-、d_2^-、d_2^+ 尽量小，对 d_1^+ 不作要求）

约束条件：$2x_1 + 2x_2 \leqslant 12$（安全设备 A 不得超时使用）

$2x_1 + 3x_2 + d_1^- - d_1^+ = 15$（利润尽量不低于 15）

$2x_1 - x_2 + d_2^- - d_2^+ = 0$（产品比例尽量保持 1∶2）

$x_1, x_2, d_i^-, d_i^+ \geqslant 0$，$i = 1, 2$（各变量不能为负）

其中，P_1、P_2 分别表示一级指标（利润）、二级指标（市场要求两种产品的比例）在目标函数中的权重。取 $P_1 > P_2 > 0$，就能够保证在数学模型求解的过程中，只有优先满足 $d_1^- = 0$，才能实现目标函数的最小化。

采用单纯形法，解得 $x_1 = 0$，$x_2 = 5$，$d_1^- = 0$，$d_1^+ = 0$，$d_2^- = 0$，$d_2^+ = 0$。因此，该目标规划问题的最优解为：采用不生产甲产品，仅生产 5 个乙产品的方案，可以做到安全设备 A 不得超时使用（仅使用 $2x_1 + 2x_2 = 10$）的硬性指标、利润不低于 15（达到 $2x_1 + 3x_2 + d_1^- - d_1^+ = 15$）的目标一级指标，但产品比例没有满足 1∶2（产品比例为 0∶5）的二级指标。

2. 安全系统 0-1 规划问题

整数规划（integer programming）是决策变量均为整数的规划问题，决策变量仅取值 0 或 1 的整数规划称为 0-1 规划。指派问题是典型的 0-1 规划问题。

例 3-5（最小值的 0-1 规划问题）：某化工园区要组织 3 位专家对 3 个不同企业进行安全检查，由于各位专家对各企业的熟悉程度不同，检查耗时不同（表 3-5），如何安排才能使总耗时最少？

表 3-5 安全检查耗时（单位：h）

专家	A 企业	B 企业	C 企业
甲专家	24	16	32
乙专家	16	12	24
丙专家	20	24	16

设 x_{ij} 为第 i 专家对第 j 企业进行安全检查，由于每个专家只能检查 1 个企业，有约束方程：

$$x_{11} + x_{12} + x_{13} = 1, \quad x_{21} + x_{22} + x_{23} = 1, \quad x_{31} + x_{32} + x_{33} = 1$$

每个企业只能有一个专家检查，有约束方程：

$$x_{11} + x_{21} + x_{31} = 1, \quad x_{12} + x_{22} + x_{32} = 1, \quad x_{13} + x_{23} + x_{33} = 1$$

且有

$$x_{ij} = 0,1 \quad （第 i 专家对第 j 企业进行安全检查，取 1，否则取 0）$$

目标函数为

$$\min W = \sum_{i=1}^{3} \sum_{j=1}^{3} C_{ij} x_{ij} \quad （其中，C_{ij} 为第 i 专家对第 j 企业进行安全检查的耗时）$$

这是一个求最小值的 0-1 规划问题，其最方便有效的求解方法是由柯尼希发明的匈牙利法。具体解法是：

（1）对于表 3-5，令每行每列都出现零元素。即在各列中减去其中最小元素，再对无零元素的行减去其中最小元素。

（2）用最少的直线划去各零元素。若其根数等于矩阵阶数，则向下进行，否则在没有被直线覆盖的元素中间去掉其中的最小元素，同时对直线交点的元素加 1。

（3）在零元素上安排工作。

对于本例题，有

（1）令每行每列都出现零元素：

$$\begin{bmatrix} 24 & 16 & 32 \\ 16 & 12 & 24 \\ 20 & 24 & 16 \end{bmatrix} \rightarrow \begin{matrix} \\ \\ \end{matrix}\begin{bmatrix} 8 & 4 & 16 \\ 0 & 0 & 8 \\ 4 & 12 & 0 \end{bmatrix}\begin{matrix} -4 \\ \\ \end{matrix} \rightarrow \begin{bmatrix} 4 & 0 & 12 \\ 0 & 0 & 8 \\ 4 & 12 & 0 \end{bmatrix}$$
$$\begin{matrix} -16 & -12 & -16 \end{matrix}$$

（2）覆盖零元素的最少直线数为 3 条，等于矩阵阶数，因此可以对应 Δ 安排工作：

$$\begin{bmatrix} 4 & \Delta & 12 \\ \Delta & 0 & 8 \\ 4 & 12 & \Delta \end{bmatrix}$$

即甲专家检查 B 企业，乙专家检查 A 企业，丙专家检查 C 企业，总耗时最少为 16+16+16=48(h)。

例 3-6（最大值的 0-1 规划问题）：某企业要在 5 月安排 4 次安全讲座，因与工作冲突，每次讲座可能出席的职工人数不同（表 3-6），如何使参加安全教育的人数最多？

表 3-6　参加安全教育人数（单位：人）

日期	安全讲座内容			
	安全法规	安全管理	安全技术	事故分析
5 月 5 日	50	40	60	35
5 月 10 日	60	35	30	40
5 月 15 日	30	25	40	30
5 月 20 日	30	40	25	30

这是一个求最大值的 0-1 规划问题。需要转化为最小问题（用其中最大元素减去所有元素），再用匈牙利法求解，即

$$60 - \begin{bmatrix} 50 & 40 & 60 & 35 \\ 60 & 35 & 30 & 40 \\ 30 & 25 & 40 & 30 \\ 30 & 40 & 25 & 30 \end{bmatrix} \rightarrow \begin{bmatrix} 10 & 20 & 0 & 25 \\ 0 & 25 & 30 & 20 \\ 30 & 35 & 20 & 30 \\ 30 & 20 & 35 & 30 \end{bmatrix}\begin{matrix} \\ \\ -20 \\ -20 \end{matrix} \rightarrow \begin{bmatrix} 10 & 20 & 0 & 25 \\ 0 & 25 & 30 & 20 \\ 10 & 15 & 0 & 10 \\ 10 & 0 & 15 & 10 \end{bmatrix} \rightarrow$$

$$\rightarrow \begin{bmatrix} 10 & 20 & 0 & 25 \\ 0 & 25 & 30 & 20 \\ 10 & 15 & 0 & 10 \\ 10 & 0 & 15 & 10 \end{bmatrix} \xrightarrow{-10} \begin{bmatrix} 0 & 10 & 0 & 15 \\ 0 & 25 & 30 & 20 \\ 0 & 5 & 0 & 0 \\ 10 & 0 & 15 & 10 \end{bmatrix} \rightarrow \begin{bmatrix} 0 & 10 & \Delta & 15 \\ \Delta & 25 & 30 & 20 \\ 0 & 5 & 0 & \Delta \\ 10 & \Delta & 15 & 10 \end{bmatrix}$$

即 5 月 5 日安排安全技术讲座，5 月 10 日安排安全法规讲座，5 月 15 日安排事故分析讲座，5 月 20 日安排安全管理讲座，总受教育人数最多为 60+60+30+40=190（人）。

3.2.4　动态规划

1. 安全系统动态规划问题

动态规划（dynamic programming，DP）是研究多阶段（多步）决策过程最优化问题（关于决策问题将在第 3.4 节介绍）的一种数学方法。为了寻找系统最优决策，可将系统运行过程划分为若干相继的阶段（或若干步），并在每个阶段（或每一步）都做出决策，各阶段选定的决策序列所构成的策略最终能使目标函数达到极值。

属于安全系统的多阶段决策问题很多，例如：

（1）安全系统最佳运行效能问题。安全系统的动态在其长期、动态运行中，其功能需求和实现方式可能随被服务的特定领域的状况而改变，因此，为了取得系统最佳安全效能，必须在其整个生命周期，逐月或者逐季度地根据被服务的特定领域状况决定安全系统运行状态，确保提供最佳的安全保障。

（2）安全系统的更新问题。安全系统在为特定领域提供安全服务的同时，自身可能出现偏差或故障，通常新系统故障较少，安全效能较高，随着运行时间的增加，就会逐渐出现故障增多、维修费用增加、可正常使用的工时减少、安全效能下降的情况。同时，随着新的理论和技术的发展，安全系统也需要不断更新，以满足日益增长的安全需求。因此，需要综合权衡决定安全系统的使用年限，使总的安全效益最好。

（3）安全系统运行状态的反馈控制问题。安全系统在运行过程中，必须随时跟踪状态，根据安全系统的输入、输出特性，不断评估安全系统的工作效能、调整安全系统运行参数，使其始终保持完好的安全保障状态。

这些问题的发展过程都与时间因素有关，因此在这类多阶段决策问题中，阶段的划分常用时间区段来表示，并且各个阶段上的决策往往也与时间因素有关，这就使它具有了"动态"的含义，所以把处理这类动态问题的方法称为动态规划方法。不过，实际中尚有许多不包含时间因素的一类"静态"决策问题，就其本质而言是一次决策问题，是非动态决策问题，但是也可以人为地引入阶段的概念当作多阶段决策问题，应用动态规划方法加以解决。

2. 安全系统动态规划示例

例 3-7： 某企业的安全规划可以分为 4 个阶段，在每个阶段针对不同的发展状态都可能存在一定的安全风险，若这些风险可以估计（图 3-3，其中

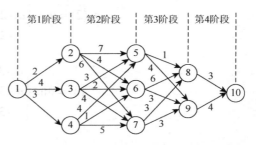

图 3-3　某企业发展的各阶段可能的安全风险

箭头旁边的数据表示可能的安全风险，$\times 10^{-5}$），为减少企业安全发展中可能遇到的事故，使企业安全风险最小，应如何进行决策？

这是一个如何从起点 1 到终点 10 的众多路线中找到安全风险最小的路线的问题。

常识告诉我们，最短路线的特征是：如果由起点 1 经过任意点 I、J 而到达终点 10 是一条最短路线，则由点 I 出发经过 J 点到达终点 10 的这条子路线，对于从点 I 出发到达终点 10 的所有可选择的路线来说，必定也是最短路线。

根据最短路线的这一特征，可以得到求解动态规划问题的"反向递推原则法"。即从最后一阶段开始，用由后向前逐步递推的方法，求出各点到达终点的最短路线，最终求出由起点至终点的最短路线。

首先，将例 3-7 看成是 4 个阶段的问题：由 1 到（2,3,4）中的点是第 1 阶段；由（2,3,4）中的点到（5,6,7）中的点是第 2 阶段；由（5,6,7）中的点到（8,9）中的点是第 3 阶段；由（8,9）中的点到 10 是第 4 阶段。为了计算方便，引入符号：K 为阶段变量；S_k 为状态变量，表示第 k 阶段所处的位置；X_k 为决策变量，表示当状态为 S_k 时，可以选择的下一个状态（这里有 $X_k=S_{k+1}$）；$d(S_k, X_k)$ 为从 S_k 到 $S_{k+1}=X_k$ 的距离；$f_k(S_k)$ 为从 S_k 到终点的最短距离。

求解此类问题的过程是，从最后一个阶段开始计算，反向递推直到第 1 阶段为止，最后得到 $f_k(1)$。

（1）第 4 阶段。此时只要再走一步即到终点 10。目前状态 S_4 可以是 8 或 9，可选择的下一状态 X_4 是 10。所以，有 $f_4(8)=d_4(8,10)=3$，$f_4(9)=d_4(9,10)=4$。

（2）第 3 阶段。此时还有两步才能到终点 10。此时 $f_3(S_3)=\min\{d_3(S_3,X_3)+f_4(S_4)\}$。目前状态 S_3 可以是 5、6、7，可选择的下一状态 X_3 是点 8、9。

$$f_3(5) = \min \begin{Bmatrix} d_3(5,8) + f_4(8) \\ d_3(5,9) + f_4(9) \end{Bmatrix} = \min \begin{Bmatrix} 1+3 \\ 4+4 \end{Bmatrix} = 4$$

$$f_3(6) = \min \begin{Bmatrix} d_3(6,8) + f_4(8) \\ d_3(6,9) + f_4(9) \end{Bmatrix} = \min \begin{Bmatrix} 6+3 \\ 3+4 \end{Bmatrix} = 7$$

$$f_3(7) = \min \begin{Bmatrix} d_3(7,8) + f_4(8) \\ d_3(7,9) + f_4(9) \end{Bmatrix} = \min \begin{Bmatrix} 3+3 \\ 3+4 \end{Bmatrix} = 6$$

（3）第 2 阶段。此时还有三步才能到终点 10。此时 $f_2(S_2)=\min\{d_2(S_2,X_2)+f_3(S_3)\}$。目前状态 S_2 可以是 2、3、4，可选择的下一状态 X_2 是点 5、6、7。

$$f_2(2) = \min \begin{Bmatrix} d_2(2,5) + f_3(5) \\ d_2(2,6) + f_3(6) \\ d_2(2,7) + f_3(7) \end{Bmatrix} = \min \begin{Bmatrix} 7+4 \\ 4+7 \\ 6+6 \end{Bmatrix} = 11$$

$$f_2(3) = \min \begin{Bmatrix} d_2(3,5) + f_3(5) \\ d_2(3,6) + f_3(6) \\ d_2(3,7) + f_3(7) \end{Bmatrix} = \min \begin{Bmatrix} 3+4 \\ 2+7 \\ 4+6 \end{Bmatrix} = 7$$

$$f_2(4) = \min \begin{cases} d_2(4,5) + f_3(5) \\ d_2(4,6) + f_3(6) \\ d_2(4,7) + f_3(7) \end{cases} = \min \begin{cases} 4+4 \\ 1+7 \\ 5+6 \end{cases} = 8$$

（4）第 1 阶段。此时 $f_1(S_1) = \min\{d_1(S_1, X_1) + f_2(S_2)\}$。目前状态 S_1 是 1，可选择的下一状态 X_1 是点 2、3、4。

$$f_1(1) = \min \begin{cases} d_1(1,2) + f_2(2) \\ d_1(1,3) + f_2(3) \\ d_1(1,4) + f_2(4) \end{cases} = \min \begin{cases} 2+11 \\ 4+7 \\ 3+8 \end{cases} = 11$$

通过上述计算，可知从起点 1 到终点 10 的最短路线为 11。所走的最优路线可以采用顺序追踪法来确定：

第 1 阶段：由于 $f_2(S_2) = \min\{d_1(1,3) + f_2(3)\} = 11$ 和 $f_1(S_1) = \min\{d_1(1,4) + f_2(4)\} = 11$，可以追踪到 3，4 点；第 2 阶段：由于 $f_2(S_2) = \min\{d_2(3,5) + f_3(5)\} = 7$，可以追踪到 5 点；第 3 阶段：由于 $f_3(S_3) = \min\{d_3(5,8) + f_4(8)\} = 4$，可以追踪到 8 点；第 4 阶段：由于 $f_4(S_4) = d_4(8,10) = 3$，可以追踪到 10 点。

因此，兼顾四个安全发展阶段，该企业安全风险最小的决策方案是图 3-4 所示的路线。其总的安全风险为 11×10^{-5}。

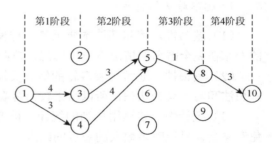

图 3-4　反向递推法解动态规划问题

3.3　安全系统预测论

3.3.1　预测论及其分类

预测论（prediction theory）是研究事物发展趋势和运动结果的科学。通过对客观事实历史和现状的调查和分析，用某种数学模型，由已知部分去推测事物的未知部分，从而揭示客观事物未来发展趋势和运动规律。

对于安全系统的预测问题，按其功能与特征可分为以下类型：

（1）数列预测。即对系统时间、空间行为特征量变化的大小所作的预测。在安全系统中，应用数列预测，可对事故伤亡率、事故与职业危害的经济损失、发生职业病的人数等进行预测，还可对不同工作岗位、不同行业伤亡事故的分布进行预测。前者是安全领域的时间序列预测，后者是空间序列预测。

（2）灾变预测。即对系统行为特征量将在何时超过某个域值的异常值的预测。灾变预测的特点是预测"灾变"发生的时间，或异常数据出现的时间。而异常值的大小常常是一个给定了上限与下限的灰数。例如，对安全系统装备发生劣化或其可靠度降低到警戒值的时间的预测等。

（3）季节灾变预测。即对灾变发生在一年中某个季节或某个特定时区的预测，如对事故发生高峰时区的预测、对职业灾害在某个特定时间出现的预测等。

（4）拓扑预测。即对一段时间内系统行为特征数据波形的预测。通过调查分析获得系统行为特征波形，以此建立预测模型，预测给定值未来发展变化的时间间隔。例如，在事故控制图中，可进行职工伤亡频率、事故次数等的预测。

（5）系统预测。即将系统中包含的几个量一起预测，预测变量（因素）之间发展变化的关系，预测系统中主导因素的作用。例如，对人-机-环境系统中安全行为的发展变化，以及影响系统安全的因素之间的相互作用与关系的预测。

3.3.2　德尔菲法

德尔菲法（Delphi method）是充分吸收专家意见的主观预测方法。20世纪40年代由赫尔姆和达尔克首创，经过戈登和兰德公司进一步发展而成。德尔菲法受古希腊神话中太阳神阿波罗在德尔菲神庙宣布神谕、预见未来的启发而得名。

1. 德尔菲法的特点

（1）匿名性。德尔菲法本质上是一种反馈匿名函询法，为了消除权威的影响，从事预测的专家在完全匿名的情况下交流思想，彼此互不知道其他有哪些人参加预测。

（2）反馈性。通常需要多轮的信息反馈和深入研究，使最终结果基本能够反映专家的基本想法和对信息的认识，所以结果较为客观、可信。

（3）统计性。要运用恰当的统计分析方法，将每种观点都包括在这样的统计结果中，避免专家会议只反映多数人的观点的缺点。

2. 德尔菲法预测程序

（1）确定预测目标。预测目标应是对行业发展有重大影响而且意见分歧较大的议题，如安全系统设计效果预测等。

（2）组建小组。不受某一特定意见所主导地选择具备专业知识和统计学、数据处理等方面知识的专家，人数一般应为20～50人。

（3）设计和发放评估意见征询表。管理小组应将与课题有关的大量技术政策和经济条件等背景材料和预测意见的征询表分发给各位专家。表格栏目设计应突出重点、简明扼要，填表方式要简单，需要预测的内容尽量以量化形式表达。

（4）专家征询和轮间信息反馈。一般分3～4轮征询专家意见。每轮征询意见后，应将征询意见汇总作为轮间信息反馈呈报专家，以便专家以此为参考对各自所表达的意见做进一步修正、完善，形成新一轮的意见。

经多轮修正、完善，由管理小组汇总形成较为一致的预测结论。运用德尔菲法进行预测的程序见图3-5。

3. 德尔菲法用于安全系统预测

运用德尔菲法进行安全系统预测时，预测结论通常分为数值型和等级型两种类型。

（1）数值型预测。对于专家给出的数值型答案（如预测期望值、预测时间等），常用中位数和上、下四分点的方法进行处理。

例如，当有 n 个专家、n 个答数时，可以将专家的回答按从小到大的顺序排列：

$$x_1 \leqslant x_2 \leqslant \cdots \leqslant x_{n-1} \leqslant x_n$$

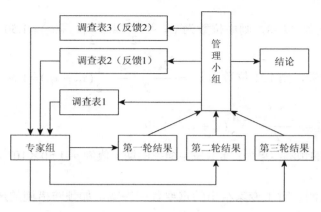

图 3-5　德尔菲法预测程序

这个序列的中位数按式（3-2）计算

$$\bar{x}=\begin{cases}x_{k+1} & n=2k+1\,(\text{奇数})\\[2mm]\dfrac{x_k+x_{k+1}}{2} & n=2k\,(\text{偶数})\end{cases}\tag{3-2}$$

上四分点为

$$x_{\text{上}}=\begin{cases}x_{\frac{1}{2}(3k+3)} & n=2k+1,\ k\text{为奇数}\\[3mm]\dfrac{x_{\frac{3}{2}k}+x_{\frac{3}{2}k+2}}{2} & n=2k+1,\ k\text{为偶数}\\[3mm]x_{\frac{1}{2}(3k+1)} & n=2k,\ k\text{为奇数}\\[3mm]\dfrac{x_{\frac{3}{2}k}+x_{\frac{3}{2}k+1}}{2} & n=2k,\ k\text{为偶数}\end{cases}\tag{3-3}$$

下四分点为

$$x_{\text{下}}=\begin{cases}x_{\frac{k+1}{2}} & n=2k+1,\ k\text{为奇数}\\[3mm]\dfrac{x_{\frac{k}{2}}+x_{\frac{k}{2}+1}}{2} & n=2k+1,\ k\text{为偶数}\\[3mm]x_{\frac{k+1}{2}} & n=2k,\ k\text{为奇数}\\[3mm]\dfrac{x_{\frac{k}{2}}+x_{\frac{k}{2}+1}}{2} & n=2k,\ k\text{为偶数}\end{cases}\tag{3-4}$$

例 3-8：某企业邀请 16 位专家对该企业某事故发生概率进行预测，得到 16 个数据，即 $n=16$，$n=2k$，$k=8$ 为偶数。数据由小到大排列见表 3-7。

表 3-7　16 位专家对事故发生概率的预测

n	1	2	3	4	5	6	7	8	9	10	11	12	13	14	15	16
事故概率 $p\times10^{3}$	1.35	1.38	1.40	1.40	1.40	1.45	1.47	1.50	1.50	1.50	1.50	1.53	1.55	1.60	1.60	1.65

解：$n=16$ 为偶数，$k=8$，则中位数为 $\bar{x}=\dfrac{x_k+x_{k+1}}{2}=\dfrac{1}{2}(x_8+x_9)=1.50$

由于 $k=8$ 为偶数，则上中位数为 $x_上=\dfrac{x_{\frac{3}{2}k}+x_{\frac{3}{2}k+1}}{2}=\dfrac{1}{2}(x_{12}+x_{13})=1.54$

下中位数为 $x_下=\dfrac{x_{\frac{k}{2}}+x_{\frac{k}{2}+1}}{2}=\dfrac{1}{2}(x_4+x_5)=1.40$

因此，处理后的预测结果为：事故发生概率的期望值为 $p=1.50\times10^{-3}$，上限 $p_上=1.54\times10^{-3}$，下限 $p_下=1.40\times10^{-3}$。

（2）等级型预测。对于专家给出的重要程度答案，如预防措施的选择、事故原因的确定等，可采用评分法处理。

例如，对 n 个项目进行重要度培训，设第 1 位得 n 分，第 2 位得 $n–1$ 分，……，则第 j 个项目的总得分 s_j 和该项目的得分比重 k_j 分别为

$$s_j=\sum_{i=1}^{n}B_iN_i,\quad j=1,2,\cdots,m \tag{3-5}$$

$$k_j=\frac{s_j}{M\displaystyle\sum_{i=1}^{n}i} \tag{3-6}$$

式中，m 为参加比较的项目个数；n 为要求排序的项目个数；B_i 为排在第 i 位项目的得分；N_i 为将某项目排在第 i 位的专家人数；M 为对问题作出回答的专家总人数。

例 3-9：为了预估某安全系统的优劣，请 93 位专家对安全系统的 6 个功能因素（表 3-8）进行重要性排序，并选出 3 个作为主要考虑因素。

表 3-8　安全系统主要功能因素

序号	安全系统的功能因素
1	系统对工艺安全的保障程度
2	系统线性故障率及其对工艺过程的影响
3	系统故障后维修的难易程度
4	系统故障后替换的难易程度
5	系统的性价比
6	系统隐性故障率及"故障-安全"功能

解：要求从 6 个因素中选 3 个，故 $n=3$，排在第 1～3 位的得分分别为 $B_1=3$，$B_2=2$，$B_3=1$。将第 1 因素排在第 1～3 位的专家人数分别为 71、15、2，则 $N_1=71$，$N_2=15$，$N_3=2$。于是得

$$s_1=\sum_{i=1}^{3}B_iN_i=3\times71+2\times15+1\times2=245$$

$$k_1=\frac{s_1}{M\displaystyle\sum_{i=1}^{n}i}=\frac{245}{93\times(1+2+3)}=0.44$$

用同样方法处理其他因素，所得结果见表 3-9。

表 3-9　专家打分结果

方案序号	1	2	3	4	5	6
各方案得分	245	36	65	5	31	168
各方案得分比重	0.44	0.07	0.12	0.01	0.06	0.30
各方案排序	I	IV	III	VI	V	II

通过比较各因素的得分比重，认为安全系统主要考虑因素顺序为：第 1、第 6、第 3 因素，即系统对工艺安全的保障程度、系统隐性故障率及"故障-安全"功能、系统故障后维修的难易程度。

3.3.3　时间序列法

时间序列预测法（time series forecasting method）简称时间序列法，是根据时间序列所反映出来的发展过程、方向和趋势，进行类推或延伸，借以预测下一段时间可能达到的水平。时间序列预测法可分为序时平均法、滑动平均法、指数平滑法、季节趋势预测法、寿命周期预测法等。

1. 序时平均法

序时平均法也称算术平均法，即把若干历史时期的统计数值作为观察值，求出算术平均数作为下期预测值。

（1）简单序时平均法。基于"过去这样，今后也将这样"的假设，把近期和远期数据等同化和平均化。具体地，对于一组历史数据 $X(x_1, x_2, \cdots, x_n)$，以其平均值作为下期的预测值 F_{n+1}。

$$F_{n+1} = \frac{1}{n} \sum_{i=1}^{n} x_i = (x_1 + x_2 + \cdots + x_n)/n \tag{3-7}$$

（2）加权序时平均法。将各个时期的历史数据按近期和远期影响程度进行加权，求出平均值，作为下期预测值。具体地，对于一组历史数据 $X(x_1, x_2, \cdots, x_n)$，设各期数据对预测期的影响程度可以取归一化的权重序列 $A(a_1, a_2, \cdots, a_n)$，则下期的预测值 F_{n+1} 为

$$F_{n+1} = \sum_{i=1}^{n} a_i x_i = a_1 x_1 + a_2 x_2 + \cdots + a_n x_n \tag{3-8}$$

式中，$\sum_{i=1}^{n} a_i = 1$。

2. 滑动平均法

（1）简单滑动平均法，即相继移动计算若干时期的算术平均数作为下期预测值。有些历史数据可能随时间发生阶段性变化，采用简单序时平均数预测可能产生较大的误差。简单滑动平均预测以某一处于相近历史时期的数据为均值，预测同时期后阶段的数据，具有较高的准确性。具体地，对于一组历史数据 $X(x_t, x_{t-1}, \cdots, x_{t-n+1})$，$F_t$ 为 t 期的预测值，n 为取平均值的数据个数，则简单滑动平均法的预测模型为

$$F_{t+1} = \frac{1}{n} \sum_{i=t-n+1}^{n} X_i = (x_t + x_{t-1} + \cdots + x_{t-n+1})/n \tag{3-9}$$

（2）加权滑动平均法，即将简单滑动平均数进行加权计算。由于在历史数据中，离目前

越近，其数据与当前的关联度越密切，其可信度也就越高。因此，常以归一化的递减数列作为历史数据权重进行预测。具体地，对于一组历史数据 $X(x_1, x_2, \cdots, x_n)$，设各期数据对预测期的影响程度可以取归一化的且递增的权重序列 $A(a_1, a_2, \cdots, a_n)$，则下期的预测值 F_{n+1} 为

$$F_{n+1} = \frac{1}{n}\sum_{i=1}^{n} a_i X_i = (a_1 x_1 + a_2 x_2 + \cdots + a_n x_n)/n \tag{3-10}$$

式中，$\sum_{i=1}^{n} a_i = 1$，且 $a_1 < a_2 < \cdots < a_n$。

3. 指数平滑法

指数平滑法是根据历史资料的上期实际数和预测值，用指数加权的办法进行预测。此法优点是只要有上期实际数和上期预测值，就可计算下期的预测值。具体地，假设仅有两个可以利用的数据：上期的实际值为 X_t、上期的预测值为 F_t，则下期的预测值 F_{t+1} 为

$$F_{t+1} = aX_t + (1-a)F_t \tag{3-11}$$

式中，a 为平滑系数，其值为 $0 < a < 1$。

4. 季节趋势预测法

季节趋势预测法是根据每年重复出现的周期性季节变动指数，预测其季节性变动趋势的方法。这种方法可以用来分析具有季节性变动特征的事物。

通常将各年度的数值分季（或月）加以平均，除以各季（或月）的总平均数，得出各季（或月）指数。具体地，假设已知 n 年各月的历史数据为 X

$$X = \begin{bmatrix} x_{11} & x_{12} & \cdots & x_{112} \\ x_{21} & x_{22} & \cdots & x_{212} \\ \cdots & \cdots & \cdots & \cdots \\ x_{n1} & x_{n2} & \cdots & x_{n12} \end{bmatrix}$$

则采用算数平均法计算第 j 月的季节指数 a_j 为

$$a_j = \sum_{i=1}^{n} x_{ij} \Big/ \sum_{j=1}^{12}\sum_{i=1}^{n} x_{ij} \tag{3-12}$$

显然，$\sum_{i=1}^{n} a_i = 1$，且 $0 < a < 1$。

5. 寿命周期预测法

寿命周期预测法是通过对具有寿命周期事物的分析研究，预测其寿命特征的方法。对于安全系统，寿命周期预测法常用于预测系统中达到规定可靠性的设备的运行寿命。任何设备都会在运行过程中不断"劣化"，从而降低其可靠度。寿命周期预测，可以通过评价设备资产的周期费用表现与价值表现，确定设备运行的劣化程度。具体地，可以通过比较设备理论寿命与实际寿命的差距对该设备进行寿命周期预测。

6. 时间序列法用于安全系统预测

例 3-10：我国安全事故死亡人数呈逐年下降趋势。据统计，从 2002~2015 年，14 年间我国安全事故死亡人数见表 3-10。

表 3-10　我国安全事故死亡人数统计表

年份	死亡人数	平均每天死亡人数	年份	死亡人数	平均每天死亡人数
2002	139393	382	2009	83196	228
2003	136340	374	2010	79552	218
2004	136755	375	2011	75572	207
2005	127089	348	2012	71983	197
2006	112822	309	2013	69453	190
2007	101480	278	2014	68076	187
2008	91172	250	2015	66182	181

（1）简单序时平均预测。比较我国十一五（2006～2010 年）与十二五（2011～2015 年）期间平均年度安全事故死亡人数，根据式（3-7），有

$$F_{十一五} = \frac{1}{5}\sum_{i=1}^{5} X_i = (112822 + 101480 + 91172 + 83196 + 79552)/5 = 93644$$

$$F_{十二五} = \frac{1}{5}\sum_{i=1}^{5} X_i = (75572 + 71983 + 69453 + 68076 + 66182)/5 = 70253$$

年度下降比例为

$$F_{十二五}/F_{十一五} \times 100\% = 70253/93644 \times 100\% = 75.0213\%$$

即 2016 年之后，安全事故的平均年度死亡人数有望以 75%的幅度降低。并且可以预测，十三五（2016～2020 年）期间我国平均年度安全事故死亡人数为

$$F_{十三五} = 0.750213 \times F_{十二五} = 52705$$

（2）加权序时平均预测。以 2016 年之前 4 年的数据为基础，预测 2016 年安全事故死亡人数时，可以采用数列 $A=(0.1, 0.2, 0.3, 0.4)$作为各年的权重，根据式（3-8），有

$$F_{2016} = \sum_{i=1}^{4} a_i X_i = (0.1 \times 71983 + 0.2 \times 69453 + 0.3 \times 68076 + 0.4 \times 66182) = 67985$$

（3）简单滑动平均预测。根据式（3-9），以十二五（2011～2015 年）期间平均年度安全事故死亡人数预测 2016 年安全事故死亡人数：

$$F_{2016} = \frac{1}{5}\sum_{i=1}^{5} X_i = (75572 + 71983 + 69453 + 68076 + 66182)/5 = 70253$$

（4）加权滑动平均预测。采用数列 $A=(0.1, 0.3, 0.6)$作为 2013 年、2014 年、2015 年安全事故死亡人数的权重，可以预测 2016 年安全事故死亡的人数，根据式（3-10），有

$$F_{2016} = \frac{1}{3}\sum_{i=1}^{3} a_i X_i = (0.1 \times 69453 + 0.3 \times 68076 + 0.6 \times 66182)/3 = 22359$$

（5）指数平滑预测。已知 2015 年安全事故死亡人数为 66182 人，且知十二五（2011～2015 年）期间平均年度安全事故死亡人数为 70253 人，取平滑系数 a 为 0.6，根据式（3-11），可以预测 2016 年的数据是

$$F_{2016} = (1-0.6) \times 70253 + 0.6 \times 66182 = 67810$$

（6）季节趋势预测。

例 3-11：已知某企业 3 年季度轻伤事故率见表 3-11。其中，第 6 列为根据式（3-12），采用算数平均法计算得到的各季度的季节指数。

表 3-11　某企业 3 年季度轻伤事故率

季度	2012 年	2013 年	2014 年	季度平均	季节指数 a_j
1	0.0591	0.0550	0.0544	0.0562	0.253
2	0.0469	0.0461	0.0455	0.0462	0.208
3	0.0536	0.0532	0.0501	0.0523	0.235
4	0.0719	0.0691	0.0622	0.0677	0.305
年度平均	0.0579	0.0559	0.0531		

采用简单序时平均法，根据式（3-7），2015 年预测事故率为

$$F_{2015}=(0.0579+0.0559+0.0531)/3=0.0556$$

根据式（3-8），并以季度平均值为参考数值，则第一季度的轻伤事故率为

$$X_1 = \frac{1}{a_1}[F_{2015} - (a_2X_2 + a_3X_3 + a_4X_4)]$$

$$= [0.0556 - (0.208 \times 0.0462 + 0.235 \times 0.0523 + 0.305 \times 0.0677)] / 0.253 = 0.0516$$

第二季度的轻伤事故率为

$$X_2 = [0.0556 - (0.253 \times 0.0562 + 0.235 \times 0.0523 + 0.305 \times 0.0677)] / 0.208 = 0.0406$$

第三季度的轻伤事故率为

$$X_3 = [0.0556 - (0.253 \times 0.0562 + 0.208 \times 0.0462 + 0.305 \times 0.0677)] / 0.235 = 0.0473$$

第四季度的轻伤事故率为

$$X_4 = [0.0556 - (0.253 \times 0.0562 + 0.208 \times 0.0462 + 0.235 \times 0.0523)] / 0.305 = 0.0639$$

（7）寿命周期预测法。

a. 设备理论寿命 T。通常设备理论寿命 T（剩余使用年限）等于设备剩余的折旧年限。设备折旧年限通常为 15 年，按每年降低寿命一年计，则使用 t 年后，设备的理论寿命 T_t 为

$$T_t = 15 - t \text{（年）} \tag{3-13}$$

b. 设备经济寿命 T_t'。根据设备维修费用的增加情况，其经济寿命为

$$T_t' = 15 - \sqrt{\frac{2(P - L_t)}{\mu}} \text{（年）} \tag{3-14}$$

式中，P 为设备初值，元；L_t 为设备残值，取 $L_t = P(1-5\%)^t$，元；μ 为设备年低劣化增加值，元/年。其中

$$\mu = \frac{c_{max} - c_0}{t} \quad (\text{取} c_{max} > c_0)$$

式中，c_{max} 为统计截止年的设备维护费，元；c_0 为统计起始年的设备维护费，元。

c. 设备劣化度预测。设备使用 t 年后，设备劣化度预测值为

$$F_t = \frac{T_t' - T_t}{T_t} \times 100\% \tag{3-15}$$

设备劣化度预测值为正值，表示设备运行状态好，设备维修费用较低，设备经济寿命高于理论寿命，否则应注意加强对设备的巡视、保养；设备经济寿命长期低于理论寿命，应考虑对设备进行维修、改造与更新。

例 3-12：某安全系统中的设备初值为 $P=15$ 万元，设备年低劣化增加值为 $\mu=0.03$ 万元/年，运行 4 年，则

设备理论寿命 T_4：15−4=11（年）

运行 4 年的设备残值 L_4：$L_4 = 15 \times (1 - 5\%)^4 = 12.22$（万元）

设备经济寿命 T_t'：$T_t' = 15 - \sqrt{\dfrac{2 \times (15 - 12.22)}{0.03}} = 13.6$（年）

设备劣化度预测值 F_t：$F_t = \dfrac{13.6 - 11}{11} \times 100\% = 23.6\%$

该设备劣化度预测值为正值，且远大于零，说明设备维修费用较低，设备运行可靠度较高，可以继续使用。

3.3.4　回归预测法

回归分析（regression analysis method）是在掌握大量观察数据的基础上，建立因变量与自变量之间的回归关系函数表达式（称回归方程式）的数理统计方法。

回归分析预测法简称回归预测法，依据相关关系中自变量的个数不同，可分为一元回归分析预测法和多元回归分析预测法。依据自变量和因变量之间的相关关系不同，可分为线性回归预测和非线性回归预测。

1. 回归预测的步骤

（1）根据预测目标，确定自变量和因变量。例如，预测下一年度的事故数，那么事故数 Y 就是因变量。通过调查和查阅资料，寻找与预测目标的相关影响因素，即自变量，并从中选出主要的影响因素。

（2）建立回归预测模型。依据自变量和因变量的历史统计资料进行计算，在此基础上建立回归分析方程，进行回归预测。

（3）进行相关分析，即确定作为自变量的因素与作为因变量的预测对象是否有关，相关程度如何，以及判断这种相关程度的把握性多大的问题而进行的分析。

（4）检验回归预测模型，计算预测误差，当其小于可接受程度时，回归方程才可以作为预测模型。

（5）计算并确定预测值。利用回归预测模型计算预测值，并对预测值进行综合分析，确定最后的预测值。

2. 线性回归预测

1）一元线性回归预测

若通过实验或抽样取得有关事务发展的一组数据为：因变量 $Y = (Y_1, Y_2, \cdots, Y_n)$，自变量 $X = (X_1, X_2, \cdots, X_n)$，则其计算公式为

$$Y = a + bX \tag{3-16}$$

式中，a、b 均为回归系数，且

$$b = \frac{n\sum(X_i Y_i) - \sum X_i \sum Y_i}{n\sum X_i^2 - \left(\sum X_i\right)^2}, \quad a = \frac{\sum Y_i - b\sum X_i}{n}$$

可以利用这个预测模型，根据自变量 X 在预测期的取值，得到预测值 Y。

2）多元线性回归预测

在回归分析中，如果有两个或两个以上的自变量，称为多元回归。多元线性回归的基本原理和基本计算过程与一元线性回归相同，对于通过实验或抽样取得的多元线性相关数据为

因变量：$Y = (Y_1, Y_2, \cdots, Y_n)$

自变量：$X = \begin{bmatrix} X_{11} & X_{12} & \cdots & X_{1m} \\ X_{21} & X_{22} & \cdots & X_{2m} \\ \cdots & \cdots & \cdots & \cdots \\ X_{n1} & X_{n2} & \cdots & X_{nm} \end{bmatrix}$

其预测模型为

$$Y = a_0 + a_1 X_1 + a_2 X_2 + \cdots + a_m X_m \tag{3-17}$$

式中，$a = (a_1, a_2, \cdots, a_m)$ 为回归系数。运用最小二乘法计算 a 值，就可以利用这个预测模型，根据自变量 $X_1, X_2, \cdots, X_m$ 在预测期的取值得到预测值 Y。

3. 非线性回归预测

在不少情况下，非线性模型可能更加符合实际。某些一元非线性回归模型可以通过数学变换，转化为一元线性回归模型。

（1）指数模型 $y_t = a\mathrm{e}^{bx_t + u_t}$，可以在等号两侧同取自然对数，得 $\ln y_t = \ln a + bx_t + u_t$，令 $\ln y_t = y_t^*$，$\ln a = a^*$，则

$$y_t^* = a^* + bx_t + u_t \tag{3-18}$$

将变量 y_t^* 和 x_t 变换为线性关系。其中，u_t 表示随机误差项。

（2）对数模型 $y_t = a + b\ln x_t + u_t$，令 $x_t^* = \ln x_t$，则

$$y_t = a + bx_t^* + u_t \tag{3-19}$$

将变量 y_t 和 x_t^* 变换为线性关系。

（3）幂函数模型 $y_t = ax_t^b \mathrm{e}^{u_t}$，对等号两侧同取对数，得 $\ln y_t = \ln a + b\ln x_t + u_t$，令 $y_t^* = \ln y_t$，$a^* = \ln a$，$x_t^* = \ln x_t$，则

$$y_t^* = a^* + bx_t^* + u_t \tag{3-20}$$

将变量 y_t^* 和 x_t^* 变换为线性关系。

（4）双曲线模型 $y_t = 1/(a + b/x_t + u_t)$，令 $y_t^* = 1/y_t$，$x_t^* = 1/x_t$，得

$$y_t^* = a + bx_t^* + u_t \tag{3-21}$$

变换为线性回归模型。

4. 回归分析法用于安全系统预测

例 3-13：城市燃气是与人们生活最密切的危险源之一，因管道破裂而发生燃气泄漏、火灾、爆炸的事故时有发生。根据统计，管道事故情形按破损程度可分为微孔、孔洞、断裂三类，导致事故的因素通常是第三方破坏、地表移动（或称地质灾害）、操作失误、腐蚀、材料缺陷及其他未知原因等。为了提高城市燃气的安全系统功能，需要预测管道管径与事故因素的关系。

（1）确定自变量和因变量。

以管径为自变量，各事故因素为因变量进行预测。根据欧洲燃气管道 1970～2007 年的统计数据，整理因第三方破坏造成的管道事故率得表 3-12。

表 3-12　因第三方破坏造成的管道事故率

管道内径/mm	管道事故率/[次/(km·a)]		
	微孔（缺陷直径≤2cm）	孔洞（2cm<缺陷直径≤管道直径）	断裂（缺陷直径>管道直径）
≤127	0.181×10^{-3}	0.257×10^{-3}	0.124×10^{-3}
128~254	0.067×10^{-3}	0.190×10^{-3}	0.057×10^{-3}
255~278	0.102×10^{-3}	0.231×10^{-3}	0.092×10^{-3}
279~432	0.038×10^{-3}	0.071×10^{-3}	0.024×10^{-3}
433~584	0.019×10^{-3}	0.024×10^{-3}	0.010×10^{-3}
585~737	0.006×10^{-3}	0.008×10^{-3}	0.006×10^{-3}
738~889	0.006×10^{-3}	0.008×10^{-3}	0.005×10^{-3}
890~1041	0.006×10^{-3}	0.008×10^{-3}	0.005×10^{-3}
1042~1194	0.006×10^{-3}	0.008×10^{-3}	0.005×10^{-3}
>1194	0.006×10^{-3}	0.008×10^{-3}	0.005×10^{-3}

（2）建立回归预测模型。

管径（管道直径）作为自变量，事故因素作为因变量，通过回归分析预测某一管径的管道事故率。

已知管径与事故率呈负指数关系：

$$Y_i = a + b/X_i$$

式中，Y_i 为管径系列 i 的事故率，次/(km·a)；a、b 为系数；X_i 为第 i 系列的管径，mm。

根据表 3-12 中数据得出回归方程系数 a、b，计算结果列于表 3-13。其中，相关系数 R^2 是反映两个变量间是否存在相关关系，以及这种相关关系的密切程度的一个统计量，R^2 越接近 1，表明关系越显著，越接近 0，则表明不存在线性关系（R^2 的计算方法详见相关著作）。

表 3-13　第三方破坏一元回归分析结果

项目	微孔破损	孔洞破损	断裂破损
回归方程系数 a	-0.02301×10^{-3}	-0.03529×10^{-3}	-0.01576×10^{-3}
回归方程系数 b	23.1641×10^{-3}	38.4419×10^{-3}	16.3614×10^{-3}
相关系数 R^2	0.96777	0.98994	0.98145
显著性检验	高度显著	高度显著	高度显著

（3）相关分析。

从表 3-13 可见，所建立的回归模型对微孔破损、孔洞破损、断裂破损三种状态的相关系数均大于 0.96。回归模型中的自变量 X_i 与因变量 Y_i 之间有显著的相关关系。

（4）检验回归预测模型，计算预测误差。

由于自变量 X_i 与因变量 Y_i 相关关系高度显著，回归预测模型误差很小（检验方法详见相关著作）。

（5）计算并确定预测值。

例如，已知管道内径为 500mm，预测因第三方破坏引起的微孔破损、孔洞破损、断裂破损的事故率。由表 3-13，有

微孔破损的事故率为：$Y=-0.02301\times10^{-3}+23.1641\times10^{-3}/X$

孔洞破损的事故率为：$Y=-0.03529\times10^{-3}+38.4419\times10^{-3}/X$

断裂破损的事故率为：$Y=-0.01576\times10^{-3}+16.3614\times10^{-3}/X$

第三方破坏泄漏事故发生的总概率可以预测为

$$\sum_{i=1}^{3} y_i = \sum_{i=1}^{3} \left(a + \frac{b}{x_i} \right) = 0.081881 \ \text{次}/(\text{km·a})$$

3.3.5 灰色预测法

1. 灰色预测原理

在系统论中，人们常用颜色的深浅形容信息的明确程度，用"黑"表示系统的信息未知，用"白"表示系统的信息完全明确，用"灰"表示系统的部分信息明确、部分信息不明确。

灰色预测（grey prediction）是对"外延明确、内涵不明确"的"小样本、贫信息"系统进行的预测。尽管灰色系统中所显示的现象是随机的、杂乱无章的，但毕竟是有序的、有界的，因此得到的数据集合具备潜在的规律。灰色预测是利用这种规律建立灰色模型对灰色系统进行预测。

目前使用最广泛的灰色预测模型是 GM(1, 1)模型。其中，G 表示灰色（grey），M 表示模型（model），GM(1, 1)则表示 1 阶、1 个变量的灰色模型。

GM(1, 1)模型基本原理是：对于灰色系统的杂乱、无规律原始序列数据（称观察值），可以通过累加或累减法转化为递增或递减的序列数据（成为生成序列），而这个生成序列一般呈指数变化规律，可以用指数方程来拟合，并以此作为理论模型进行预测。

例如，对于表 3-14，原始序列（年千人负伤率）X^0 为

$$X^0 = \{X^0(1), X^0(2), \cdots, X^0(n)\} = \{5.77, 5.049, 4.2, 3.427, 2.971\}$$

以 $X^1(t) = \sum_{i=1}^{t} X^0(i)$ 进行累加转化，得到递增序列为

$$X^1 = \{X^1(2), \cdots, X^1(n), X^1(n+1)\} = \{10.819, 15.019, 18.446, 21.417, 24.398\}$$

如图 3-6 所示，生成序列表现出呈递增规律。

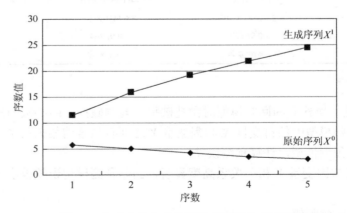

图 3-6　年千人负伤率的原始序列和生成序列

对于生成序列，拟合方程为

$$\frac{\mathrm{d}X^1}{\mathrm{d}t} + aX^1 = U \tag{3-22}$$

式中，a 为发展灰数；U 为内生控制灰数。

设 $\hat{a} = \begin{pmatrix} a \\ U \end{pmatrix}$ 为待估参数向量，用最小二乘法求解得

$$\hat{a} = (B^{\mathrm{T}}B)^{-1}B^{\mathrm{T}}Y_n \tag{3-23}$$

式中

$$B = \begin{bmatrix} -1/2[X^1(1)+X^1(2)] & 1 \\ -1/2[X^1(2)+X^1(3)] & 1 \\ \vdots & \vdots \\ -1/2[X^1(n-1)+X^1(n)] & 1 \end{bmatrix} \quad Y_n = \begin{bmatrix} X^0(2) \\ X^0(3) \\ \vdots \\ X^0(n) \end{bmatrix}$$

解式（3-22）微分方程，得到预测模型

$$\hat{X}^1(i+1) = \left[X^0(1) - \frac{U}{a} \right] \mathrm{e}^{-ai} + \frac{U}{a} \tag{3-24}$$

2. 灰色预测应用示例

在事故伤亡率的灰色预测中，事故伤亡率是衡量系统安全度的重要指标之一。国家有关部门在制定安全目标时，都必须考虑事故伤亡率的现状和未来的变化趋势。因此，伤亡率的科学预测显得极有意义，它可以为国家的宏观决策和控制提供重要依据。

例 3-14： 表 3-14 为我国某产业某时期的年千人负伤率。按此时间序列建模，预测负伤率的变化趋势。

表 3-14 某产业年千人负伤率统计数据表

年代序号	1	2	3	4	5
负伤率/‰	5.7700	5.0490	4.2000	3.4270	2.9710
符号	(0)(1)	(0)(2)	(0)(3)	(0)(4)	(0)(5)

解：将原始序列 X^0 和生成序列 X^1 代入式（3-24），得 $a = 0.1815$，$U = 6.5386$，得到微分方程和预测模型分别为

$$\frac{\mathrm{d}X^1}{\mathrm{d}t} + 0.1815X^1 = 6.5386$$

$$\hat{X}^1(t+1) = -30.255\mathrm{e}^{-0.1815t} + 36.025$$

预测结果见表 3-15。若设定负伤率的目标值为 1.0，则从预测结果来看，在第 10 年尚未达到。因此，还需要在安全方面做出较大努力。

表 3-15 千人负伤率的预测结果

年代序列	1	2	3	4	5
原始序列	5.7700	5.0490	4.2000	3.4270	2.9710
预测序列	5.7700	5.0269	4.1950	3.5015	2.9235
年代序列	6	7	8	9	10
原始序列	—	—	—	—	—
预测序列	2.4418	2.0404	1.7059	1.4273	1.1953

3.3.6 模糊预测法

模糊理论（fuzzy theory）是美国扎德（L. A. Zadeh）教授于 1965 年创立的，关于一类"外延不确定、内涵明确"模糊集合的基本概念或连续隶属度函数的理论。

模糊预测（fuzzy prediction）是以模糊理论为基础，依靠主观经验判断客观系统内在因素之间的隶属度，寻找其内在的原因和规律，建立相应的预测模型，预测客观系统未来发展趋势的数学方法。

1. 专家权重的确定

长期接触并熟悉被预测系统的相关人员均可担任专家。他们从各自的观察角度、理解能力和工作经验出发，对客观系统内在因素作出模糊的但有一定可信性的判断（通常是基于自然语言的判断）。由于专家的经历、身份不同，其给出的判断也具有不同的可信度（权重）。

设专家有 5 种经历、身份因素，各因素对应不同的级别，则当专家总数为 M，第 l 位专家的权重为

$$R_l = \frac{\sum\limits_{i=1}^{5} W_{ij}^l}{\sum\limits_{l=1}^{M} \sum\limits_{i=1}^{5} W_{ij}^l} \tag{3-25}$$

式中，W_{ij}^l 为第 l 位专家在第 i 种经历、身份处于第 j 级别时所对应的权重。

2. 自然语言的数值化

若专家以语言集 $A = \{$很大，大，中，小，很小$\} = \{A_h\}(h = 1, 2, \cdots, 5)$ 预测事件的可能性，采用有限论域 $X = \{X_k\}(k = 1, 2, \cdots, 10)$ 与其对应，则由模糊数学中有关隶属度的概念，模糊子集很大的隶属度 A_1 可表述为

$$A_1 = \sum_{k=1}^{10} \mu_{X_k}^{(1)} / X_k = 0/1 + 0/2 + 0/3 + 0/4 + 0/5 + 0/6 + 0.3/7 + 0.7/8 + 1/9 + 1/10$$

$$= 0.3/7 + 0.7/8 + 1/9 + 1/10$$

式中，$\mu_{X_k}^{(1)}$ 为 A_1 对 $X_k(X_k \in X)$ 的隶属度。

类似地，模糊子集大 A_2 可表述为：$A_2 = 0.4/5 + 0.6/6 + 1/7 + 1/8 + 0.6/9 + 0.4/10$

模糊子集中 A_3 可表述为：$A_3 = 0.3/3 + 0.7/4 + 1/5 + 1/6 + 0.7/7 + 0.3/8$

模糊子集小 A_4 可表述为：$A_4 = 1/1 + 1/2 + 1/3 + 0.6/4 + 0.4/5$

模糊子集很小 A_5 可表述为：$A_5 = 1/1 + 1/2 + 0.6/3 + 0.4/4$

根据模糊数学的定义，A_h 的模糊值 C_{A_h} 为：

$$C_{A_h} = \sum_{n=1}^{10} \mu_{A_h}^n / N_k$$

式中，$\mu_{A_h}^n$ 为 A_h 的第 n 个因子；N_k 为 A_h 中隶属度 $\mu_{A_h}^{(1)} \neq 0$ 的个数。

由此可得 $C_A = \{C_{A_h}\} = \{6.7, 5.0, 3.7, 2.1, 1.6\}$，则归一化的模糊值 C_h 为

$$C_h = C_{A_h} \left/ \sum_{h=1}^{5} C_{A_h} \right. \tag{3-26}$$

所以，$C = \{C_h\} = \{0.36, 0.26, 0.19, 0.11, 0.08\}$，即得到自然语言集的数值映射。

3. 预测值的确定

根据专家对预测因素所取的自然语言 $\{A_h\}$，得该因素发生的概率为

$$P_m = \sum_{l=1}^{n} \sum_{h=1}^{k} R_l \times C_h \times D_{hl}^{(m)} \tag{3-27}$$

式中，$D_{hl}^{(m)} = \begin{cases} 1, & \text{第 } l \text{ 位专家对 } m \text{ 因素取语言} \{A_h\} \\ 0, & \text{第 } l \text{ 位专家没对 } m \text{ 因素取语言} \{A_h\} \end{cases}$。

4. 模糊预测应用示例

例 3-15：已知丁二烯球罐火灾爆炸事故树如图 3-7 所示，其事件说明见表 3-16。为了进行事故树的定量分析，运用模糊预测法预测各基本事件发生的概率。

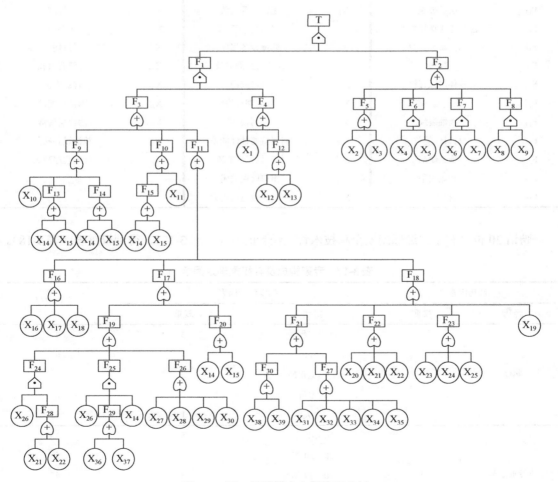

图 3-7　丁二烯球罐火灾爆炸事故树

表 3-16 丁二烯球罐火灾爆炸事故树事件说明

事件	事件说明	事件	事件说明	事件	事件说明
T	丁二烯火灾爆炸事故	F_{24}	应力腐蚀	X_{18}	上游进料量过大
F_1	丁二烯泄漏达可燃浓度	F_{25}	内腐蚀	X_{19}	强度设计不合理
F_2	火源	F_{26}	外防腐绝缘层	X_{20}	残余应力
F_3	球罐泄漏	F_{27}	罐壁焊接不完善	X_{21}	应力集中
F_4	未及时发现	F_{28}	应力作用	X_{22}	初始裂纹
F_5	明火	F_{29}	内防腐失效	X_{23}	刚度不合理
F_6	静电	F_{30}	耐压检测缺欠	X_{24}	品种不合理
F_7	雷电火花	X_1	未定时巡测	X_{25}	规格不合理
F_8	电火花	X_2	罐区内违章吸烟	X_{26}	丁二烯含酸性介质
F_9	法兰失效	X_3	危险区违章动火	X_{27}	外涂层变薄
F_{10}	阀门失效	X_4	静电积聚	X_{28}	外涂层老化
F_{11}	罐体开裂	X_5	静电接地不良	X_{29}	外涂层破损
F_{12}	液位计报警仪失效	X_6	雷击	X_{30}	外涂层黏结力低
F_{13}	法兰破裂	X_7	避雷装置失效	X_{31}	未焊透
F_{14}	法兰连接螺栓断裂	X_8	电气设备不防爆	X_{32}	未融合
F_{15}	阀门腐蚀破裂	X_9	防爆设备损坏	X_{33}	过烧
F_{16}	超压	X_{10}	法兰密封圈失效	X_{34}	焊缝有气孔
F_{17}	罐体腐蚀开裂	X_{11}	开错阀门	X_{35}	焊缝夹渣
F_{18}	承压能力低	X_{12}	未定期检修	X_{36}	内涂层变薄
F_{19}	腐蚀裂纹	X_{13}	人为损坏	X_{37}	内涂层脱落
F_{20}	材料性能差	X_{14}	材料抗腐蚀性能差	X_{38}	检测设备缺欠
F_{21}	施工缺陷	X_{15}	材料机械性能差	X_{39}	检测程序缺欠
F_{22}	初始缺陷	X_{16}	出口阀误关闭		
F_{23}	选材不合理	X_{17}	下游事故出站阀关		

聘请 20 位具有丁二烯球罐安全和技术管理经验的专家（表 3-17），得到权重表（表 3-18）。

表 3-17 专家构成及其权重确定因素

经历因素		确定级别因素		专家构成/人
经历	权重	级别	权重	
职称	5	高级工程师	5	4
		工程师	4	6
		助理工程师	3	3
		技术员	2	2
		工人	1	5
本专业工龄	4	30 年以上	5	3
		20～30 年	4	5
		10～19 年	3	4
		5～9 年	2	5
		5 年以下	1	3

经历因素		确定级别因素		专家构成/人
经历	权重	级别	权重	
学历	3	本科以上	4	6
		本科	3	8
		大专	2	4
		中专	1	2
岗位	2	QHSE 经理	5	1
		QHSE 工程师	4	3
		工艺工程师	3	3
		化工操作工	2	6
		其他	1	7
年龄	1	50 岁以上	4	3
		40~50 岁	3	8
		30~39 岁	2	6
		30 岁以下	1	3

注：QHSE 代表质量、健康、安全、环境部门。

表 3-18 专家意见权重表

专家编号	权重	专家编号	权重	专家编号	权重	专家编号	权重
1	0.069	6	0.035	11	0.073	16	0.038
2	0.042	7	0.058	12	0.026	17	0.047
3	0.059	8	0.012	13	0.033	18	0.053
4	0.066	9	0.039	14	0.029	19	0.076
5	0.075	10	0.054	15	0.074	20	0.042

请专家以语言集 A 对各基本事件进行评价。例如，对基本事件 X_5，12 位专家认为有可能发生，选择了 $\{A_h\}$ 中的语言，其余 8 位认为不可能发生，没有选择 $\{A_h\}$ 中的语言（或可认为取 $C_k=0$），前 12 位专家意见构成表 3-19，根据前述公式计算可得基本事件 X_5 发生的概率为 $P_5=0.1036$。

表 3-19 认为基本事件 X_5 有可能发生的专家意见调查结果

专家编号	专家意见权重	语言值	专家编号	专家意见权重	语言值
2	0.042	0.08	13	0.033	0.19
3	0.059	0.11	14	0.029	0.11
6	0.035	0.26	16	0.038	0.11
8	0.012	0.19	17	0.047	0.08
9	0.039	0.11	18	0.053	0.19
10	0.054	0.08	19	0.076	0.08

类似可得各基本致因事件的模糊概率（表 3-20）。以上述得到的各基本事件概率的预测值为基础，就可以对丁二烯球罐火灾爆炸事故进行定量化的事故树分析。应该指出的是，这些模糊概率并非以现实统计数据为基础获得，因此只具有相对比较的意义。

表 3-20　基本事件模糊概率表

基本事件	概率	基本事件	概率	基本事件	概率
1	0.2471	14	0.3214	27	0.2146
2	0.1798	15	0.2186	28	0.8245
3	0.3268	16	0.2435	29	0.3258
4	0.5623	17	0.2146	30	0.1376
5	0.1036	18	0.1359	31	0.0832
6	0.3436	19	0.2321	32	0.3256
7	0.3768	20	0.2435	33	0.2169
8	0.2143	21	0.1457	34	0.4697
9	0.6753	22	0.0658	35	0.3179
10	0.3325	23	0.0964	36	0.7246
11	0.1368	24	0.0869	37	0.1738
12	0.7054	25	0.1257	38	0.0627
13	0.2326	26	0.3267	39	0.0842

3.4　安全系统决策论

3.4.1　决策论及其分类

决策论（decision theory）是根据信息和评价准则，用数量方法寻找或选取最优决策方案的科学。在实际生活与生产中对同一个问题所面临的几种自然情况或状态，又有几种可选方案，就构成一个决策问题，而决策者为对付这些问题所取的对策方案就组成决策方案或策略。

一个决策问题主要涉及各种决策方案在各种可能状态下的后果。设可采用的决策方案有 m 个，其集合为 $C=(C_1,C_2,\cdots,C_m)^{\mathrm{T}}$；可能发生的状态有 n 种，其集合为 $S=(S_1,S_2,\cdots,S_n)$；各状态发生的概率 $P=(P_1,P_2,\cdots,P_n)$；各种决策方案在各种可能状态下的后果集合（又称为决策矩阵）为

$$A=\begin{bmatrix} a_{11} & a_{12} & \cdots & a_{1n} \\ a_{21} & a_{22} & \cdots & a_{2n} \\ \cdots & \cdots & \cdots & \cdots \\ a_{m1} & a_{m2} & \cdots & a_{mn} \end{bmatrix}$$

则该决策问题可以用表 3-21 描述。

表 3-21　决策问题

决策方案 ＼ 状态（后果）	P_1 / S_1	P_2 / S_2	$\cdots$	P_n / S_n
C_1	a_{11}	a_{12}	$\cdots$	a_{1n}
C_2	a_{21}	a_{22}	$\cdots$	a_{2n}
$\cdots$	$\cdots$	$\cdots$		$\cdots$
C_m	a_{m1}	a_{m2}		a_{mn}

决策问题可分为以下三类：

（1）确定型决策。决策方案的结果是确定的，与未来状态无关，则对这样的方案进行选择的过程就是确定型决策。

（2）风险型决策。风险型决策是研究决策方案的结果以某种概率出现的决策，是介于确定型决策和不确定型决策之间的决策问题。风险型决策是决策问题的一般情况，而确定型决策和不确定型决策只是风险型决策的特殊表现。

（3）不确定型决策。决策方案的结果是不确定的，即方案的结果与未来状态有关，且决策者不能确定将会发生何种状态及其发生的可能性，对这样的方案进行选择的过程就是不确定型决策。

表 3-21 可以表示各种具体的决策问题：如果已知表中各状态 S 及其发生的概率 P，即为风险型决策；如果表中后果决策矩阵的横向量中每个元素都相同，即为确定型决策；如果表中状态 S 或各状态发生的概率 P 不能确定，则为不确定型决策。

3.4.2　确定型决策

例 3-16：某企业价值 100 万元的厂房一旦遭到火灾，将被完全焚毁。根据消防法要求，需要投入安全系统。目前符合要求的安全系统有三种，较好的系统需要投入 8 万元、一般的需要投入 5 万元、较差的需要投入 3 万元，应如何决策？

该决策问题可采用的决策方案共有 3 个，分别是：投入 8 万元采用较好的系统、投入 5 万元采用一般的系统、投入 3 万元采用较差的系统。3 个决策方案在无火灾、发生火灾状态下需要支出的费用（决策后果）是确定的，如表 3-22 所示。

表 3-22　厂房火灾决策问题

决策方案 ＼ 后果 ＼ 状态	S_1＝无火灾	S_2＝发生火灾
C_1＝采用较好的系统	a_{11}＝−8 万元	a_{12}＝−108 万元
C_2＝采用一般的系统	a_{21}＝−5 万元	a_{22}＝−105 万元
C_3＝采用较差的系统	a_{31}＝−3 万元	a_{32}＝−103 万元

比较上述 3 个方案，从经济上考虑，应选择第 3 个方案（采用较差的安全系统），因为无论是否发生火灾，该方案的损失都最小。但是从安全上考虑，较好的安全系统功能更强、可靠性更高，能够使企业获得更高的安全保障水平，且安全系统的投资差别不太大，因此很多决策者愿意选择多花费 5 万元的第 1 个方案。

3.4.3　风险型决策

人们对安全系统所面临风险的认识程度及对待风险的态度，决定了安全系统风险决策的准则和决策方法。常见的风险决策准则有期望收益最大准则和期望机会损失最小准则，相应地，决策方法有最大期望值法和最小后悔值法。

1）最大期望值法

此法是以保证获得最大的统计期望利益为目标的决策原则。应用最大期望值法时，需要计算每个方案状态结果的期望值，最大期望值所对应的那个方案就是最优方案。

设对于第 j 个方案，其取值为随机量 V_j，则其期望值为

$$E(V_j) = \sum_{i=1}^{n} P_i a_{ij}$$

令
$$E(V_J) = \max_j[E(V_j)] \tag{3-28}$$

则其所对应的方案 C_J 就是最佳方案。

例 3-17： 对于例 3-16，已知在企业选择采用较好的安全系统之后，价值 100 万元的厂房每年遭遇火灾的可能性从 2% 减小到 0.1%。有保险公司愿为此风险提供保险，保险费为每年1.5 万元。企业面临购买保险或自留风险两种选择，应如何决策？

该决策问题如表 3-23 所示。

表 3-23　厂房火灾风险期望值决策问题（较好的安全系统）

决策方案 \ 后果 \ 状态	S_1=无火灾 P_1=0.999	S_2=发生火灾 P_2=0.001
C_1=购买保险	a_{11}=−1.5 万元	a_{12}=−1.5 万元
C_2=自留风险	a_{21}=0	a_{22}=−100 万元

可采用的方案共有两个，两个方案的期望值计算如下：

$$E(V_1)=0.999\times(-1.5)+0.001\times(-1.5)=-1.5（万元）$$
$$E(V_2)=0.999\times 0+0.001\times(-100)=-0.1（万元）$$

期望值的最大值为 max(−1.5, −0.1)=−0.1（万元），对应第二个方案。所以，自留风险是最好的风险管理方案。

值得提出的是，上述自留风险的方案是以企业采用了较好的安全系统为前提。若企业没有采用较好的安全系统，则厂房每年遭遇火灾的可能性仍为 2%，企业在面临购买保险或自留风险两种选择时，应如何决策？该决策问题如表 3-24 所示。

表 3-24　厂房火灾风险期望值决策问题（无安全系统）

决策方案 \ 后果 \ 状态	S_1=无火灾 P_1=0.98	S_2=发生火灾 P_2=0.02
C_1=购买保险	a_{11}=−1.5 万元	a_{12}=−1.5 万元
C_2=自留风险	a_{21}=0	a_{22}=−100 万元

两个方案的期望值计算如下：

$$E(V_1)=0.98\times(-1.5)+0.02\times(-1.5)=-1.5（万元）$$
$$E(V_2)=0.98\times 0+0.02\times(-100)=-2.0（万元）$$

期望值的最大值为 max(−1.5, −2.0)=−1.5（万元），对应第一个方案。所以，购买保险是最好的风险管理方案。

2）最小后悔值法

此法是最大期望值法的另一种形式。后悔是指当一种状态发生时，由于没有选择可以带

来有利结果的方案而产生的懊悔。一个方案的后悔值是最有利结果与现实方案结果之差。

状态 i 下的有利结果 C_i 是该状态下结果的最大值，即 $M_i = \max\limits_{j}(a_{ij})$，则在状态 i 下第 j 个方案的后悔值为 $R_{ij} = M_i - a_{ij}$。这样，就得到后悔值矩阵。最小后悔值法通过计算每个方案后悔值的期望值，以期望后悔值最小的方案为最优方案。

第 j 个方案的期望后悔值 $E(R_j)$ 为 $E(R_j) = \sum\limits_{i=1}^{n} P_i R_{ij}$，令

$$E(V_J) = \min[E(R_j)] \tag{3-29}$$

则其所对应的方案 C_J 就是最佳方案。

例 3-18：在企业厂房火灾风险的决策中，状态 1（火灾未发生）下的有利结果是 0（对应于自留风险的方案），而状态 2（发生火灾）下的有利结果是 −1.5 万元（对应于购买保险的方案），即 $M_1=0$，$M_2=−1.5$ 万元，用 $R_{ij} = M_i - a_{ij}$ 计算后悔值如表 3-25 所示。

表 3-25　厂房火灾风险后悔值决策问题

状态 后悔值 决策方案	S_1=无火灾 P_1=0.999	S_2=发生火灾 P_2=0.001
C_1=购买保险	M_1-a_{11}=1.5 万元	M_2-a_{12}=0
C_2=自留风险	M_1-a_{21}=0	M_2-a_{22}=98.5 万元

两个方案的期望后悔值计算如下：

$$E(R_1)=0.999×1.5+0.001×0=1.4985（万元）$$
$$E(R_2)=0.999×0+0.001×98.5=0.0985（万元）$$

期望后悔值的最小值为 min(1.4985, 0.0985)=0.0985（万元），对应第二个方案。所以，用最小后悔值法决策，自留风险是最好的风险管理方法。

3）决策树法

利用一种树形图作为分析工具，将风险决策表用树图表示，使决策问题更加形象、直观。决策树是由决策点、方案节点、结果节点和关联线构成，如图 3-8 所示。用决策点代表决策问题，用方案分枝代表可供选择的方案，用概率分枝代表方案可能出现的各种结果，经过对各种方案在各种结果条件下损益值的计算比较，为决策者提供决策依据。

例 3-19：采用决策树法确定表 3-23 的决策问题。

绘制表 3-23 的决策树，如图 3-8 所示。

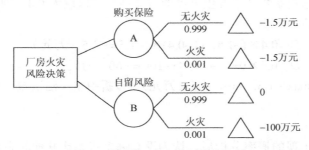

图 3-8　根据表 3-23 绘制的决策树

□代表决策点；○代表方案节点；△代表结果节点

由表 3-23 可知，对于 1~4 各结果节点，其收益值（万元）分别为-1.5，0，-1.5，-100。

对于购买保险方案，有 $E(V_A)=0.999 \times (-1.5)+0.001 \times (-1.5)=-1.5$（万元）

对于自留风险方案，有 $E(V_B)=0.999 \times 0+0.001 \times (-100)=-0.1$（万元）

根据最大期望值原则，有 $\max(-1.5, -0.1)=-0.1$（万元），即第二个方案（自留风险）是最好的风险管理方法。

3.4.4　不确定型决策

对于不确定型系统的决策，人们根据个人对待风险的态度，可采取乐观主义法、悲观主义法、折中主义法、等可能性法。其中，为保障系统的安全，宜采取悲观主义法。

1）乐观主义法

此法是考虑每个方案在各个状态下最有利的结果，从中选出有利结果最大的方案作为最优方案。

设第 j 个方案的有利结果为 $L_j = \max_i(a_{ij})$，则 $L_J = \max_j(L_j)$ 所对应的方案 C_J 是最佳方案。

例 3-20：在上述的某企业厂房火灾风险管理决策的例子中（表 3-23），假如火灾发生的概率无法确定，则为不确定型决策问题。

两个方案的有利结果为 $L_1=\max(-1.5, -1.5)=-1.5$（万元），$L_2=\max(0, -100)=0$。其中，有利结果的最大值为 $\max(-1.5, 0)=0$，因此，最有利的结果是第二个方案，即自留风险。

2）悲观主义法

此法是追求各种方案最不利情况下的最好结果。决策者考虑每个方案在各种状态下的最不利后果，然后从中选出相对最好的方案作为最优方案。

设第 j 个方案的不利结果为 $S_j = \min_i(a_{ij})$，则 $S_J = \max_j(S_j)$ 所对应的方案 C_J 就是最佳方案。

例 3-21：仍以表 3-23 风险管理决策为例，两个方案的最不利结果为 $S_1=\min(-1.5, -1.5)=-1.5$（万元），$S_2=\min(0, -100)=-100$（万元）。其中，最不利结果的最大值为 $\max(-1.5, -100)=-1.5$（万元），最不利的方案是第一个，即购买保险。

3）折中主义法

这是在乐观主义法和悲观主义法两个极端情况之间进行调和的一种方法。首先通过对客观风险的分析选定乐观系数 f，由该方案的最有利结果和最不利结果组合得到：第 j 个方案的折中值 $D_j = fL_j + (1-f)S_j$，$D_J = \max_j(D_j)$ 所对应的方案 C_J 就是最佳方案。

例 3-22：仍以表 3-23 风险管理决策为例，决策者根据决策经验及通过对该厂房火灾发生的情况分析后，认为乐观系数（不发生火灾的可能性）可以取为 0.4，即 $f = 0.4$。

两个方案的折中值为

$$D_1=0.4 \times (-1.5)+(1-0.4) \times (-1.5)=-1.5 \text{（万元）}$$
$$D_2=0.4 \times 0+(1-0.4) \times (-100)=-60 \text{（万元）}$$

则折中值的最大值为 $\max(-1.5, -60)=-1.5$（万元），按折中主义法决策，对应的最优方案是第一个，即购买保险。

4）等可能性法

如果对各种状态出现的概率分析后，认为没有哪个状态比其他状态出现的可能性更大，那么就可以认为每个状态出现的概率等同，这就是等可能性法。

依据等可能性法，每个状态出现的概率为 $P_i = 1/n$，则对第 j 个方案，其期望值即为该方案状态结果的平均值：

$$E(V_j) = \sum_{i=1}^{n} P_j a_{ij} = \frac{1}{n} \sum_{i=1}^{n} a_{ij}$$

令 $E(V_J) = \max_j [E(V_j)]$，则其所对应的方案 C_J 就是最佳方案。

例 3-23：仍以表 3-23 风险管理决策为例，两个方案的平均值为

$$E(V_1) = [(-1.5) + (-1.5)] / 2 = -1.5, \quad E(V_2) = [0 + (-100)] / 2 = -50$$

平均结果的最大值为 $\max(-1.5, -50) = -1.5$（万元），其对应的最优方案是购买保险。

在风险决策中，方案的状态结果等可能的情况较少，一般是损失数额较大的状态出现的概率较小。因此，等可能性法在风险管理决策中应用得并不多。

3.4.5　安全系统的综合决策

针对实践中的安全系统决策问题，人们提出了一些综合决策方法。

1. 安全系统"利益-成本"决策

"利益-成本"决策法是通过"安全产出量"与"安全投入量"的比值表示安全投资所带来的经济效益，以此作为安全投资方案优选的依据。

例 3-24：某企业拟采取安全综合措施改进其作业安全水平，初步设计了三种方案。已知，根据原作业状况计算出系统原始状态下的事故发生概率 $P_0 = 0.05$，事故损失期望 U 按一般事故规律进行估算：轻伤严重度 $U_1 = 1$，重伤严重度 $U_2 = 60$，死亡严重度 $U_3 = 7500$；轻伤频率 $f(1) = 100$，重伤频率 $f(2) = 30$，死亡频率 $f(3) = 1$。

用系统安全分析技术计算出三种安全措施方案实施后的系统事故发生概率分别为

$P_1(1) = 0.030$，所需投资 $C_1 = 1$ 万元

$P_1(2) = 0.040$，所需投资 $C_2 = 0.4$ 万元

$P_1(3) = 0.035$，所需投资 $C_3 = 1.1$ 万元

因此，系统事故损失期望为

$$U = \sum_{I=i=1}^{3} U_i \times f(i) = 9400$$

系统原始状态（改进前）下的事故后果为

$$R_0 = UP_0 = 9400 \times 0.05 = 470$$

三种安全措施方案实施后的系统事故后果为

$$R_1(1) = UP_1(1) = 282, \quad R_1(2) = UP_1(2) = 376, \quad R_1(3) = UP_1(3) = 329$$

系统各种安全措施实施后的安全利益为

$$B(1) = R_0 - R_1(1) = 188, \quad B(2) = R_0 - R_1(2) = 94, \quad B(3) = R_0 - R_1(3) = 141$$

系统各种安全措施实施后的安全效益为

$$E(1) = B(1) / C_1 = 188, \quad E(2) = B(2) / C_2 = 235, \quad E(3) = B(3) / C_3 = 128$$

由于 $\max[E(i)] = E(2) = 235$，可见方案 2 最优。

2. 安全系统的风险决策

安全系统功能的实现，往往受生产技术条件和生产环境的限制，安全系统的风险决策就

是要解决如何在这些限制条件下，获得最大的安全系统功能问题。

例 3-25：某煤矿设计出四种方案对瓦斯进行治理。需考虑四种瓦斯涌出状况，这四种方案、四种利益条件下的利益值见表 3-26。

表 3-26　四种方案下不同条件时的可能利益

预估利益 B_{ij} / 条件状况 S_i	方案 A_j 扩建 A_1	新建 A_2	外包 A_3	挖潜 A_4
瓦斯涌出大 S_1	600	850	350	400
瓦斯涌出中 S_2	400	420	220	250
瓦斯涌出小 S_3	−100	−150	50	90
瓦斯涌出很小 S_4	−350	−400	−100	−50

根据上述方法可得如表 3-27 所示的计算结果，则最优方案为 A_2（新建）。

表 3-27　案例计算结果

求算方法	可能概率 P_i	方案 A_1	A_2	A_3	A_4
$P_i B_{ij}$	0.3	180	225	105	120
	0.4	160	168	88	100
	0.2	−20	−30	10	18
	0.1	−35	−40	−10	−5
$E(B)_i = \dfrac{1}{m} \sum\limits_{i=1}^{m} P_i B_{ij}$		71.25	88.25	48.25	58.25
$\max[E(B)_i]$		88.25			

3. 基于 LEC 的安全系统决策

LEC 法又称作业环境危险性评价法，是美国格雷厄姆、金尼和弗恩合作提出的系统分析方法。基于 LEC 的安全系统决策方法是基于 LEC 法的原理，根据影响评价和决策因素的重要性，以及反映其综合评价指标的模型，设计出对各参数的定分规则，然后依照给定的投资合理性评价模型，对实际问题进行评分，确定最优方案。

投资合理性评价模型为

$$V = \frac{RE_{x}P}{CD} \tag{3-30}$$

式中，V 为投资合理度；R 为事故后果严重度；E_x 为危险性作业频繁程度；P 为事故发生的可能性；C 为投资强度；D 为事故纠正程度。

式（3-30）中，分子部分反映了系统的综合危险性，分母部分则综合反映了投资强度和效果，两者相除体现了"效果-投资"比例关系，V 值最大的决策方案就是最优方案。

事故后果严重度 R 的取值见表 3-28。

表 3-28　事故后果严重度分值表

后果严重程度	分值
特大事故；死亡人数很多；经济损失高于 100 万美元；有重大破坏	100
死亡数人；经济损失在 50 万～100 万美元	50
有人死亡；经济损失在 10 万～50 万美元	25
极严重的伤残（截肢、永久性残废）；经济损失在 0.1 万～10 万美元	15
有伤残；经济损失达 0.1 万美元	5
轻微割伤，轻微损失	1

危险性作业频繁程度 E_x 的取值见表 3-29。

表 3-29　人员暴露于危险作业环境的频繁程度分值表

危险事件出现情况	分值	危险事件出现情况	分值
连续不断（或一天内连续出现）	10	有时出现（一月一次到一年一次）	2
经常性（大约一天一次）	6	偶然（偶然出现一次）	1
非经常性（一周一次到一月一次）	3	罕见	0.5

事故发生的可能性 P 的取值见表 3-30。

表 3-30　事故发生的可能性分值表

意外事件产生后果的可能程度	分值	意外事件产生后果的可能程度	分值
最可能出现意外结果的危险作业	10	只有极为巧合才出现，可记起发生过	1
50%可能性	6	偶然（偶然出现一次），记不起发生过	0.5
只有意外或巧合才能发生	3	不可能	0.1

投资强度 C 的取值见表 3-31。

表 3-31　投资强度分值表

费用	分值	费用	分值
500000 元以上	10	1001～10000 元	2
250001～500000 元	6	250～1000 元	1
100001～250000 元	4	250 元以下	0.5
10001～100000 元	3		

事故纠正程度 D 的取值见表 3-32。

表 3-32　纠正程度分值表

纠正程度	额定值	纠正程度	额定值
险情全部消除（100%）	1	险情降低（25%～50%）	4
险情降低（76%～99%）	2	险情稍有缓和（<25%）	6
险情降低（51%～75%）	3		

例 3-26：一座建筑物的爆炸实验室里有许多用于爆炸物质实验的加热炉，每个加热炉内有高达 5 磅（2.27kg）的高爆炸性物质。这种类型的加热炉由于加热温度控制的失误可能会引起温度过高，加热炉内的炸药发生爆炸。一旦发生事故，接近该建筑物的所有人员都有生命危险。因此，要在建筑物的周围构筑一道屏蔽墙以使行人免遭伤害，预算经费 5 万元。

查上述各表，事故后果严重度取 25 分，危险性作业频繁程度取 1 分，事故发生的可能性取 1 分，经费指标（投资强度）取 3 分，事故纠正程度取 2 分（屏蔽墙的有效性 75%以上），将以上各分值代入投资合理性评价模型，得

$$V = \frac{RE_xP}{CD} = \frac{25 \times 1 \times 1}{3 \times 2} = 4.12$$

经调查认为，投资合理度的临界值为 10。高于临界值的经费开支被认为是合理的，否则就认为是不合理的。这里计算所得的投资合理度远低于 10，因此投入 50000 元构筑屏蔽墙保护行人的措施不合理，应考虑采取其他措施。

3.5　安全系统对策论

3.5.1　对策论及其分类

1. 对策论

对策论（game theory）又称为博弈论，主要研究公式化的激励结构间的相互作用，是研究具有斗争或竞争性质现象的数学理论和方法。

对策论与决策论的异同在于：

（1）对策问题与决策问题有类似之处，都是面对多种决策方案，选择其中最优方案的问题。

（2）决策问题着重考虑每个方案在实施中可能遇到的客观状况，这些客观状况通常受自然、社会的因素所决定，对手是静态的、"无智慧"的；而对策问题研究具有斗争或竞争性质现象，这些现象是由具有不同利益关系的个人、组织决定，对手是动态的、"有智慧"的。因此，对策问题通常比决策问题更复杂。

根据对策类型的不同，对策问题可分为：

（1）合作博弈/非合作博弈。合作博弈各方能够达成合作关系，是对分配合作收益（收益分配）的博弈；非合作博弈则是利益相互影响的局势中如何使自己的收益最大（策略选择）的博弈。

（2）完全信息博弈/不完全信息博弈。完全信息是参与者对所有参与者的策略空间及策略组合下的支付有充分了解；反之，则称为不完全信息。

（3）静态博弈/动态博弈。静态博弈是指参与者不知道先行动者策略的博弈；动态博弈是指参与者可以知道先行动者的策略，可以根据先行动者的策略决定对策的博弈。

此外，根据博弈双方赢得和损失的总和是否为零，对策问题还可分为零和博弈及非零和博弈。

2. 对策问题的基本要素

任何对策问题均包括局中人、行动、信息、策略、得失、博弈均衡和博弈结果等。其中，局中人、策略和得失是最基本要素。局中人、行动和博弈结果统称为博弈规则。

（1）局中人。博弈的每一个有决策权的参与者成为一个局中人。只有两个局中人的博弈现象称为两人博弈，多于两个局中人的博弈称为多人博弈。

（2）策略。一局博弈中，一个局中人的一个可行的自始至终全局筹划的一个行动方案，称为这个局中人的一个策略。如果在一局博弈中局中人总共有有限个策略，则称为有限博弈，否则称为无限博弈。

（3）得失。一局博弈结局时的结果称为得失。得失与全体局中人所取定的一组策略有关，是全体局中人所取定的一组策略的函数，通常称为支付（payoff）函数。对于博弈的一方而言，常用"赢得"表示其得失，正赢得表示得，负赢得表示失。

（4）博弈结果。对于博弈参与者来说，存在着一个博弈结果。

（5）博弈均衡，即通过多次博弈，相关量处于稳定值。博弈论中的"纳什均衡"即达到一个稳定的博弈结果。

3.5.2 零和博弈

1. 零和博弈的概念

零和博弈（zero-sum game）属非合作博弈，指参与博弈的各方在严格竞争下，一方的收益必然意味着另一方的损失，博弈各方的收益和损失相加总和永远为"零"。

应用决策论中的"最小最大"准则，零和博弈的每一方都假设对方的所有攻略的根本目的是使自己最大程度的失利，并据此最优化自己的对策。诺伊曼从数学上证明，通过一定的线性运算，对于每一个两人零和博弈，都能够找到一个最小最大解，即通过一定的线性运算，竞争双方以概率分布的形式随机使用某套最优策略中的各个步骤，就可以最终达到彼此盈利最大且相当。当然，其隐含的意义在于，这套最优策略并不依赖于对手在博弈中的操作。用通俗的话说，这个著名的最小最大准则所体现的基本理性思想是"抱最好的希望，做最坏的打算"。

2. 安全系统零和博弈示例

1）鞍点零和博弈

对于双方局中人，存在一对最佳策略的选择的零和博弈，称为鞍点零和博弈（又称纯策略均衡零和博弈）。

例 3-27：某一安全系统中，需要甲乙两人相互进行安全监督。设监督采取零和的奖罚机制，即安全奖励通过监督对方而获得。两人均有遵章、违章的对策方案。已知甲的赢得（乙的损失）矩阵 a_{ij} 见表 3-33。

表 3-33 甲的赢得矩阵（一）

		监管策略	
		遵章	违章
企业策略	遵章	0	4
	违章	−4	0

根据对策问题的类型，这个问题属于非合作、完全信息的静态零和博弈问题。

对甲而言，如采取"遵章"的策略，则可能的赢得是（0, 4），即无论乙采取何种策略，至少可能赢得 0 元；如采取"违章"的策略，可能的赢得是（−4, 0），即无论乙采取何种策略，至少可能赢得–4元（损失 4 元，如表 3-34 最右列）。根据"最大的最小"（在最小赢得中取大者）准则，甲为了稳妥，在权衡"遵章"和"违章"两种策略的最小可能赢得之后，应在"0"和"–4"中选择大者，即采取"遵章"的策略。

同样地，对乙而言，如采取"遵章"的策略，则可能的赢得是（0，4），即无论甲采取何种策略，至少可能赢得 0 元；如采取"违章"的策略，可能的赢得是（–4，0），即无论甲采取何种策略，至少可能赢得–4 元（损失 4 元，如表 3-34 最下行）。根据"最小的最大"（在最大赢得中取小者）准则，乙为了稳妥，在权衡"遵章"和"违章"两种策略的最大可能赢得之后，应在"0"和"4"中选择小者，也采取"遵章"的策略。此时，0 为各自的赢得，标为 0*。

用数学语言描述，对于甲的赢得矩阵 a_{ij}，甲乙最优策略的选择过程见表 3-34。

表 3-34　甲乙最优策略的选择

		监管策略		max 中的 min
		遵章	违章	
企业策略	遵章	0	4	0*
	违章	–4	0	–4
min 中的 max		0*	4	

对甲而言，其策略值 V 为

$$V = \max_i \min_j a_{ij} = \max_i [\min(0,4), \min(-4,0)] = \max(0,-4) = 0$$

对乙而言，其策略值 U 为

$$U = \min_j \max_i a_{ji} = \min_j [\max(0,-4), \max(4,0)] = \min(0,4) = 0$$

由于甲的策略值 V 与乙的策略值 U 相等，即对于双方局中人，存在着一对最佳策略的选择

$$V = \max_i \min_j a_{ij} = U = \min_j \max_i a_{ji} = a_{11} = 0 \tag{3-31}$$

称 a_{11} 为赢得矩阵的鞍点，本例称为鞍点零和博弈。甲乙双方均采取了"遵章"的策略，实现了系统的安全，双方各自的赢得均为零。

2）混合零和博弈

有些零和博弈不存在局中人都能接受的最佳策略，即没有鞍点。这时，不管对方采取何种策略，局中人都要计算并确定每种策略的最佳使用频率，以保证最大的利益或最小的损失。这种局中人不是采取单一策略（无纯策略均衡），而是基于概率计算选择策略的零和博弈称为混合零和博弈，又称为无鞍点零和博弈。

例 3-28： 某一安全系统中，乙承担对甲监督的职责。设监督采取零和的奖罚机制，即乙的奖励需从对甲的罚款中获得。甲有两种策略（违章，遵章），乙有两种策略（监管严，监管松）。若甲违章，则当乙监管严时，须缴罚款 4 元，当乙监管松时，因未被乙发现而逃避了罚款；若甲遵章，则当乙监管严时，可获奖 2 元，当乙监管松时，因未被乙发现而不能获奖。由此得到甲的赢得矩阵 a_{ij}，见表 3-35。

表 3-35　甲的赢得矩阵（二）

		监管策略		max 中的 min
		监管严	监管松	
企业策略	违章	−4	0	−4
	遵章	2	0	0*
	min 中的 max	2	0*	

若甲根据"最大的最小"原则，可能选择"遵章"策略，而乙根据"最小的最大"原则，可能选择"监管松"策略，则存在鞍点 $a_{22}=0$。但是，甲发现若乙采取"监管松"策略，自己采取"违章"的策略更有利，因为"违章"意味着减少平时的安全投入，虽然没有赢得，但可以减少生产成本。

这样，甲可能不总是采取"遵章"策略，而是在"遵章"和"违章"中徘徊。设甲以 x 的概率选择"违章"，以 $1-x$ 的概率选择"遵章"，则其混合策略为

$$(x, 1-x) \quad x \in [0,1]$$

相应地，乙发现甲可能因监管松而从违章中获利，就会以 y 的概率选择"监管严"，以 $1-y$ 的概率选择"监管松"。这样，两人的混合策略见表 3-36。

表 3-36　混合策略

		监管策略	
		监管严（y）	监管松（$1-y$）
企业策略	违章（x）	−4	0
	遵章（$1-x$）	2	0

对于甲的策略，当乙以"监管严"对应时，有 $x=0$ 时，$V=a_{21}=2$；$x=1$ 时，$V=a_{11}=-4$。当乙以"监管松"对应时，有 $x=0$ 时，$V=a_{22}=0$；$x=1$ 时，$V=a_{12}=0$。在直角坐标中可以表示两条相交的直线，如图 3-9 所示。其交点（2/5，0）为甲的混合策略的解，即甲将以 2/5 的概率选择"违章"策略，以 3/5 的概率选择"遵章"策略，总的赢得为 0。

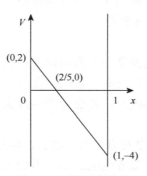

图 3-9　甲的混合策略

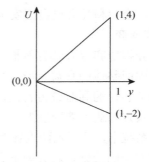

图 3-10　乙的混合策略

相应地，对于乙的策略，当甲以"违章"对应时，有 $y=0$ 时，$U=-a_{12}=0$；$y=1$ 时，$U=-a_{11}=4$。当甲以"遵章"对应时，有 $y=0$ 时，$U=-a_{22}=0$；$y=1$ 时，$U=-a_{21}=-2$（注意，乙的赢得为甲的赢得函数的负值）。在直角坐标中可以表示两条相交的直线，如图 3-10 所示。其交点（0,0）

为乙的混合策略的解，即乙将以 0 的概率选择"监管严"策略，完全选择"监管松"的策略，总的赢得也为 0。

应该指出，由于本例属于零和博弈，监督人乙的奖励需从被监督人甲的罚款中获得，而甲的奖励又由乙支付，故出现了乙放松监督的情况。显然，若监督人乙仅从被监督人甲的罚款中获得利益，不需要支付对甲的奖励，则乙可能会采取严格监督的策略，这种情况属于非零和博弈问题，将在下面讨论。

3.5.3　非零和博弈

1. 非零和博弈的概念

非零和博弈（nonzero-sum game）是一种合作下的博弈，与零和博弈的区别是，博弈中各方的收益或损失的总和不是零值。

在非零和博弈中，对局各方不再是完全对立的，一个局中人的所得并不一定意味着其他局中人要遭受同样数量的损失。也就是说，博弈参与者之间不存在"你之得即我之失"这样一种简单的关系，即伤害他人也可能"损人不利己"，自己的所得并不与他人损失的大小相等。其中隐含的一个意思是，参与者之间可能存在某种共同的利益，蕴涵博弈参与才会"双赢"或者"多赢"这一博弈论中非常重要的理念。

非零和博弈可能是正和博弈、负和博弈、混合博弈。

1）正和博弈

正和博弈又称为合作博弈，是指博弈双方的利益都有所增加，或者至少是一方的利益增加而另一方的利益不受损害，因而整个社会的利益有所增加。正和博弈研究人们达成合作时如何分配合作得到的收益，即收益分配问题。正和博弈采取的是一种合作的方式，或者说是一种妥协。妥协之所以能够增进妥协双方的利益及整个社会的利益，是因为正和博弈能够产生一种正和剩余。这种剩余就是从这种关系和方式中产生出来的，且以此为限。至于正和剩余在博弈各方之间如何分配，取决于博弈各方的力量对比和技巧运用。因此，妥协必须经过博弈各方的商讨，达成共识，进行合作。在这里，正和剩余的分配既是妥协的结果，又是达成妥协的条件。

在安全系统中，若甲乙两人在互相监督中，通过鼓励对方的进步，分享安全经验，都采取注重安全的策略，就会提高系统整体的安全水平，双方也因此获得安全收益，达到双赢或多赢的局面，企业和社会也会因安全、和谐、稳定而增加其利益。

2）负和博弈

负和博弈指博弈双方都有所损失，两败俱伤，或者至少是一方有所损失而另一方的利益不受损害，因而整体的利益有所减少。生活中经常出现负和博弈的情况。在人们的交往中，由于双方为了各自的利益或占有欲，而不能达成相互间的统一，使交际产生冲突和矛盾，结果是交际的双方都从中遭受损失。

在安全系统中，若甲乙两人在互相监督中，不注重分享对方的安全经验，相互隐瞒事故，都采取忽视安全的策略，就会降低系统整体的安全水平，双方也因此蒙受事故损失，造成两败俱伤的结果。

很多情况下的混合博弈问题属于非零和博弈，特别是当博弈双方的赢得不完全相关时。

2. 安全系统非零和博弈示例

例 3-29：某一安全系统中，乙承担对甲监督的职责。若乙的奖励与甲的罚款无关，则属于非零和混合博弈问题。甲有两种策略（违章，遵章），乙有两种策略（监管严，监管松）。

（1）若甲违章，则当乙监管严时，甲被罚款 4 元，乙获得奖励 2 元；当乙监管松时，甲认为冒险生产可能得到好处 8 元（实际上可能因冒险而产生更大的事故损失，但甲认为冒险会有利可图），乙则可能因监管不力而被罚 1 元。

（2）若甲遵章，则甲需投入安全资金 2 元，当乙监管严时，可获得奖励 1 元；当乙监管松时，无奖励。

由此得甲、乙的赢得矩阵分别为 $a_{ij} = \begin{bmatrix} -4 & 8 \\ -2 & -2 \end{bmatrix}$，$b_{ij} = \begin{bmatrix} 2 & -1 \\ 1 & 0 \end{bmatrix}$，见表 3-37。

表 3-37 甲、乙的赢得矩阵

		监管策略	
		监管严	监管松
企业策略	违章	-4，2	8，-1
	遵章	-2，1	-2，0

由于本例属于非零和博弈，甲可能在"遵章"和"违章"中徘徊，乙则可能在"监管严"和"监管松"中徘徊。

设甲以 x 的概率选择"违章"，以 $1-x$ 的概率选择"遵章"，则其混合策略为
$$(x, 1-x), \quad x \in [0,1]$$
相应地，乙以 y 的概率选择"监管严"，以 $1-y$ 的概率选择"监管松"，则其混合策略为
$$(y, 1-y), \quad y \in [0,1]$$
因此，得表 3-38。

表 3-38 混合策略

		监管策略	
		监管严（y）	监管松（$1-y$）
企业策略	违章（x）	-4，2	8，-1
	遵章（$1-x$）	-2，1	-2，0

对于甲的策略，当乙以"监管严"对应时，有 $x=0$ 时，$V=a_{21}=-2$；$x=1$ 时，$V=a_{11}=-4$。当乙以"监管松"对应时，有 $x=0$ 时，$V=a_{22}=-2$；$x=1$ 时，$V=a_{12}=8$。在直角坐标中可以表示两条相交的直线，如图 3-11 所示，其交点（0，-2）为甲的混合策略的解，即甲将完全选择"遵章"策略，总的赢得为-2。

相应地，对于乙的策略，当甲以"违章"对应时，有 $y=0$ 时，$U=b_{12}=-1$；$y=1$ 时，$U=b_{11}=2$；当甲以"遵章"对应时，有 $y=0$ 时，$U=b_{22}=0$；$y=1$ 时，$U=b_{21}=1$。在直角坐标中可以表示两条相交的直线，如图 3-12 所示，其交点（0.5，0.5）为乙的混合策略的解，即乙将以 0.5 的概率分别选择"监管严"、"监管松"的策略，总的赢得为 0.5。

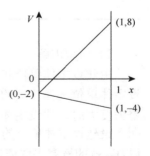

图 3-11 甲的混合策略

例 3-30：为了监督建筑施工的质量，质量监督机构需要对建设主体单位进行监督，形成了非零和混合博弈关系。

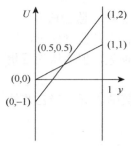

图 3-12　乙的混合策略

1）建筑质量监督的博弈关系

（1）局中人：质量监督机构和建设主体单位。

（2）策略：有限的监督人员及众多的工程项目促使质量监督机构可以采取监督力度大或监督力度小的策略，建设主体单位在一些利益的驱动下可以采取违规和遵守规定的策略。

（3）质量监督机构和建设主体单位的赢得矩阵。建设主体单位的支付假设：建设主体单位若采取违规行动而未被质量监督机构发现可节约一定的成本，设为 R。例如，施工单位未对建筑材料、建筑构配件、设备和商品混凝土进行检验，或者未对涉及结构安全的试块、试件及有关材料取样检测就直接使用，就可以节省一定金额的检测费用。但一旦被质量监督机构查处，就要接受罚款 D，甚至要求建设主体单位再投入 I 进行工程质量建设。例如，施工单位在施工中偷工减料，使用不合格的建筑材料和建筑构配件，或者不按工程设计图纸或施工技术标准施工，一旦被发现，施工单位就要返工。再如，建设主体单位擅自降低节能设计标准或取消节能设计，一旦被质量监督机构查处，既要罚款，又要采取相应的节能措施。

质量监督机构的支付假设：当质量监督机构对违规行动的建设主体不进行查处，即质量监督机构不去监督或者监督过程流于形式，一旦被政府发现，其要承担一定的负效用，包括政府对其的失职处罚等，设为 $-C$，造成损失的还要由质量监督机构承担相应的赔偿，设为 $-M$。而如果监督力度大，那么质量监督机构的监督比监督力度小时花更多的时间及更多的监督成本 Z。

综上分析，可得双方的赢得矩阵，见表 3-39。其中，建设主体单位的赢得矩阵为 $A = \begin{bmatrix} R & -D-I \\ 0 & 0 \end{bmatrix}$，质量监督机构的赢得矩阵为 $B = \begin{bmatrix} -C-M & 0 \\ D-Z & -Z \end{bmatrix}$。

表 3-39　质量监督机构和建设主体单位的赢得矩阵

		质量监督机构	
		监督力度小（y）	监督力度大（$1-y$）
建设主体单位	违规（x）	R，$-C-M$	$-D-I$，$D-Z$
	遵规（$1-x$）	0，0	0，$-Z$

2）模型求解

由建设主体单位和质量监督机构的赢得矩阵可以看出，模型不存在纯策略均衡，假设建设主体单位选择违规的策略，质量监督机构就会选择监督力度大；但当质量监督机构选择监督力度大时，建设主体单位自然会选择遵守法律法规。但这个博弈模型存在混合策略纳什均衡，设建设主体单位的混合策略为 $S_1 = (x, 1-x)$，即建设主体单位以 x 的概率采取违规行动，以 $(1-x)$ 的概率采取遵规行动，而质量监督机构的混合策略为 $S_2 = (y, 1-y)$，即质量监督机构以 y 的概率对建设主体单位实行小的监督力度，以 $(1-y)$ 的概率对建设主体单位实行大的监督力度，则建设主体单位的期望效用函数为

$$E_1(S_1, S_2) = S_1 A S_2^{\mathrm{T}} = yxR + (1-y)x[-(D+I)] + yx0 + y(1-x)0$$

对 x 求导并令其为零：$\dfrac{\partial E_1(S_1,S_2)}{\partial x}=yR-(D+I)(1-y)=0$，解得质量监督机构在监督力度小时的概率：

$$y^*=\frac{D+I}{D+I+R} \tag{3-32}$$

质量监督机构的期望效用函数为

$$E_2(S_1,S_2)=S_2BS_1^{\mathrm{T}}=xy[-(C+M)]+x(1-y)(D-Z)-xy0+(1-x)(1-y)Z$$

对 y 求导并令其为零：$\dfrac{\partial E_2(S_1,S_2)}{\partial y}=Z-x(C+D+Z)=0$，解得建设主体单位违规的概率：

$$x^*=\frac{-Z}{D+C+M} \tag{3-33}$$

由式（3-32）得出，y^* 的大小取决于 D、I、R。质量监督机构对建设工程项目实行监督力度大小的概率可以根据工程项目各建设主体单位投入的成本来判断。并且，y^* 随着 R 的增大而减少，即质量监督机构对建设主体单位实行监督力度大的概率在增大，这是由于质量监督机构考虑建设主体单位在建设工程项目过程中会根据工程中投入的成本来判断是否采取违规行动，成本越大，建设主体单位想节省的成本越多，采取违规行为的概率就越高，因此质量监督机构对其监督力度势必要加大。

由式（3-33）可以得出，x^* 的大小取决于 Z、D、C、M。建设主体单位采取违规概率的大小与罚款 D 及质量监督机构被发现理应监督而未监督所承担的负效用 $(C+M)$ 有关，且随着 D、$(C+M)$ 的增大而减少。因为增大负效用，质量监督机构将会重视这个问题的严重性，对工程项目加大监督力度，以防止工程项目中安全、质量隐患的产生。而罚款 D 的增大自然也有利于保证建设工程项目的质量，加大罚款，建设主体单位以防被质量监督机构查处，会做好项目的安全质量保证工作。

质量监督机构受政府委托对建设工程进行监督，政府希望他们把好建设项目的质量关，即希望质量监督机构对在建工程实行大的监督力度，即 $y^*=\dfrac{D+I}{D+I+R}\to 0$，即 $D+I\to 0$ 或者 $R\to\infty$。作为质量监督机构，希望各建设主体单位在不被监督的情况下能遵守法律法规，按照建设项目程序来保证工程质量，因此监督者势必希望建设主体单位采取违规的概率趋向于0，即 $x^*=\dfrac{-Z}{D+C+M}\to 0$，也即 $Z\to 0$ 或者 $D+C+M\to\infty$。可以从三方面来解决这两个问题：第一，政府应对质量监督机构进行再监督，使质量监督机构满负荷工作；第二，政府应加大对质量监督机构因失职而造成损失的惩罚；第三，质量监督机构加大对建设主体单位违规行为的罚款。

模型的解还可以从另外两个角度来解释：第一，在众多在建工程中的建设主体单位，有 $\dfrac{-Z}{D+C+M}$ 比例的建设主体单位会选择违规行动；第二，在众多需要监督的工程项目中，质量监督机构则随机以 $\dfrac{D+I}{D+I+R}$ 比例实行重点监督。

3.6　安全系统图论

3.6.1　图论及其基本概念

1. 图论

图论（graph theory）是研究节点和边组成的图形的数学理论和方法。

图论的基本元素是节点和边（也称线、弧、枝），用节点表示所研究的对象，用边表示研究对象之间的某种特定关系。因此，图论可用节点和边组成的图形及其有关的理论和方法来描述、分析和解决各种实际问题。

图论问题源于 1736 年瑞士数学家欧拉关于七桥问题的一篇论文。流经东普鲁士的哥尼斯堡的普莱格尔河上有七座桥，将河中的岛和河岸连接起来（图 3-13）。长期以来人们在议论能否从 A、B、C、D 这四块陆地中的任何一块开始，一次且仅一次地经过所有桥，最后回到原来出发的这块陆地。欧拉将每块陆地用一个点来代替，将每座桥用连接相应的两个点的一条边来代替，得到了一个"图"（图 3-14）。

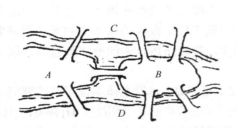

图 3-13　哥尼斯堡七桥问题

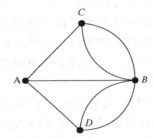

图 3-14　哥尼斯堡七桥的图示

欧拉提出：要从图中一点出发，一次且仅一次地经过所有边，能回到原来的出发点，则这个图必须是连通的，且每个点都必须与偶数条边相关联。显然，图 3-14 中的各点都是连通的，但每个点都不是与偶数条边相连接，因此七桥问题不可能有解。

可以看出，用点和点之间的线所构成的图，反映实际生产和生活中的某些特定对象及其相关关系。通常用点表示研究对象，用点与点之间的线表示研究对象之间的特定关系。在一般情况下，图中的相对位置、点与点之间线的长短曲直，对于反映研究对象之间的关系并不重要，因此，图论中的图与几何图、工程图等本质上是不同的。

2. 图论的基本概念

1）边和弧

通常，把点与点之间不带箭头的线称为边，带箭头的线称为弧。

2）无向图和有向图

如果一个图是由点和边所构成的，那么称为无向图，记作 $G=(V, E)$，其中 V 表示图 G 的点集合，E 表示无向图 G 的边集合。连接点 v_i, $v_j \in V$ 的边记作$[v_i, v_j]$或$[v_j, v_i]$。

例如，图 3-15 是一个无向图 $G=(V, E)$，其中 $V=\{v_1, v_2, v_3, v_4, v_5, v_6\}$，$E=\{[v_1, v_2], [v_1, v_3], [v_3, v_2], [v_2, v_4], [v_3, v_4], [v_3, v_5], [v_4, v_5], [v_4, v_6], [v_5, v_6]\}$。

如果一个图是由点和有向边所构成的，则称为有向图，记作 $D=(V, A)$，如图 3-16，其中 $V=\{v_1, v_2, v_3, v_4, v_5, v_6\}$，$A=\{[v_1, v_2], [v_1, v_3], [v_3, v_2], [v_2, v_4], [v_3, v_4], [v_3, v_5], [v_4, v_5], [v_4, v_6], [v_5, v_6]\}$。

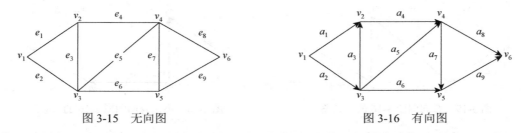

图 3-15　无向图　　　　　　　　　　　　　　图 3-16　有向图

3）连通图

图上任何一点到另外一点都有边与其相连，这样的图称为连通图。例如，图 3-14～图 3-16 都是连通图。但图 3-17 中，由于点 v_6 与其他点没有边连通，所以不是连通图。

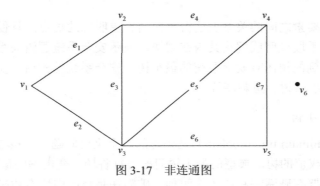

图 3-17　非连通图

4）端点的度

与点 v_i 相连接的边的条数称为这个点的度，记作 $d(v_i)$。例如，在图 3-15 中，各点的度分别为 $d(v_1)=2$，$d(v_2)=3$，$d(v_3)=4$，$d(v_4)=4$，$d(v_5)=3$，$d(v_6)=2$。

5）边的权

图上每条边的值称为这条边的权，记作 $w(e_j)$。给出权的图称为赋权图。

6）树图

边数最少的连通图或去掉任意一条边都不连通的图，称为树图，记作 $T=(V, E)$。一个连通图可能存在多个树，如图 3-18（a）、（b）都是图 3-15 的树。容易看出，去掉其中任何一条边，都不是连通图。

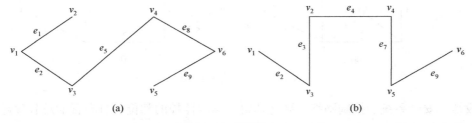

(a)　　　　　　　　　　　　　　　　　　　(b)

图 3-18　图 3-15 的树

7）路

若有从 u 到 v 具有一条方向相同的连通弧，则称为从 u 到 v 的路。例如，图 3-19 是有向图图 3-16 的一条路，记作 $L=\{v_1, a_2, v_3, a_5, v_4, a_7, v_5, a_9, v_6\}$。而图 3-20 中存在不同方向的连通弧，就不是图 3-16 的一条路。

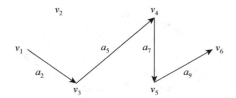
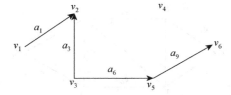

图 3-19　有向图图 3-16 的一条路　　　　图 3-20　不是有向图图 3-16 的一条路

由于安全系统中很多关系可以用图来描述，因此可以运用图论来解决安全系统的问题。最常见的有安全系统的树图、安全系统的无向连通图、安全系统的有向连通图问题等。

3.6.2　安全系统的树图

树图具有使系统要素之间的关系表达得更简洁、更明确的优点，且便于采用数学语言来描述，从而采用数学手段说明或解决其内在规律。表示安全系统逻辑关系或内部结构、分析安全系统功能时常用到的树图有安全系统的最小树、安全系结构树、安全决策树、事故因果连锁树、事件树、事故树、鱼刺图等。

1. 安全系统的最小树

最小树问题（minimum tree problem）是图论的一个重要问题，其核心是如何在一个赋权图中找到具有最小总权值的树。典型的最小树问题有打谷场、变电站的最优地点设置问题。

最小树的求法主要有破圈法和加边法两种。破圈法是将图中所有边按照权值从小到大排序，每步从未选的边中选一条权值最小的边，逐条加到图中，但不能成圈，而得到树图。加边法则是将图中所有边按照权值从大到小排序，每步从未选的边中选一条权值最大的边擦去，但要保持圈的联通，而得到树图。

例 3-31：对于图 3-21（a），已知各条边的权为 $w(e) = (6,5,1,5,7,2,3,4,4)$，用破圈法求其最小树。

解：按破圈法求其最小树如图 3-21（b）所示，其中图 3-21（a）括号中的数字是破圈的顺序。

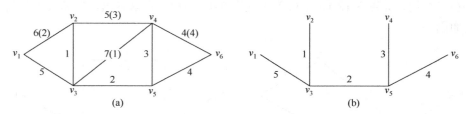

图 3-21　破圈法求最小树

一般地，安全系统的控制网络需要通达每个需要监控的部位，且布置的总长度越短，其可靠性、稳定性越好，因此安全系统网络需要按最小树布置。

例 3-32：连接某企业六个车间，可供安全系统网络布线选择的路径如图 3-22 所示。已知各条路径的长度，安全系统网络应如何布置使总长度最小？

解：按照破圈法，可求出安全系统的布线方式，如图 3-23 所示，其总权值为 21。根据这种布线方式，可以将控制中心放在 v_4 和 v_5 之间，控制效果最好。

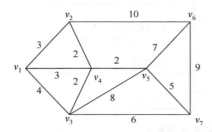

图 3-22　可供安全系统网络布线选择的路径

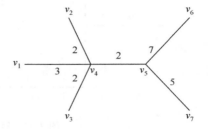

图 3-23　最佳安全系统网络布线方案

2. 事件树

事件树（event tree）是一种按事故发展的逻辑顺序绘制的树图。事件树是一种按时间顺序描述事故或故障发生发展过程中各种事件之间相互关系的树图。

事件树分析（event tree analysis，ETA）是一种演绎法。通过编制事件树，研究系统中的危险源如何相继出现而最终导致事故、造成系统故障或事故，从而找到事故发生和演化的各个节点，认识事故发生的过程，找到预防事故的有效途径。

事件树分析的主要步骤是：

（1）确定初始事件。初始事件可以是系统或设备的故障、人失误或工艺参数的偏离等可能导致事故的事件，可以通过系统设计、系统危险性评价、系统运行经验或事故教训等确定。

（2）找出事故连锁。事件树的各分枝代表初始事件发生后可能的发展途径。其中，最终导致事故的途径为事故连锁。一般地，导致系统事故的途径有很多，即有许多事故连锁。

（3）判定安全功能。系统中包含许多安全功能（安全系统、操作者的行为等），这些安全功能在初始事件发生时将起到消除或减轻其影响以维持系统安全运行的作用。

（4）发展事件树和简化事件树。从初始事件开始，自左至右发展事件树。首先考察初始事件一旦发生时应该最先起作用的安全功能，把发挥功能（又称正常或成功）的状态画在上面的分枝，把不能发挥功能（又称故障或失败）的状态画在下面的分枝，直至到达系统故障或事故为止。

（5）事件树的定性和定量分析。定性分析是通过判断事故树的结构，找到最终达到安全的途径，提出预防事故的措施。定量分析则是根据各事件的发生概率计算系统故障或事故发生的概率，找到事故发生的主要因素和主要路径，提高事故预防的效果。

例 3-33：采用事件树方法分析某氧化反应釜系统缺少冷却水事件。已知安全系统功能有：当温度达到 T_1 时高温报警器提醒操作者，操作者增加供给反应釜的冷却水量；当温度达到 T_2 时自动停车，系统停止氧化反应。绘制事件树如图 3-24 所示。

（1）定性分析。从图 3-24 可知，氧化反应釜缺少冷却水事件树有两条事故连锁，分别是 F_1：$A—B_1—C_2—D_2$，F_2：$A—B_2—D_2$。

两条事故连锁中均含 D_2。因此，从事件树的结构上看，只要事件 D_2（温度 T_2 时没停车）不发生，就可以从根本上杜绝事故发生。

另外，事件树有三条预防事故的途径，分别是 S_1：$A—B_1—C_1$，S_2：$A—B_1—C_2—D_1$，S_3：$A—B_2—D_1$。

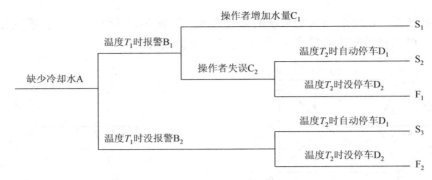

图 3-24　氧化反应釜缺少冷却水事件树

三条预防事故的途径中均含 C_1、D_1。因此，从事件树的结构上看，只要在系统中确保安全措施 C_1（操作者增加水量）和 D_1（温度 T_2 时自动停车），就可以保证系统安全。

（2）定量分析。第 j 条事故连锁途径发生的概率为

$$P(j) = \prod_{k=1}^{n} P_k (k \in j) \tag{3-34}$$

式中，P_k 为事件 k 发生的概率；k 为事故连锁途径 j 上的事件；n 为事故连锁途径 j 的事件总数。

若经统计分析得：$P[A]=0.1$，$P[B_1]=0.4$，$P[C_1]=0.2$，$P[D_1]=0.6$，则系统发生事故的总概率为 $P = P[F_1] + P[F_2] = 0.0256$，其中

事故连锁（A—B_1—C_2—D_2）的概率为 $P[F_1] = P[A] \cdot P[B_1] \cdot P[C_2] \cdot P[D_2] = 0.0128$

事故连锁（A—B_2—D_2）的概率为 $P[F_2] = P[A] \cdot P[B_2] \cdot P[D_2] = 0.024$

由于 $P[F_2] > P[F_1]$，说明从事件树中各事件发生的概率上看，降低路径 F_2 的概率比降低路径 F_1 的概率更容易，因此为了降低事故发生的可能性，应重点控制 F_2 路径的出现，即综合控制 A、B_2、D_2 事件的发生。具体地，若采取措施将 B_2、D_2 事件发生的概率降低 10%，则路径 F_2 的概率将降低为

$$P'[F_2] = P[A] \cdot P[B_2] \cdot (1-10\%) \cdot P[D_2] \cdot (1-10\%) = 0.01944$$

效果是明显的。

另外，防止事故的途径（A—B_1—C_1）的概率为 $P[S_1]=P[A] \cdot P[B_1] \cdot P[C_1]=0.008$；防止事故的途径（A—$B_1$—$C_2$—$D_1$）的概率为 $P[S_2]=P[A] \cdot P[B_1] \cdot P[C_2] \cdot P[D_1]=0.0192$；防止事故的途径（A—$B_2$—$D_1$）的概率为 $P[S_3]=P[A] \cdot P[B_2] \cdot P[D_1]=0.036$。

由于 $P[S_3] > P[S_2] > P[S_1]$，说明从事件树中各事件发生的概率上看，提升路径 S_1 的概率比提升路径 S_2、S_3 的概率更容易，因此为了提升系统的安全性，应重点提升 B_1、C_1 的概率。具体地，若采取措施将 B_1、C_1 事件发生的概率提升 10%，则路径 S_1 的概率将提升为

$$P'[S_1] = P[A] \cdot P[B_1] \cdot (1+10\%) \cdot P[C_1] \cdot (1+10\%) = 0.00968$$

3. 事故树

事故树又称故障树，是利用逻辑门构成的树图考察可能引起该事件发生的各种原因事件及其相互关系。事故树分析（fault tree analysis，FTA）是一种归纳法，通过归纳各基本事件之间及基本事件与事故事件之间的逻辑联系，认识事故发生的因素，找到预防事故发生的方法和主要措施。

事故树分析的内容主要包括：求出基本事件的最小割集和最小径集；确定各基本事件对顶事件发生的重要度（包括结构重要度、概率重要度、临界重要度），其中确定结构重要度的工作属于定性分析，确定概率重要度、临界重要度的工作属于定量分析。

1）事故树的符号表达

事故树中有事件符号和逻辑门符号两类符号（图 3-25）。以逻辑门为中心，上一层事件是下一层事件产生的结果，称为输出事件；下一层事件是上一层事件的原因，称为输入事件。

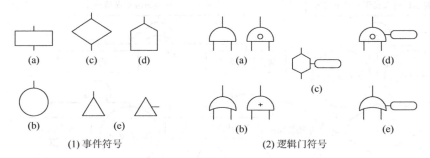

图 3-25　事故树的事件和逻辑门符号

例如，竖井提升过程中许多伤亡事故发生在人员上、下罐笼的时候。在人员上、下罐笼时罐笼意外移动，或者罐笼移动时人员上、下罐笼，可能导致人员坠落或被挤。图 3-26 为系统示意图。其中，安全系统可分为人（乘罐人员）-机（机械运转部分）-环境三部分。

以"人员上、下罐笼时伤亡事故"为顶事件编制事故树。顶事件的发生是"人员上、下罐笼时罐笼移动"和"人员处于危险位置"（处于罐笼与中段井口之间的位置，见图 3-27）两事件出现的结果。罐笼移动时人员能否受到伤害取决于人员是否处于危险位置，因此这里把"人员处于危险位置"作为控制门的条件事件考虑。"人员上、下罐笼时罐笼移动"有两种情况，即"罐笼运行时人员误上、下罐笼"和"人员上、下罐笼时罐笼误移动"，在事故树中用逻辑或门把它们联结起来。"人员上、下罐笼时罐笼误移动"又包括"罐笼被误启动"和"跑罐"两种情况，也用逻辑或门联结。对这些事件继续分析原因，得到如图 3-28 所示包含 12 个基本事件的事故树。

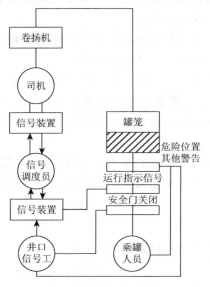

图 3-26　系统示意图

图 3-27　上、下罐笼时的危险位置

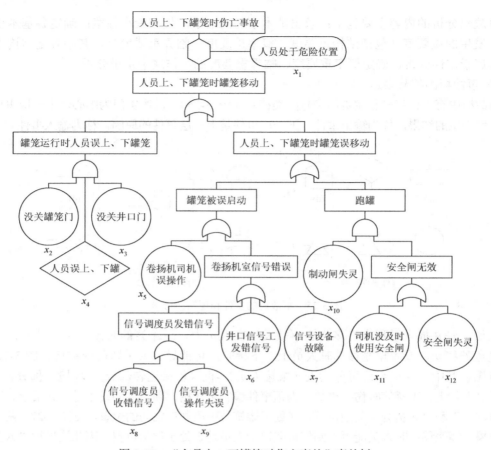

图 3-28　"人员上、下罐笼时伤亡事故"事故树

2）事故树的最小割集与最小径集

（1）最小割集及其求法。在事故树中，基本事件发生能使顶事件发生的基本事件集合称为割集合。最小割集是能够引起顶事件发生的基本事件最少的割集合。最小割集表明哪些基本事件组合在一起发生可以使顶事件发生，它指明事故发生模式。

根据布尔代数运算法则，把布尔表达式变换成基本事件逻辑和的形式，则逻辑积项包含的基本事件构成割集；进一步应用幂等法则和吸收法则整理，得到最小割集。

（2）最小径集及其求法。在事故树中，基本事件不发生能保证顶事件不发生的基本事件集合称为径集合。若径集合中包含的基本事件不发生对保证顶事件不发生不但充分而且必要，则该径集合称为最小径集。最小径集表明哪些基本事件组合在一起不发生就可以使顶事件不发生，它指明应该采取何种措施防止事故发生。

根据布尔代数的对偶法则，把事故树中事故事件用其对立的非事故事件代替，把逻辑与门用逻辑或门、逻辑或门用逻辑与门代替，便得到了与原来事故树对偶的成功树。求出成功树的最小割集，就得到了原事故树的最小径集。

例 3-34：对于图 3-28，事故树的布尔表达式为

$$T = x_1[x_2x_3x_4 + x_5 + x_6 + x_7 + x_8 + x_9 + x_{10}(x_{11} + x_{12})]$$

该事故树有 8 个最小割集：

$$(x_1x_2x_3x_4)，(x_1x_5)，(x_1x_6)，(x_1x_7)，(x_1x_8)，(x_1x_9)，(x_1x_{10}x_{11})，(x_1x_{10}x_{12})$$

其中，5 个最小割集仅由两个基本事件组成，代表容易发生事故的 5 种情况。另外的 3 个最小割集中包含的基本事件数目也不多，同样说明该系统安全性较差。事故树中含有 7 个最小径集：

$$(\overline{x_1})，(\overline{x_2,x_5,x_6,x_7,x_8,x_9,x_{10}})，(\overline{x_3,x_5,x_6,x_7,x_8,x_9,x_{10}})，(\overline{x_4,x_5,x_6,x_7,x_8,x_9,x_{10}})，$$
$$(\overline{x_2,x_5,x_6,x_7,x_8,x_9,x_{11},x_{12}})，(\overline{x_3,x_5,x_6,x_7,x_8,x_9,x_{11},x_{12}})，(\overline{x_4,x_5,x_6,x_7,x_8,x_9,x_{11},x_{12}})$$

由于罐笼移动时人员处于危险位置是随机的，通过控制基本事件 z 防止伤害事故很难实现，因此应该考虑根据余下的最小径集采取预防措施。在余下的最小径集中，每个包含 7 个或 8 个基本事件，并且其中大部分是人失误或人的不安全行为，表明事故预防工作非常艰巨。

3）基本事件重要度

在事故树分析中，用基本事件重要度衡量某一基本事件对顶事件影响的大小。

（1）结构重要度。基本事件的结构重要度取决于它们在事故树结构中的位置。可以根据基本事件在事故树最小割集（最小径集）中出现的情况，评价其结构重要度。

在由较少基本事件组成的最小割集中出现的基本事件，其结构重要度较大；在不同最小割集中出现次数多的基本事件，其结构重要度大。

于是，可以按式（3-35）计算第 i 个基本事件的结构重要度

$$I_\varphi(i) = \frac{1}{k}\sum_{j=1}^{m}\frac{1}{R_j} \tag{3-35}$$

式中，k 为事故树包含的最小割集数目；m 为包含第 i 个基本事件的最小割集数目；R_j 为包含第 i 个基本事件的第 j 个最小割集中基本事件的数目。

例如，对于图 3-28 所示事故树，各基本事件的结构重要度如下：

$$I_\varphi(2) = I_\varphi(3) = I_\varphi(4) = \frac{1}{8}\times\frac{1}{4} = \frac{1}{32}$$

$$I_\varphi(5) = I_\varphi(6) = I_\varphi(7) = I_\varphi(8) = I_\varphi(9) = \frac{1}{8}\times\frac{1}{2} = \frac{1}{16}$$

$$I_\varphi(10) = \frac{1}{8}\times\left(\frac{1}{3}+\frac{1}{3}\right) = \frac{1}{12}$$

$$I_\varphi(11) = I_\varphi(12) = \frac{1}{8}\times\frac{1}{3} = \frac{1}{24}$$

所以

$$I_\varphi(10) > I_\varphi(5) = I_\varphi(6) = I_\varphi(7) = I_\varphi(8) = I_\varphi(9) > I_\varphi(11) = I_\varphi(12) > I_\varphi(2) = I_\varphi(3) = I_\varphi(4)$$

（2）概率重要度。基本事件对顶事件的影响除了取决于其在事故树结构中的地位外，还与其发生的概率有关，显然，基本事件发生的概率越大，其对顶事件发生的影响越大。概率重要度的定义为

$$I_g(i) = \frac{\partial g(q)}{\partial q_i} \tag{3-36}$$

式中，$g(q)$ 为事故树的概率函数（顶事件发生的概率）；q_i 为第 i 个基本事件发生的概率。

事故树的概率函数 $g(q)$ 由式（3-37）计算：

$$g(q) = 1 - \sum_{r=1}^{p}\prod_{i\in p_i}(1-q_i) + \sum_{1\leqslant h<j\leqslant p_j}\prod_{i\in p_k\bigcup p_j}(1-q_i) - \cdots + (-1)^p\prod_{i=1}^{n}(1-q_i) \tag{3-37}$$

例3-35：对于图3-28所示事故树，已知各基本事件发生的概率见表3-40。

表3-40　基本事件发生概率

事件	内容	概率
x_1	人员处于危险位置	0.01
x_2	没关罐笼门	0.1
x_3	没关井口门（安全门）	0.1
x_4	人员误上、下罐笼	0.001
x_5	卷扬机司机误操作	0.001
x_6	井口信号工发错信号	0.001
x_7	信号设备故障	10^{-6}
x_8	信号调度员收错信号	0.001
x_9	信号调度员操作失误	0.001
x_{10}	制动闸失灵	10^{-5}
x_{11}	司机没及时使用安全阀	0.001
x_{12}	安全闸失灵	10^{-6}

顶事件发生的概率为

$$g(q) = q_1[1-(1-q_2q_3q_4)(1-q_5)(1-q_6)(1-q_7)(1-q_8)(1-q_9)]\{1-q_{10}[1-(1-q_{11})(1-q_{12})]\} = 4.005\times10^{-6}$$

各基本事件的概率重要度的排序为（具体计算略）

$$I_g(5) = I_g(6) = I_g(8) = I_g(9) > I_g(7) > I_g(4) = I_g(12) > I_g(10) > I_g(2) = I_g(3) > I_g(11)$$

（3）临界重要度。一般情况下，减少发生概率大的基本事件的概率比较容易。用顶事件发生概率的相对变化率与基本事件发生概率的相对变化率之比来表达基本事件的重要度，称临界重要度。基本事件的临界重要度定义为

$$I_c(i) = \frac{\partial g(q)}{g(q)} \frac{q_i}{\partial q_i} = I_g(i)\frac{q_i}{g(q)} \tag{3-38}$$

对于图3-28所示事故树，各基本事件的临界重要度按式（3-38）计算，得到的排序为（具体计算略）

$$I_c(5) = I_c(6) = I_c(8) = I_c(9) > I_c(2) = I_c(3) = I_c(4) > I_c(7) > I_c(10) > I_c(11) = I_c(12)$$

根据上述分析，为了提高系统安全功能，防止在人员上、下罐笼时发生伤亡事故，应该优先考虑的措施是：加强对竖井提升信号的管理（防止x_6，x_7，x_8，x_9）；减少卷扬机司机操作失误（防止x_5）；加强对乘罐人员的管理（防止x_1，x_4）。另外，要注意对提升设备、信号装置的维修保养，使其经常处于完好状态，保证罐笼门、井口门及时关闭（防止x_2，x_3）。

4. 鱼刺图

鱼刺图（fishbone diagram）又称鱼骨图，是一种层次分明、条理清楚，形如鱼骨的树图。鱼刺图是由日本管理大师石川馨所发展的，故又称石川图。鱼刺图分析是一种由结果推论其发生原因的演绎的分析方法。

鱼刺图分析的步骤是：

（1）要研究的问题写在鱼骨的头上。

（2）召集相关人员共同讨论问题出现的可能原因，尽可能多地找出原因，并将同类的问题分组，将主要原因在鱼骨上标出。

（3）对主要原因的致因进行深入讨论，在鱼骨的下层标出；这样至少深入五个层次。

（4）当深入到第五个层次后，认为无法继续进行时，列出这些问题的原因，而后列出至少 20 个解决方法。

在绘鱼刺图时，应注意大骨与主骨成 60° 夹角，中骨与主骨平行。

对于一个子系统和影响因素众多的复杂安全系统，运用鱼刺图可以清晰地表达其系统的层次结构，也可以不遗漏地展示其影响因素，从而可以完整、准确地认识系统，优化系统要素。

例 3-36：某运输公司对于翻车事故，以人（驾驶员）、物（货物）、环境（道路环境）作为主要因素，以事故原因统计分析为基础，确定其影响因素，绘出了鱼刺图（图 3-29）。

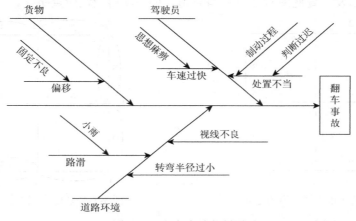

图 3-29　翻车事故鱼刺图

由图可知，对于驾驶员要提高紧急处置能力、降低车速；货物装载要牢固、平衡；雨雾天、路况差时行车要谨慎。

3.6.3　安全系统的连通图

1. 安全系统中的一笔画

1）图的一笔画问题

图的一笔画问题有两类：

（1）第一类问题（全图的一笔画问题）。对于图 G，其能够一笔画的是：从某一顶点开始，笔不离纸，各条边都画到且仅画到一次，最后回到原来的出发点。这种图称为欧拉图。

常识可知，能一笔画出全图，其顶点中的奇点（与该顶点连接的边为奇数的顶点）数最多有两个（分别为下笔点和抬笔点）；特别地，任何奇点数为零的图，都可从某个顶点出发，经过不同的线路，回到原出发点。

前面提到的"哥尼斯堡七桥问题"所构成的图（图 3-14）所有的顶点都为奇数，不能一笔画，也不是欧拉图，因此不可能不重复地走完所有的桥。

安全系统关于欧拉图的典型问题是：安全检查人员如何找到一条最短路线，遍历全部需要检查的管线、道路。

（2）第二类问题（顶点的一笔画问题）。对于图 G 包含所有顶点的子图 G'，其能够一笔画的是：从某一顶点开始，笔不离纸，各顶点都画到且仅画到一次（不需要每条边都画到），最后回到原来的出发点。这种图称为哈密顿图。

美国图论数学家奥勒在 1960 年给出了哈密顿图的充分条件：对于顶点个数大于 2 的图，如果图中任意两点度（连接该点的边数）的和大于或等于顶点总数，则一定是哈密顿图。

安全系统涉及哈密顿图的典型问题是：安全检查人员如何找到一条最短路线，遍历全部需要检查的作业地点、设备设施。中国数学家管梅谷于 1960 年提出了著名的"中国邮递员问题"，即邮递员从邮局出发送信，要求对辖区内每个客户都至少经过一次再回邮局，怎样选择一条最短路线，这就属于此类问题。

2）安全系统欧拉图示例

例 3-37：图 3-30 为某城市煤气管道的分布图，图中数值为各条道路的长度（权值 w）。安全检查人员要从 v_1 出发，查遍图 G 中的所有管道，如何获得最优检查路线。

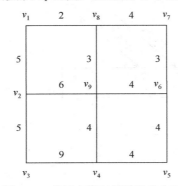

图 3-30　某城市煤气管道的分布图

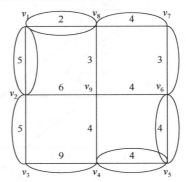

图 3-31　匹配奇点后的初始方案

解：采用奇偶点图上作业法解。

（1）确定初始可行方案。连接两两匹配的奇点后得到初始方案（图 3-31）。在该图中，没有奇点，故为欧拉图。对应于该可行方案，重复边总权 W 为

$$W = 2w_{12} + w_{23} + w_{34} + 2w_{45} + 2w_{56} + w_{67} + w_{78} + 2w_{81} = 51$$

（2）调整可行方案使重复边总权（总长度）下降。已知最优方案必须满足两个条件：①在最优方案中，图的每一边最多有一条重复边；②在最优方案中，图中每个圈上的重复边的总权不大于该圈总权的一半。

首先，去掉多余的重复边，使图中每一边最多有一条重复边，符合条件①，如图 3-32 所示。

圈（v_2，v_3，v_4，v_9，v_2）的总长度为 24，但该圈上重复边总权为 14，大于该圈总长度的一半，不符合条件，因此需要做一次调整，以[v_2，v_9]，[v_9，v_4]上的重复边代替[v_2，v_3]，[v_3，v_4]上的重复边，使重复边总长度下降为 17，如图 3-33 所示。

圈（v_1，v_2，v_9，v_6，v_7，v_8，v_1）的总长度为 24，但该圈上重复边总权为 13，大于该圈总长度的一半，因此还可以做一次调整，以[v_1，v_2]，[v_8，v_1]，[v_9，v_6]上的重复边代替[v_2，v_9]，[v_6，v_7]，[v_7，v_8]，使重复边总长度下降为 15，如图 3-34 所示。

检查图 3-34，均满足条件①和②，于是得到最优方案。图中的路线为最优检查路线，即 $v_1 \to v_2 \to v_9 \to v_8 \to v_1 \to v_8 \to v_7 \to v_6 \to v_5 \to v_4 \to v_9 \to v_6 \to v_9 \to v_4 \to v_3 \to v_2 \to v_1$，其总路线长度（权值）为 68。

3）安全系统哈密顿图示例

例 3-38：图 3-35 为某企业需要检查的作业地点及其连接的道路，图中数值为各条道路的长度（权值 w）。安全检查人员要从 v_1 出发，查遍图 G 中所有作业地点，如何获得最优检查路线？

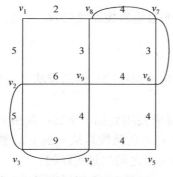

图 3-32　整理后的方案

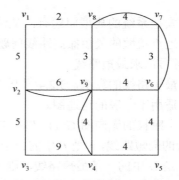

图 3-33　第一次调整后的方案

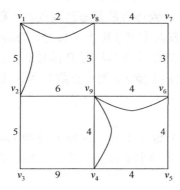

图 3-34　第二次调整后的方案

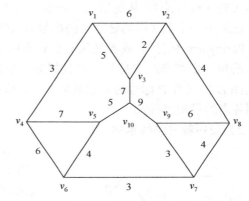

图 3-35　某企业需要检查的作业地点及其连接的道路

解：采用基于最小树的奇偶点图上作业法解。

（1）采用破圈法得到图 3-35 的最小树，如图 3-36 所示，其最小树为 34。

（2）确定最优方案。对于最小树图 3-36，其奇数顶点有 6 个：v_2、v_3、v_4、v_7、v_9、v_{10}。以权数最小的原则加边，消除这些奇顶，得到图 3-37。该图中的路线即为最优检查路线，其总路线长（权值）为 51。

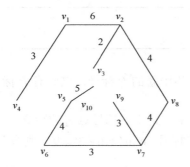

图 3-36　破圈法得到图 3-35 的最小树

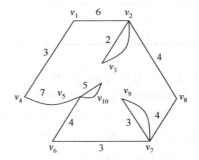

图 3-37　第一次调整后的方案

2. 安全系统的最短路

最短路问题（shortest path problem）也是图论中十分重要的最优化问题之一，主要用于解决无向连通图中节点间最短路径问题，如城市中的管道铺设、线路安排、工厂布局、设备更新等。

涉及安全系统的典型问题有：从消防队到火灾地点的最短救援路线问题，事故区人员向安全避难地点疏散的最短撤离路线问题等。

1）标号法求最短路线

关于最短路线的算法，3.2.4 节曾介绍了仅适用于有向连通图的反向递推法。这里介绍的标号法则适用于一般的连通图。

在一个赋权的无向图 $G=(V, E)$ 中寻找最短路线时，经常要用到如下事实：如果 P 是 G 中从 v_s 到 v_j 的最短路线，v_i 是 P 中的一个点，那么从 v_s 沿 P 到 v_i 的路线是从 v_s 到 v_i 的最短路线，即如果 P 是 G 中的一条最短路线，则 P 也一定是其中的两点之间的最短路线。

根据以上事实，荷兰计算机科学家狄克斯特拉（Dijkstra）于 1959 年提出了求最短路线的基本思想（标号法）：从起始点 v_s 出发，逐步地向外探寻最短路线。执行过程中，与每个点对应，记录下一个数（称为这个点的标号），它或者表示从 v_s 到该点的最短路线的权（称为 P 标号，Permanent 标号），或者是从 v_s 到该点的最短路线的权的上界（称为 T 标号，Temp 标号）。方法的每一步都修改 T 标号，并且把某一个具有 T 标号的点改变为具有 P 标号的点，从而使有向图 D 中具有 P 标号的顶点数多一个，这样至多经过 $n-1$ 步（n 为顶点数），就可以求出从 v_s 到各点的最短路线。

2）最短救灾路线示例

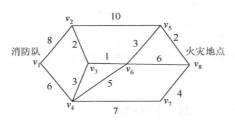

图 3-38　某城市道路布置图

例 3-39：图 3-38 为某城市道路布置图 $G=(V, E)$，其中消防队设在 v_1，则当 v_8 处发生火灾时，最短路线是哪条？

解：用标号法求 v_1 到 v_8 的最短路线：

（1）给 v_1 标上 P 标号为 $\underline{0}$（加下划线，以示区别），表示从 v_1 到自己的最短路线为 0。给其他各顶点 v_i 标 T 标号，无下划线，表示从 v_1 到点 v_i 的路线长，这个路线长规定为：如果 v_i 与 v_j 邻接，就是边（v_i, v_j）的权，否则为 ∞，即

步序	v_1	v_2	v_3	v_4	v_5	v_6	v_7	v_8
1	$\underline{0}$	8	∞	6	∞	∞	∞	∞
2	$\underline{0}$			$\underline{6}$				

（2）在 T 标号中选出最小值 6，加下划线变线第 2 步中新的 P 标号，这时有 P 标号 $\underline{6}$。

（3）重新求其他各顶点的 T 标号，计算公式为

$$v_k \text{的新 } T \text{ 标号} = \min\{v_k \text{的原 } T \text{ 标号}, \text{新 } P \text{ 标号} + v_k \text{ 到新 } P \text{ 标号点 } v_4 \text{ 的距离}\}$$

例如，v_2 的新 T 标号 $= \min\{8, 6+\infty\} = 8$，$v_3$ 的新 T 标号 $= \min\{\infty, 6+3\} = 9$。其余各点新 T 标号都可类似求出，结果为

步序	v_1	v_2	v_3	v_4	v_5	v_6	v_7	v_8
2	$\underline{0}$	8	9	$\underline{6}$	∞	11	13	∞

（4）反复按（2）、（3）计算，共计算 $n-1=8-1=7$ 步（v_n 有 P 标号）为止。全部计算结果如下：

步序	v_1	v_2	v_3	v_4	v_5	v_6	v_7	v_8
1	<u>0</u>	8	∞	6	∞	∞	∞	∞
2	<u>0</u>	8	9	<u>6</u>	∞	11	13	∞
3	<u>0</u>	<u>8</u>	9	<u>6</u>	18	11	13	∞
4	<u>0</u>	<u>8</u>	<u>9</u>	<u>6</u>	18	10	13	∞
5	<u>0</u>	<u>8</u>	<u>9</u>	<u>6</u>	13	<u>10</u>	13	16
6	<u>0</u>	<u>8</u>	<u>9</u>	<u>6</u>	<u>13</u>	<u>10</u>	13	15
7	<u>0</u>	<u>8</u>	<u>9</u>	<u>6</u>	<u>13</u>	<u>10</u>	<u>13</u>	15

因此，v_1 到 v_8 的最短路长为 15，其最短路径（消防队到火灾地点的最短救灾路线）为 $v_1 \rightarrow v_4 \rightarrow v_3 \rightarrow v_6 \rightarrow v_5 \rightarrow v_8$。

应该注意的是，本例仅找到一条最短路线，并没有找到最快路线。实际上城市道路中，每条路具有不同的等级（相当于宽度、畅通程度等），消防救援道路不但要考虑路径最短，更重要的是速度最快。为此，可以将 $G=(V, E)$ 中的权值 E 以距离和平均速度的乘积表示，然后确定其最短路线。例如，图 3-39 为考虑速度的道路布置图，经计算，v_1 到 v_8 的最短权值为 375，其最短路径（消防队到火灾地点的最短救灾路线）为 $v_1 \rightarrow v_4 \rightarrow v_7 \rightarrow v_8$。

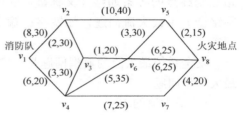

图 3-39　考虑速度的道路布置图

运用标号法还可以求任意两点之间的最短避难路线问题。

3）安全系统设备维修问题

安全系统设备在使用若干年后，面临继续维修使用，还是重新购置或者大修的决策问题。若购置新设备或大修，需要支付购置或大修费用，否则就要支付日常维修费用。

例 3-40： 设某台大型安全设备大修费用即一般生产维修费见表 3-41，设其中使用到 n 年初的大修费用与 n 年内大修次数无关。该设备应在哪年初大修以使 5 年的总费用最低？

表 3-41　安全设备维修费用表　　　　　　　（单位：万元）

年份	1	2	3	4	5
使用到 n 年初的大修费用	0.0	3.0	3.8	4.7	6.1
连续使用 n 年的一般维修费用	0.2	1.1	2.5	4.8	8.2

解： 用 $v_i (i=1,2,3,4,5,6)$ 表示第 n 年初。规定边 (v_1, v_6) 的权为费用 $C(v_1, v_6)$，则

$$C(v_1, v_6)=第\ i\ 年初大修费用+连续使用\ (j-i)\ 年的一般维修费用$$

各边的权数标在图 3-40 中，显然图中 v_1 到 v_6 的最短路线即为 5 年的总费用最低的路径。运用标号法进行计算，最短路线为 $v_1 \xrightarrow{1.1} v_3 \xrightarrow{6.3} v_6$。

因此，在第 3 年初大修一次，即可使 5 年内总费用最少（7.4 万元）。

一般地，安全系统设备更新的最优方案也可以利用上述方法求出。

3. 安全系统的最大流

对于有向连通图，与其各边的权（如长度、距离等）相对应的，还有一个各边的最大容量（如宽度、最大流量等）。

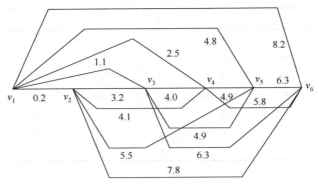

图 3-40　安全设备维修费用

最大流问题（maximum flow problem）是指在各个边的最大容量限制下，如何求出从始点到终点的各条通路（又称链）的可能流量的总和。这主要用于解决有向连通图（又称网络图）中最大流问题，如铁路运输系统中的最大车辆流，城市给排水系统的最大水流问题等。

安全系统最大流的典型问题是：安全疏散通道中的最大承载流量问题，安全信息流中的最大容量问题等。

1）最大流的求法

最大流的求法常采用标号法。标号法的原理是：从具有最大容量 C 限制的有向连通图 D 中一个可行流 f（图中实际可行的流量，如果 D 中没有 f，可以令 f 是零流）出发，经过试算和调整，寻找可行流 f 的增广链（具有增加流量的可能的通路），最终得到最大流量。

（1）标号过程。网络中的点可能是标号点（分为已检查和未检查两种）或是未标号点。标号点的标号包含两部分：第一个标号表示这个标号是从哪一点得到的，以便找出增广链；第二个标号是用来确定增广链上的调整量 θ。

具体地，先给始点 v_s 标号（0，$+\infty$）。这时，v_s 是已标号但未检查的点，其他都是未标号点。一般地，取一个标号未检查点 v_i，对于一切未标号点 v_j，如果在边 (v_i, v_j) 上，$f_{ij} < c_{ij}$，那么给 v_j 标号 $[v_i, l(v_j)]$，其中 $l(v_j) = \min[l(v_i), c_{ij} - f_{ij}]$；如果在边 (v_j, v_i) 上，$f_{ij} > 0$，那么给 v_j 标号 $[-v_i, l(v_j)]$，其中 $l(v_j) = \min[l(v_i), c_{ij} - f_{ij}]$。这时，$v_j$ 成为标号未检查点，而 v_i 成为标号已检查的点。重复以上步骤，如果所有的标号都已经检查过，而标号过程无法进行下去，则标号法结束。这时的可行流就是最大流。但是，如果终点 v_t 被标上号，表示得到一条增广链 μ，转入下一步调整过程。

（2）调整过程。首先按照 v_t 和其他点的第一个标号反向追踪，找出增广链 μ。例如，令 v_t 的第一个标号是 v_k，则边 (v_k, v_t) 在 μ 上。再看 v_k 的第一个标号，若是 v_i，则边 (v_i, v_k) 都在 μ 上。依次类推，直到 v_s 为止。这时，所找出的边就成为网络 D 的一条增广链 μ。取调整量 $\theta = l(v_t)$，即 v_t 的第二个标号

$$f'_{ij} = \begin{cases} f_{ij} + \theta, & 当 (v_i, v_j) \in \mu^+ \\ f_{ij} - \theta, & 当 (v_i, v_j) \in \mu^- \\ \quad 其他不变 \end{cases}$$

再去掉所有的标号，对新的可行流 $f' = \{f'_{ij}\}$ 重新进行标号过程，直至找到网络 D 的最大流为止。

2）安全系统的最大流问题示例

例 3-41：图 3-41 为某区域消防供水系统，已知各条边上的最大流量（L/s）、实际流量（L/s）分别为（c_j, f_j）。求从 v_s 到 v_t 的最大流量。

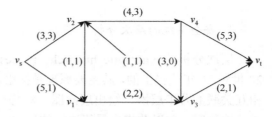

图 3-41　某城市消防供水系统

解：（1）标号过程。首先给 v_s 标号（0, +∞）。

看 v_s：在弧（v_s, v_2）上，$f_{s2}=c_{s3}=3$，不具备标号条件。在弧（v_s, v_1）上，$f_{s1}=1<c_{s1}=5$，故给 v_1 标号[$v_s, l(v_1)$]，其中 $l(v_1)=\min[l(v_s), (c_{s1}-f_{s1})]=\min[+\infty, 5-1]=4$。

看 v_1：在弧（v_1, v_3）上，$f_{13}=c_{13}=2$，不具备标号条件。在弧（v_2, v_1）上，$f_{21}=1>0$，故给 v_2 标号[$-v_1, l(v_2)$]，其中 $l(v_2)=\min[l(v_1), f_{21}]=\min[4, 1]=1$。

看 v_2：在弧（v_2, v_4）上，$f_{24}=3<c_{24}=4$，故给 v_4 标号[$v_2, l(v_4)$]，其中 $l(v_4)=\min[l(v_2), (c_{24}-f_{24})]=\min[1, 1]=1$。在弧（$v_3, v_2$）上，$f_{32}=1>0$，故给 v_3 标号[$-v_2, l(v_3)$]，其中 $l(v_3)=\min[l(v_2), f_{32}]=\min[1, 1]=1$。

在 v_3、v_4 中任意选一个，如 v_3，在弧（v_3, v_t）上，$f_{3t}=1<c_{3t}=2$，故给 v_t 标号[$v_3, l(v_t)$]，其中 $l(v_t)=\min[l(v_3), (c_{3t}-f_{3t})]=\min[1, 1]=1$。

因为 v_t 被标上号，根据标号法转入调整过程。

（2）调整过程。从 v_t 开始，按照标号点的第一个标号，用反向追踪的方法，找出一条从 v_s 到 v_t 的增广链 $\mu\{(v_s, v_1), (v_1, v_2), (v_2, v_3), (v_3, v_t)\}$，如图 3-42 中双箭线所示。

不难看出，在增广链 μ 中，正值的是 $\mu^+=[(v_s, v_1), (v_3, v_t)]$，负值的是 $\mu^-=[(v_2, v_1), (v_3, v_2)]$。取 $\theta=1$，在 μ 上调整 f，得到

$$f^*=\begin{cases} f_{s1}+\theta=1+1=2, & 在\mu^+上 \\ f_{3t}+\theta=1+1=2, & 在\mu^+上 \\ f_{21}-\theta=1-1=0, & 在\mu^-上 \\ f_{32}-\theta=1-1=0, & 在\mu^-上 \\ \quad\quad 其他不变 \end{cases}$$

调整后的可行流 f^* 如图 3-42 所示。

再对这个可行流重新进行标号过程，寻找新的增广链。

首先给 v_s 标号（0, +∞），对于 v_2，给 v_2 标号（v_s, 3）；对于 v_1，在弧（v_1, v_3）上，$f_{13}=c_{13}$，弧（v_2, v_1）上，$f_{21}=0$，均不符合条件。因此，标号过程无法进行下去，不存在从 v_s 到 v_t 的增广链，算法结束，如图 3-43 所示。

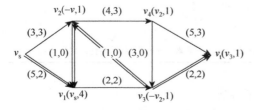

图 3-42　第一次调整后的可行流

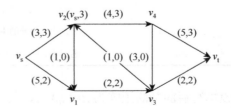

图 3-43　第二次调整后的可行流

这时，网络中的可行流 f^* 即最大流，最大流的流量 $V(f^*)=f_{s1}+f_{s2}=5$（或 $V(f^*)=f_{4t}+f_{3t}=5$），即该城市从 v_s 到 v_t 的消防供水最大流量为 5L/s。

4. 安全系统的层次分析

层次分析法（analytic hierarchy process，AHP）是美国运筹学家沙旦（T. L. Saaty）于20世纪70年代提出的，其主要原理是按组成目标各要素的重要性，把它们排列成由高到低的相互关联的若干层次，绘出层次图，对每一层次各要素的相对重要性予以量化，建立元素的重要性秩序，并以此作为最终决策的依据。

1）层次分析图

层次分析图是一种连通图。将复杂的目标问题分解为基本的属性单位元素，再把这些元素按属性不同分为若干组，以形成不同的层次。同一层次的元素作为准则，对下一层次的某些元素起支配作用，同时又受上一层次元素的支配。这种从上至下的支配关系即形成一个递阶层次，最上层一般是复杂问题的分析目标，中间层是准则，最下层是决策方案。递阶层次结构如图3-44所示。

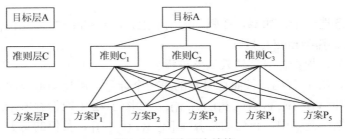

图3-44 递阶层次结构

2）构造判断矩阵并赋值

构造判断矩阵常采用专家评分法。专家针对判断矩阵的准则，判断元素两两间哪个重要，将其重要性程度按1～9赋值（重要性标度含义见表3-42）。

表3-42 重要性标度含义表

重要性标度	含义
1	表示两个元素相比，具有同等重要性
3	表示两个元素相比，前者比后者稍重要
5	表示两个元素相比，前者比后者明显重要
7	表示两个元素相比，前者比后者强烈重要
9	表示两个元素相比，前者比后者极端重要
2，4，6，8	表示上述判断的中间值
倒数	若元素 i 与元素 j 的重要性之比为 a_{ij}，则元素 j 与元素 i 的重要性之比为 $a_{ji}=1/a_{ij}$

设填写后的判断矩阵为 $A=(a_{ij})_{n \times n}$，其具有如下性质：

$$①a_{ij}>0；②a_{ji}=1/a_{ij}；③a_{ii}=1$$

根据上面性质，判断矩阵具有对称性。因此，在填写时通常先填写 $a_{ii}=1$ 部分，然后再仅需判断及填写上三角形或下三角形的 $n(n-1)/2$ 个元素即可。当上述性质对判断矩阵所有元素都成立时，则称该判断矩阵为一致性判断矩阵。

3）层次单排序（计算权向量）与检验

（1）层次单排序。对于专家填写后的判断矩阵，利用一定数学方法进行层次排序。层次单排序是指每一个判断矩阵各因素针对其准则的相对权重，所以本质上是计算权向量。

计算权向量常用和法，其原理是对于一致性判断矩阵，每一列归一化后就是相应的权重。具体的公式是

$$W_i = \frac{1}{n}\sum_{j=1}^{n}\frac{a_{ij}j}{\sum_{k=1}^{n}a_{kl}} \tag{3-39}$$

（2）一致性检验。判断矩阵是否满足大体上的一致性。只有通过检验，才能说明判断矩阵在逻辑上是合理的，才能继续对结果进行分析。

一致性检验的步骤如下：

a. 计算一致性指标 C.I.（consistency index）

$$\text{C.I.} = \frac{\lambda_{\max} - n}{n-1} \tag{3-40}$$

式中，$\lambda_{\max}$ 为矩阵 A 的最大特征值，由 $|\lambda E - A| = 0$ 解出。

b. 查表确定相应的平均随机一致性指标 R.I.（random index）。

对于判断矩阵的不同阶数，查表 3-43，得到平均随机一致性指标 R.I.。

表 3-43　平均随机一致性指标 R.I.

矩阵阶数	1	2	3	4	5	6	7	8
R.I.	0	0	0.52	0.89	1.12	1.26	1.36	1.41
矩阵阶数	9	10	11	12	13	14	15	
R.I.	1.46	1.49	1.52	1.54	1.56	1.58	1.59	

c. 计算一致性比例 C.R.（consistency ratio）并进行判断

$$\text{C.R.} = \frac{\text{C.I.}}{\text{R.I.}} \tag{3-41}$$

当 C.R.≤0.1 时，认为判断矩阵的一致性是可以接受的；当 C.R.>0.1 时，认为判断矩阵不符合一致性要求，需要对该判断矩阵进行重新修正。

4）层次总排序与检验

总排序是指每一个判断矩阵各因素针对目标层（最上层）的相对权重。这一权重的计算采用从上而下的方法，逐层合成。

很明显，第二层的单排序结果就是总排序结果。假定已经算出第 $k-1$ 层 m 个元素相对于总目标的权重 $W^{(k-1)} = (W_1^{(k-1)}, W_2^{(k-1)}, \cdots, W_m^{(k-1)})^{\text{T}}$，第 k 层 n 个元素对于上一层（第 $k-1$ 层）第 j 个元素的单排序权重是 $P_j^{(k)} = (P_{1j}^{(k)}, P_{2j}^{(k)}, \cdots, P_{nj}^{(k)})^{\text{T}}$，其中不受 j 支配的元素的权重为零。令 $P^{(k)} = (P_1^{(k)}, P_2^{(k)}, \cdots, P_n^{(k)})$，表示第 k 层元素对第 $k-1$ 层各元素的排序，则第 k 层元素对于总目标的总排序为 $W^{(k)} = (W_1^{(k)}, W_2^{(k)}, \cdots, W_n^{(k)})^{\text{T}} = P^{(k)}W^{(k-1)}$，或

$$w_i^{(k)} = \sum_{j=1}^{m} p_{ij}^{(k)} w_j^{(k-1)} \qquad i = 1, 2, \cdots, n$$

同样，也需要对总排序结果进行一致性检验。

假定已经算出针对第 $k-1$ 层第 j 个元素为准则的 $\text{C.I.}_j^{(k)}$、$\text{R.I.}_j^{(k)}$ 和 $\text{C.R.}_j^{(k)}$，$j = 1, 2, \cdots, m$，

则第 k 层的综合检验指标为

$$\mathrm{C.I.}_j^{(k)} = (\mathrm{C.I.}_1^{(k)}, \mathrm{C.I.}_2^{(k)}, \cdots, \mathrm{C.I.}_m^{(k)})W^{(k-1)}$$

$$\mathrm{R.I.}_j^{(k)} = (\mathrm{R.I.}_1^{(k)}, \mathrm{R.I.}_2^{(k)}, \cdots, \mathrm{R.I.}_m^{(k)})W^{(k-1)}$$

$$\mathrm{C.R.}^{(k)} = \frac{\mathrm{C.I.}^{(k)}}{\mathrm{R.I.}^{(k)}} \tag{3-42}$$

当 $\mathrm{C.R.}_j^{(k)} < 0.1$ 时，认为判断矩阵的整体一致性是可以接受的。

5）安全系统层次分析示例

例 3-42：运用层次分析法考察各项事故致因因素及其影响权重。以事故为目标层，"管理不善""人失误""物的故障""环境不良"为准则层，人、机、环境、管理中存在的各种事故致因因素为方案层，绘出系统安全的层次结构图，如图 3-45 所示。

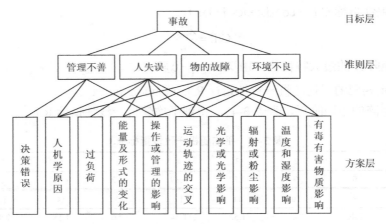

图 3-45　系统安全的层次结构

（1）判断矩阵。

准则层判断矩阵：

$$A_1 = \begin{bmatrix} 1 & 1/3 & 1/3 & 1 \\ 3 & 1 & 1 & 3 \\ 3 & 1 & 1 & 3 \\ 1 & 1/3 & 1/3 & 1 \end{bmatrix}$$

方案层判断矩阵：

$$A_2 = \begin{bmatrix} 1 & 1 & 1 & 1/3 & 1/3 & 1/3 & 3 & 3 & 5 & 1 \\ 1 & 1 & 1 & 1/3 & 1/3 & 1/3 & 3 & 3 & 5 & 1 \\ 1 & 1 & 1 & 1/3 & 1/3 & 1/3 & 3 & 3 & 5 & 1 \\ 3 & 3 & 3 & 1 & 1 & 1 & 5 & 5 & 7 & 3 \\ 3 & 3 & 3 & 1 & 1 & 1 & 5 & 5 & 7 & 3 \\ 3 & 3 & 3 & 1 & 1 & 1 & 5 & 5 & 7 & 3 \\ 1/3 & 1/3 & 1/3 & 1/5 & 1/5 & 1/5 & 1 & 1 & 3 & 1/3 \\ 1/3 & 1/3 & 1/3 & 1/5 & 1/5 & 1/5 & 1 & 1 & 3 & 1/3 \\ 1/5 & 1/5 & 1/5 & 1/7 & 1/7 & 1/7 & 1/3 & 1/3 & 1 & 1/5 \\ 1 & 1 & 1 & 1/3 & 1/3 & 1/3 & 3 & 3 & 5 & 1 \end{bmatrix}$$

（2）层次单排序。

准则层相对权重向量 W_1：

$$W_1=(0.125, 0.375, 0.375, 0.125)^{\mathrm{T}}$$

方案层相对权重向量 W_2：

$$W_2=(0.080, 0.080, 0.080, 0.198, 0.198, 0.198, 0.034, 0.034, 0.018, 0.080)^{\mathrm{T}}$$

（3）一致性检验。

准则层一致性指标：$\mathrm{C.I.}=\dfrac{\lambda_{\max}-n}{n-1}=-1.000$

准则层一致性比例：$\mathrm{C.R.}=\dfrac{\mathrm{C.I.}}{\mathrm{R.I.}}=-1.124<0.1$

其中，$\lambda_{\max}$ 为矩阵 A_1 的最大特征值。由 $|\lambda E-A|=0$ 解得 $\lambda_{\max}=0.99975$。

方案层一致性指标：$\mathrm{C.I.}=\dfrac{\lambda_{\max}-n}{n-1}=-0.9975$，解得 $\lambda_{\max}=1.022032$

方案层一致性比例：$\mathrm{C.R.}=\dfrac{\mathrm{C.I.}}{\mathrm{R.I.}}=-0.669<0.1$

可见，准则层、方案层判断矩阵的一致性均可以接受。

（4）层次总排序。

合成权重：

$$W^{(k)}=P^{(k)}W^{(k-1)}=W_1W_2=\begin{vmatrix} 0.08 & 0 & 0 & 0 \\ 0.08 & 0.08 & 0.08 & 0 \\ 0.08 & 0 & 0 & 0 \\ 0 & 0.198 & 0.198 & 0 \\ 0.198 & 0.198 & 0 & 0.198 \\ 0 & 0.198 & 0.198 & 0.198 \\ 0 & 0.034 & 0 & 0.034 \\ 0 & 0 & 0 & 0.034 \\ 0 & 0 & 0.018 & 0.018 \\ 0 & 0 & 0.080 & 0.080 \end{vmatrix} \times \begin{vmatrix} 0.125 \\ 0.375 \\ 0.375 \\ 0.125 \end{vmatrix}$$

$$=(0.404, 2.836, 1.215, 4.035, 5.044, 7.063, 0.693, 0.173, 0.378, 1.620)$$

根据上述分析可知，在方案层各事故致因因素的权重排序为

$$w_6>w_5>w_4>w_2>w_{10}>w_3>w_7>w_1>w_9>w_8$$

即在人、机、环境、管理构成的系统中，事故可能的致因因素排序如图 3-46 所示。

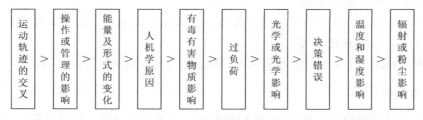

图 3-46　基于层次分析的人、机、环境、管理系统中事故致因因素排序

3.6.4 安全系统控制流图

控制流图（control flow graph，CFG）也称控制流程图，最简单的控制流程图是采用节点、弧对一个控制过程进行抽象表现。

1. 控制流图

节点以标有编号的圆圈表示，控制流线或弧以箭头表示。常见控制流图的结构形式如图 3-47 所示。其中，图 3-47（a）为顺序结构，表示控制流严格按前后顺序依次进行，图 3-47（b）为 If 选择结构，图 3-47（c）为 While 重复结构，图 3-47（d）为 Until 重复结构，图 3-47（e）为 Case 多分支结构。

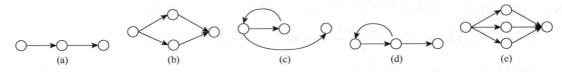

图 3-47　常见控制流图的结构形式

例 3-43：日本学者北川徹三以石油化工系统的数千起事故资料为基础，分析了火灾、爆炸等重大事故发生的原因及过程，认为这些事故都有以下六种基本因素：A 容器、管道等材料损坏、变形，阀的误开启；B 化学反应热的积存；C 危险物质的积存；D 容器内物质的泄漏和扩散；E 高温物或火源的形成；F 人失误。这六种因素相互作用形成的事故连锁模式，可以得到控制流图（图 3-48，其中 R 为事故）。

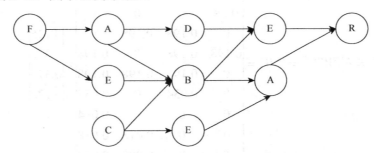

图 3-48　石油化工系统重大事故的基本作用连锁模式

根据图 3-48，可以进行以下的定性分析：

（1）F、C 是起始事件应优先控制，但 F 有 3 级后续事件，C 有 2 级后续事件，C 距离事故 R 更接近，因此 F、C 相比，C 更重要。

（2）在中间事件 A、B、D、E 中，E 出现 3 次，A 出现 2 次，其余均出现 1 次，因此 A、E 比 B、D 重要，且 E 比 A 重要。

（3）在中间事件 B、D 中，B 事件输入和输出都多于 D 事件，即 B 事件参与了多种事故连锁模式的发生，因此 B 比 D 重要。

因此，得到石油化工领域控制重大火灾、爆炸事故的逻辑顺序是：C—F—E—A—B—D。

2. 马尔可夫链

马尔可夫是俄国数学家，他在 20 世纪初发现：设系统 $X(t)$ 是一随机过程，当其在状态转

移过程的 t_0 时刻所处的状态为已知时，时刻 $t(t > t_0)$ 所处的状态与过程在 t_0 时刻之前的状态无关，这个特性称为无后效性。无后效的随机过程是一个典型的随机过程，称为马尔可夫过程（Markov process）。这个过程以控制流图表达，即马尔可夫链（Markov chain）。马尔可夫链达到稳定状态的概率就是系统稳定状态概率，也称稳定概率。

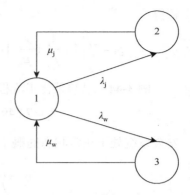

图 3-49　安全系统状态转移图

安全系统在运行过程中可能出现两种故障：生产系统危险时判断为安全的隐性故障和生产系统安全时判断为危险的显性故障。隐性故障可能导致人员和财产的损伤事故，必须严格控制；显性故障虽无事故，但造成无故的生产中断，同样不能容忍。因此，需要分析安全系统处于各种状态的概率。

图 3-49 为安全系统状态转移图，其中状态 1 为正常状态。状态 2 为隐性故障状态，状态 3 为显性故障状态。3 种状态可在一定条件下相互转换，属于可修复系统的马尔可夫过程。

以 $P_i(t)$ 表示系统在 t 时刻处于 i 状态的概率；λ_w、λ_j 分别表示系统显性、隐性故障率；μ_w、μ_j 分别表示系统显性、隐性修复率。根据马尔可夫过程的定义，对于图 3-49 中各转移状态，有

$$P_1(t + \Delta t) = (1 - \lambda_\mathrm{j}\Delta t - \lambda_\mathrm{w}\Delta t)P_1(t) + [\mu_\mathrm{j}\Delta t P_2(t) + \mu_\mathrm{w}\Delta t P_3(t)]$$

$$P_2(t + \Delta t) = (1 - \mu_\mathrm{j}\Delta t)P_2(t) + \lambda_\mathrm{j}\Delta t P_1(t)$$

$$P_3(t + \Delta t) = (1 - \mu_\mathrm{w}\Delta t)P_3(t) + \lambda_\mathrm{w}\Delta t P_1(t)$$

对以上各式求导，得

$$\frac{\mathrm{d}P_1}{\mathrm{d}t} = \lim_{\Delta t \to 0} \frac{P_1(t + \Delta t) - P_1(t)}{\Delta t} = -(\lambda_\mathrm{j} + \lambda_\mathrm{w})P_1(t) + \mu_\mathrm{j}P_2(t) + \mu_\mathrm{w}P_3(t)$$

$$\frac{\mathrm{d}P_2}{\mathrm{d}t} = -\mu_\mathrm{j}P_2(t) + \lambda_\mathrm{j}P_1(t)$$

$$\frac{\mathrm{d}P_3}{\mathrm{d}t} = -\mu_\mathrm{w}P_3(t) + \lambda_\mathrm{w}P_1(t)$$

用矩阵表示，即

$$\frac{\mathrm{d}P}{\mathrm{d}t} = MP(t) \qquad\qquad (3\text{-}43)$$

式中，M 为状态转移矩阵：

$$M = \begin{bmatrix} -(\lambda_\mathrm{j} + \lambda_\mathrm{w}) & \mu_\mathrm{j} & \mu_\mathrm{w} \\ \lambda_\mathrm{j} & -\mu_\mathrm{j} & 0 \\ \lambda_\mathrm{w} & 0 & -\mu_\mathrm{w} \end{bmatrix}$$

安全系统经过较长时间运行后将进入稳定状态，这时系统所处的状态与时间无关，即 $\left.\dfrac{\mathrm{d}P}{\mathrm{d}t}\right|_{t=\infty} = 0$，所以 $MP(\infty) = 0$。

状态转移矩阵 M 具有奇异性，即其中各行线性相关。为得到数值解，去掉其中的任意一行（如去掉第一行），补以约束条件：$\sum MP(\infty) = 1$（系统在任何时刻处于所有状态的概率为 1），得

$$\begin{bmatrix} \lambda_\mathrm{j} & -\mu_\mathrm{j} & 0 \\ \lambda_\mathrm{w} & 0 & -\mu_\mathrm{w} \\ 1 & 1 & 1 \end{bmatrix} \begin{bmatrix} P_1(\infty) \\ P_2(\infty) \\ P_3(\infty) \end{bmatrix} = \begin{bmatrix} 0 \\ 0 \\ 1 \end{bmatrix}$$

解得

$$p_1 = 1 \bigg/ \left(1 + \frac{\lambda_j}{\mu_j} + \frac{\lambda_w}{\mu_w}\right), \quad p_2 = \left(\frac{\lambda_j}{\mu_j}\right) \bigg/ \left(1 + \frac{\lambda_j}{\mu_j} + \frac{\lambda_w}{\mu_w}\right), \quad p_3 = \left(\frac{\lambda_w}{\mu_w}\right) \bigg/ \left(1 + \frac{\lambda_j}{\mu_j} + \frac{\lambda_w}{\mu_w}\right)$$

例 3-44：已知某化工流程安全系统的故障率、维修率分别为

$$\lambda_j = 7.849 \times 10^{-5}, \quad \lambda_w = 4.577 \times 10^{-5}, \quad \mu_j = 0.7, \quad \mu_w = 0.7$$

安全系统处于正常状态的概率为

$$p_1 = 1 \bigg/ \left(1 + \frac{7.849 \times 10^{-5}}{0.7} + \frac{4.577 \times 10^{-5}}{0.7}\right) = 0.9998$$

安全系统处于隐性故障的概率为

$$p_2 = \frac{7.849 \times 10^{-5}}{0.7} \times 0.9998 = 1.12 \times 10^{-4}$$

安全系统处于显性故障的概率为

$$p_3 = \frac{4.577 \times 10^{-5}}{0.7} \times 0.9998 = 6.54 \times 10^{-5}$$

对照国际标准 IEC61508，对连续操作模式下安全完整性（SIF）要求（表 3-44），可知此安全系统仅达到 1 级。

表 3-44　连续操作模式下安全完整性（SIF）要求

安全完整性等级（SIL）	安全系统功能危险失效的目标概率（每小时）
4	$10^{-9} \sim 10^{-8}$
3	$10^{-8} \sim 10^{-7}$
2	$10^{-7} \sim 10^{-6}$
1	$10^{-6} \sim 10^{-5}$

3.6.5　安全系统的统筹网络图

1. 统筹法与网络图

统筹法（overall planning method）是中国数学家华罗庚在生产企业推广计划协调技术和关键路线法时采用的名词。在国外，它又被称为关键路线法（critical path method，CPM）、网络计划技术（network planning technology，NPT）、计划评审技术（program evaluation and review technique，PERT）等。统筹法采用网络图表示各项工作之间的相互关系，通过计算找出控制工期的关键路线，在一定工期、成本、资源条件下获得最佳的计划安排，以达到缩短工期、提高工效、降低成本的目的。

网络图是由节点（点）、弧及权所构成的有向赋权图。

（1）节点。表示一项活动（事项）的开始或结束。节点里面的数字表示其编号，如①、②等。网络的左方第一个节点称为网络图的起始事项，表示总计划任务的开始；右方最后一个节点称为网络图的终点事项，表示总计划任务的结束。介于两者之间的节点称为中间节点，

既表示其前事项的结束，也表示其后事项的开始。

（2）弧。用箭头"→"表示一个工序，该工序的名称通常用代号标在弧的上方。

（3）权。表示完成某个工序需要的时间或资源等数据，通常标在弧的下方，如

$$\xrightarrow[\text{工作时间}]{\text{工序名称}} \quad 或 \quad \xrightarrow[60]{A}$$

（4）紧前（紧后）工序。箭头指向节点的工序（节点前的弧）称为该节点的紧前工序，表示只有完成了这些工序，节点后的工序才能开始；节点后的箭杆工序（节点后的弧）称为该节点的紧后工序，表示该节点的紧前工序全部完成后，可以开始这些工序。

（5）虚工序网络图中用虚箭线（弧）表示虚工序，表示既不占用时间也不消耗资源，只表示前后工序的衔接关系。

例 3-45： 某市分四组进行企业安全检查，在检查前需要集中学习、培训，检查后需要集中讨论汇总。各组检查的企业不同，检查中人员也有所调整。各项活动（工序）所需时间见表 3-45。

表 3-45 企业安全检查程序

活动	活动代号	所需时间/h	紧后工序
检查前集中学习	A	6	B、C、D、E
第一组（仅检查第 1 企业）	B	45	I
第二组（检查第 1 企业）	C	10	F
第三组（检查第 1 企业）	D	20	G、H
第四组（检查第 1 企业）	E	40	H
第二组（检查第 2 企业）	F	18	I
第三组（检查第 2 企业）	G	30	K
第四组（检查第 2 企业）	H	15	I
第三组（检查第 3 企业）	K	25	I
第三组（检查第 1 企业后需调人支持第四组）	J	0	H
检查后汇总	I	4	—

根据该表可绘出统筹网络图（图 3-50），其中 J 为虚工序。

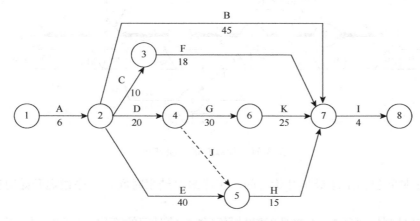

图 3-50 企业安全检查统筹网络图

2. 统筹网络图的计算

为了找到关键路线，需要计算网络图中各个事项即工序的有关时间，其中包括作业时间、事项时间、工序时间、时差等。

（1）作业时间 $T(i,j)$ 是完成一项作业需要的时间。

（2）事项时间包括事项最早时间、事项最迟时间。

a. 事项最早时间 $T_E(i)$ 等于从始点事项起到该事项最长路线的时间长度。计算事项最早时间是从始点事项开始，从左向右逐个事项计算。假设始点事项的最早时间为零，即 $T_E(1)=0$，箭头事项的最早时间等于箭尾事项最早时间加上工序时间。当同时有两个以上箭头事项指向该事项时，需要选择箭尾事项最早时间与作业时间之和的最大值，即

$$T_E(1)=0；\quad T_E(j)=\max\{T_E(i)+T(i,j)\}\qquad j=2,3,\cdots,n \qquad (3\text{-}44)$$

式中，$T_E(i)$ 为箭头事项的最早时间；$T_E(j)$ 为箭尾事项的最早时间。

事项最早时间的计算结果填入各事项左下方的方框内。

b. 事项最迟时间 $T_L(i)$ 是箭头事项各工序的最迟必须结束时间，或箭尾事项各工序的最迟必须开始时间。为了尽量缩短工程的完工时间，把终点事项的最早时间（全部工程的最早结束时间）作为终点事项的最迟时间。因此，计算事项最迟时间是从终点事项开始，从右向左反顺序逐个事项计算。箭尾事项的最迟时间等于箭头事项最迟时间减去作业时间。当箭尾事项同时引出多个箭头时，该箭尾事项的最迟时间必须同时满足这些共组的最迟必须开始时间。所以在这些工序的最迟必须开始时间中选择最早（时间值最小）的时间，即

$$T_L(n)=T_E(n)\quad（n\text{ 为终点事项}）$$

$$T_L(i)=\min\{T_L(j)-T(i,j)\}\qquad i=n-1,\cdots,2,1 \qquad (3\text{-}45)$$

式中，$T_L(j)$ 为箭尾事项的最迟时间；$T_L(i)$ 为箭头事项的最迟时间。

事项最迟时间的计算结果填入各事项右下方的三角形框内。

仍然用前面的示例，计算网络事项时间如图 3-51 所示。其中，关键路线为

$$①\rightarrow②\rightarrow④\rightarrow⑥\rightarrow⑦\rightarrow⑧$$

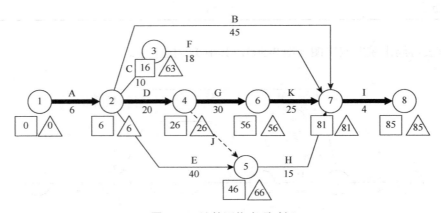

图 3-51　计算网络事项时间

（3）工序时间包括工序最早开始时间、工序最早结束时间、工序最迟开始时间、工序最迟结束时间。

a. 工序最早开始时间 $T_{ES}(i,j)$ 是工序最早可能开始时间的简称。工序必须在其紧前工序结

束后才能开始，它等于该工序箭尾事项的最早时间，即

$$T_{ES}(i,j) = T_E(j) \tag{3-46}$$

b. 工序最早结束时间 $T_{EF}(i,j)$ 是工序最早可能结束时间的简称。它等于工序最早开始时间加上该工序的作业时间，即

$$T_{EF}(i,j) = T_{ES}(i,j) + T(i,j) \tag{3-47}$$

c. 工序最迟结束时间 $T_{LF}(i,j)$ 是在不影响工程最早结束时间的条件下，工序最迟必须结束的时间。它等于工序箭头事项的最迟时间，即

$$T_{LF}(i,j) = T_L(i) \tag{3-48}$$

d. 工序最迟开始时间 $T_{LS}(i,j)$ 是在不影响工程最早结束时间的条件下，工序最迟必须开始的时间。它等于工序最迟结束时间减去该工序的作业时间，即

$$T_{LS}(i,j) = T_{LF}(i,j) - T(i,j) \tag{3-49}$$

e. 工序的总时差 $T_F(i,j)$ 是在不影响工程最早结束时间的条件下，工序最早开始（或结束）时间可以推迟的时间，即

$$T_F(i,j) = T_{LS}(i,j) - T_{ES}(i,j)$$

或　　　　　　　$$T_{LF}(i,j) - T_{EF}(i,j) = T_L(j) - T_E(i) - T(i,j) \tag{3-50}$$

工序的总时差越大，表明该工序在整个网络中的机动时间越长，可以在一定范围内将该工程的人力、物力资源调配到关键工序上去，以达到缩短工序结束时间的目的。

f. 工序的单时差 $T_{FF}(i,j)$ 是在不影响紧后工序最早结束时间的条件下，工序最早结束时间可以推迟的时间，即

$$T_{FF}(i,j) = T_{ES}(j,k) - T_{EF}(i,j) \tag{3-51}$$

式中，$T_{ES}(j,k)$ 为工序 i 到 j 的紧后工序的最早开始时间。

总时差为零的工序，开始和结束的时间没有一点调整的余地。由这些工序所连接起来的路线就是网络中的关键路线，这些工序就是关键工序。

仍然用前面的示例，计算网络工序时间见表 3-46。

表 3-46　网络工序时间计算

| 作业名称 | 节点编号 | | 作业时间/h | 最早时间/h | | 最迟时间/h | | 时差/h | 关键路线 |
	i	j		T_{ES}	T_{EF}	T_{LS}	T_{LF}		
A	1	2	6	0	6	0	6	0	√
B	2	7	45	6	51	36	81	30	
C	2	3	10	6	16	53	63	47	
D	2	4	20	6	26	6	26	0	√
E	2	5	40	6	46	26	66	20	
F	3	7	18	16	34	63	81	47	
G	4	6	30	26	56	26	56	0	√
H	5	7	15	46	61	66	81	20	
K	6	7	25	56	81	56	81	0	√
I	7	8	4	81	85	81	85	0	√

同样，关键路线为①→②→④→⑥→⑦→⑧。

3．网络计划的优化

网络图的优化是在满足既定约束条件下，按某一目标通过不断改进网络计划寻求满意方案。网络计划的优化按计划任务的需要和条件选定，有工期优化、成本优化和资源优化。这里仅简单介绍工期优化。

工期优化就是压缩计算工期，以达到要求工期的目标，或在一定约束条件下使工期最短的优化过程。工期优化一般通过压缩关键工作的持续时间来满足工期要求。若优化过程中出现多条关键路线，为使工期缩短，应将各关键路线的持续时间压缩同一数值。

工期优化步骤如下：

（1）按标号法确定关键工作和关键路线，并求出计算工期。

（2）要求工期计算应缩短的时间 ΔT：

$$\Delta T = T_c - T_r \tag{3-52}$$

式中，T_c 为计算工期；T_r 为要求工期。

（3）选择应优先缩短持续时间的关键工作，具体包括：缩短持续时间对质量和安全影响不大的工作；有充足备用资源的工作；缩短持续时间所需增加的费用最少的工作。

（4）将优先缩短的关键工作（或几个关键工作的组合）压缩到最短持续时间，然后找出关键路线，若被压缩的工作变成非关键工作，应将持续时间延长以保持其仍为关键工作。

（5）如果计算工期仍超过要求工期，重复上述工作，直到满足工期要求或工期不能再缩短为止。

（6）如果存在一条关键路线，该关键路线上所有关键工作都已达到最短持续时间而工期仍不满足要求时，则应考虑对原实施方案进行调整，或调整要求工期。

例 3-46：对于例 3-45，要求安全检查 65h 完成，需如何调整各事项的时间？

解：已知要求计算工期应缩短的时间为 $\Delta T = 85h - 65h = 20h$，第三检查组的工作处于关键路线。经研究认为，可以通过从第二组调入人员，使对三个企业的检查时间分别降低至 15h、20h、20h。同时，第二组对两个企业的检查时间分别增加至 15h、25h。据此绘出新的网络图，并求解得图 3-52。

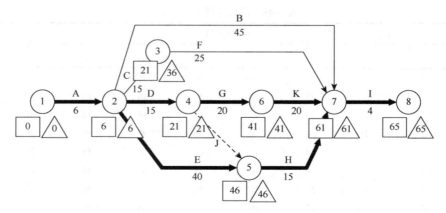

图 3-52　网络计划的优化

计算结果得到两条关键路线，说明时间得到控制、资源得到优化。

3.7　安全系统价值论

3.7.1　安全的价值特征

1. 价值与价值论

价值与价值论是两个完全不同的概念。

价值是商品的属性。价值和使用价值一起构成商品二重性。价值是凝结在商品中的无差别的人类劳动或抽象的人类劳动，是商品的特有属性。使用价值是商品的可用性，是能够满足人们某种需要的属性，是商品满足需要的程度。

价值论与商品无关，是关于社会事物之间价值关系的运动与变化规律的科学（价值关系是指事实本身相对于主体的生存与发展所体现的作用）。任何社会事物的运动与变化都是以一定的利益追求或价值追求为基本驱动力，因此价值关系是一切社会关系的核心内容。

2. 安全的价值和使用价值

当以商品经济的角度考查安全系统的功能时，就存在价值和使用价值。

1）安全的价值

安全的价值是安全作为商品的人类劳动，可以从以下两个方面衡量：

（1）减少事故损失的价值。事故损失分有形和无形损失。有形损失即事故的经济损失，包括直接经济损失和间接经济损失。间接经济损失大于直接经济损失，一般间接经济损失与直接经济损失之比为 5∶1。无形损失是由事故引起的各种潜在的、难以消除的影响，如人心涣散、胆战心惊、意志消退、精神不振、情绪低落、生产任务拖延、企业信誉下降、难以估量的损失。安全的价值体现在事故有形和无形损失的减少。

（2）保护人类健康的价值。安全的价值还可以从保护职工身体安全与健康、提高工作和生活质量、延长寿命来体现。这方面的安全价值看起来属于相对的价值，但有绝对的意义，因为正是在安全领域付出的人类劳动，使得受益者在一段时间内获得生命质量的提升，就可以用这段时间的长度和生命质量提升的幅度来量度其绝对价值。

2）安全的使用价值

安全的使用价值即安全作为商品的"有用性"。生产系统的整个生命周期，从原材料采购，产品的设计、试制、定型开发、生产、使用，直至退役，人员不受伤害、不得疾病或不发生意外死亡的事故，财产不受损失，环境得到保护。安全的受益者是与企业、产品相关的社会、顾客、企业和劳动从业者等所有人员。同时，企业、社会可以从安全中获得三个方面的使用价值：一是避免或减少人员伤害、财产损坏和环境质量破坏所造成的损失；二是维护和保障系统（生产）功能能够充分发挥，获取生产的增值、企业信誉的提高；三是促进社会的稳定、进步和经济的发展。

3. 安全价值规律

安全系统价值论是研究如何通过安全技术经济关系的分析，如何配置安全资源才能取得最大安全效益的理论学说。安全系统价值论的认识论基础是安全价值规律，它决定了人们追求安全的基本驱动力，体现了安全的社会关系。安全价值规律主要包括以下内容。

1）安全资源配置规律

安全资源配置规律是指在可调配总资源有限的条件下，通过调整安全系统与生产系统之间、安全系统内部各要素之间的资源配置比例，实现以系统安全为基础的生产效益最大化。

安全资源配置首先要坚持"安全第一"的原则，即达到法律法规的基本安全要求是任何生产系统赖以存在的必要条件，也是任何资源配置方案可行的前提；另外，安全资源配置还应该以帕累托最优（在没有使任何人境况变坏的前提下，使至少一个人变得更好）作为资源配置效率的标准，以实现安全系统和生产系统的协调发展，促进企业经济效益的提高。

安全资源配置还要坚持"持续改进"的原则。一方面，安全活动是从资源配置开始的，安全资源配置的规模、结构及时空分布，决定安全活动的规模、成效和安全保证程度的高低；另一方面，安全资源配置的效果，也会通过安全系统的实践表现出来，要通过有效的评估机制，为以后的安全资源配置提出要求、指明方向。

2）安全效益规律

安全效益规律主要包括安全效益的界定和构成、表现形式、计算及变化规律。

安全的多属性决定了安全效益表现形式的多样性，按照不同的时间标准、空间标准及属性范畴标准、能否以货币进行计量，可以把安全效益划分为不同的表现形式。安全的基本功能在于避免和减少事故损失，以及维护和促进生产活动的增值。因此，从安全活动的产出效果——安全效益来讲，它包括减损效益和增值效益两部分。安全效益与安全保证程度有关，即与安全再生产与企业再生产之间的协调统一程度有关，它随安全保证程度的变化而变化。

3）安全成本变化规律

在企业经济核算实践中，并没有单独对安全成本进行核算，在理论研究中，关于安全成本的构成内容和分类还没有形成大多数人认同的统一标准。但安全成本的界定及正确核算在安全经济学中占有极其重要的地位。人们将安全成本定义为：安全成本就是与安全有关的费用总和，即安全成本是企业为实现一定的安全生产目标而支付的一切费用和因安全问题而产生的一切损失的货币表现形式。安全成本与安全保证程度有关，在安全成本随安全保证程度变化的过程中，存在一个最合理的安全保证程度，在这一点上安全成本最低。

3.7.2　安全系统效益分析

1. 安全系统效益最优化

安全系统效益最优化是指在一定条件下以最少的资金投入取得最大的安全经济效益。边际效益分析技术是确定最大经济效益的常用方法。

1）边际效益分析

边际效益是经济学中的一个概念，它大体可以这样理解，即一个市场中的经济实体为追求最大利润，多次进行扩大生产，每一次投资产生的效益都会与上一次投资产生的效益之间有一个差值，这个差值就是边际效益。例如，某人肚子很饿，但钱只够买五个馒头。这时，第一个馒头的边际效益最大，因为最饿、最需要，即使多花一点钱也愿意买；第二个馒头的边际效益就递减了，因为有一个馒头垫底，不太饿了。第五个馒头的边际效益最小，因为几乎要饱了，如果感觉馒头卖得贵的话，就一定不会买。可见，每个馒头的价格相同，产生的效益（感觉花钱买来的价值）不同，馒头的价格与产生的效益之间出现逐渐递减的差值，就是边际效益。

　　边际效益分析即通过分析找到追加投资效益与上一次投资效益相等时的点，即边际效益为零时的临界点。临界点之前的边际效益为正效益，临界点之后的边际效益为负效益。

　　最大投资效益是经过多次投资之后，当边际效益为零（追加的支出与追加的收入相等）时，所获得的累积效益。或者说，当边际效益为零时，就达到了最大投资利润，此时继续追加投资，利润就会降低。

　　2）安全系统的边际效益最大化

　　安全系统边际效益是指安全系统的追加投资与所获得的安全度增量的差值，即这部分安全投资与所得安全收益的差值。在实践中，常用事故损失的减少量反映安全度增量。

　　考虑安全投资 C 与安全度 S 呈正相关关系，即 $C \propto K_1 S$；而事故损失 L 与安全度呈负相关关系，即 $L \propto K_2 / S$，则得到安全投资与事故损失有如下相关关系：

$$C \propto K/L \qquad (3\text{-}53)$$

式中，$K = K_1 K_2$，为表达各项相关程度的系数。

　　将安全投资的增加额与事故损失的减少额近似地看作边际投资（用 MC 表示）和边际损失（用 ML 表示），如图 3-53 所示。

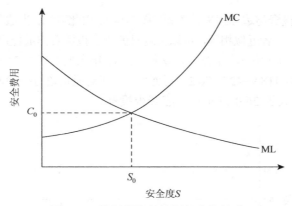

图 3-53　边际投资与边际损失的关系

　　由图 3-53 可知，随着边际投资的上升，系统安全度逐渐增加，同时边际损失逐渐下降。边际安全投资较低时，安全度水平较低，边际损失很高；边际安全投资较高时，安全度水平较高，边际损失很低。

　　经过多次投资后，当边际安全投资量等于边际损失量，系统达到临界安全度 S_0 时，获得累积最大的安全效益。此时，安全投资的增量等于事故损失的减少量，边际安全效益为零；低于临界安全度 S_0 时，安全投资的增量小于事故损失的减少量，具有正的边际安全效益，累积安全效益还有增加的空间；高于临界安全度 S_0 时，安全投资的增量大于事故损失的减少量，具有负的边际安全效益，累积安全效益逐渐降低。负的边际安全效益意味着安全投资的效益不能用事故损失的降低来补偿，且超过临界安全度 S_0 的程度越高，负的边际安全效益就越明显，此时也可理解为系统达到一定安全程度后，对残余危险的控制需要较多的安全投入。

　　3）应用示例

　　例 3-47：某企业 11 年来安全投资与事故损失情况见表 3-47（按年安全投资由小到大排列）。其中，边际投资=本行的安全投资–上一行的安全投资；边际损失=上一行的事故损失–本行的事故损失。

表 3-47　　某企业安全投资与事故损失情况数据表

安全投资 / （万元/年）	事故损失 / （万元/年）	边际投资 / （万元/年）	边际损失 / （万元/年）	边际投资与边际损失之差 / （万元/年）	投资决策
5.0	113.9	—	—	—	—
6.0	89.9	1.0	24.0	−23.0	增加
7.4	70.4	1.4	19.5	−18.1	增加
9.4	54.3	2.0	16.1	−14.1	增加
12.1	41.3	2.7	13.0	−10.3	增加
15.6	31.0	3.5	10.3	−6.8	增加
19.9	22.9	4.3	8.1	−3.8	增加
26.0	16.7	6.1	6.2	−0.1	增加
34.0	12.2	8.0	4.5	3.5	减少
44.7	9.2	10.7	3.0	7.7	减少
57.7	7.4	13.0	1.8	11.2	减少

表 3-47 可得到边际投资与边际损失的关系（图 3-54）。由此可知：当边际投资为 6.1 万元/年时，边际损失为 6.2 万元/年，二者近似相等，可以把这时的安全投资看作最佳投资点，即此时总损失最小，为 26.0+16.7=42.7（万元/年），经济效益最大。以 11 年来最大损失 5.0+113.9=118.9（万元/年）为基准点，则正的效益为 118.9−42.7=76.2（万元/年）。在对投资进行决策时，投资少于 26.0 万元时，应增加投资，投资大于 26.0 万元时，应减少投资。

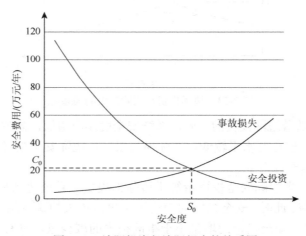

图 3-54　边际投资与边际损失的关系图

应该注意的是，上述分析是仅考虑经济效益方面而作出的决策，而没有顾及安全性的要求。具体地说，此时事故损失为 16.7 万元/年，这样的安全状况是否符合企业的安全要求，是否符合法律法规要求，是否达到了可接受的安全水平，并没有考虑。因此，仅以安全系统的边际效益最大化来评估安全投资行为是不全面的，需要兼顾法律、安全、经济等因素进行综合评估。

2. 安全投资最优化的综合评估

安全投资最优化的综合评估是以投入产出分析为基础，兼顾法律、安全、经济等因素，对安全投资行为进行的综合评估。

1）安全系统的投入产出最优化标准及质疑

安全系统的经济投入表现为主动投入 $C(S)$（系统安全成本）和被动投入 $L(S)$（事故损失和罚金）两种形式。主动投入体现了人们主观上对安全目标的追求，被动投入则体现了客观世界对安全系统功能缺欠的经济处罚。安全系统的投入产出最优化，就是指主动投入 $C(S)$ 和被动投入 $L(S)$ 总和的最小化。

安全系统的主动投入与被动投入负相关：主动投入 $C(S)$ 增加将使安全度 S 提高，而安全度 S 提高将导致被动投入 $L(S)$ 减少，如图 3-55 所示。

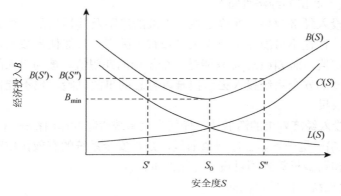

图 3-55　安全系统的经济投入

安全系统经济负担总量 $B(S)$ 为两者之和，即

$$B(S) = C(S) + L(S) \tag{3-54}$$

从经济学的角度考虑，安全投资与事故经济损失的总和最小化的标准，就是使安全系统经济负担总量 $B(S)$ 为最小值，即

$$B(S_0) \Rightarrow B_{\min} \tag{3-55}$$

式中，S_0 为最小安全系统经济投入所对应的安全度水平。

仔细分析会发现，式（3-55）提出的最优化标准在经济上、安全功能上都有很大的片面性，既没有反映安全系统经济效果的非确定性和滞后性，又没有考虑安全系统应考虑的基本原则。因而，如果不做必要的说明，容易使人们对安全系统的评价产生以下曲解：

（1）支付确定的安全系统成本可换来确定的事故损失的降低，两者有一一对应的关系。

（2）安全系统成本和事故损失费用同是经济付出，两者并无本质区别。

（3）减少事故损失，需要支付安全系统成本，但要追求总量最小的原则。

因此，在考虑安全系统投入最优化标准时必须正确、全面认识和理解安全系统投入产出的社会性和经济性两个特征。

2）安全系统投入产出的社会性特征

从社会学或社会效益上考虑，安全系统的投入产出最优化标准必须坚持以下原则：

（1）安全第一的原则，即以满足有关法律法规对安全度的限定 S_S 和社会道德所能容忍的安全度 S_L 为安全系统投资决策时顾及的先决条件，否则安全系统就无实际意义。所以，安全系统经济负担总量 $B(S)$ 的有效取值区间仅在其安全度水平同时满足大于等于 S_S 和 S_L 的范围内。

（2）预防为主的原则，即要求安全系统的投入应先于事故损失和罚金。由图 3-55 可见，

当 $B(S) > B_{\min}$ 时，在相同的安全系统总费用对应两个不同的安全度指标（S'、S''）时，理智的选择是以较多的安全系统主动投入去求得较高的安全度指标，而不可能是相反。可见，在 $B(S)$ 曲线中，有实际意义的只是安全度 $S \geqslant S_0$ 的部分。

（3）安全需要的原则。尽管安全系统投入与事故损失和罚金计算费用的货币单位是一致的，但社会意义是有本质区别的。人类从生存安全需要出发，必然追求以安全系统的主动投入 $C(S)$ 来影响和限制其被动投入 $L(S)$ 的选择。其数学表示是 $L(S)$ 应为 $C(S)$ 的函数，即 $L(S) = L[C(S)]$。

3）安全系统投入产出的经济性特征

（1）安全系统投入经济效果的非确定性。事故的风险及其损失是一个概率事件，一笔确定的安全系统投入，往往不可能完全消除风险和有害因素，只能使事故风险及其损失的概率降低，即 $C(S)$ 是确定值，而 $L[C(S)]$ 却只能是一个统计的期望值。被动投入的非确定性要求人们既不能以放弃必要的安全系统投入去承担难以容忍的事故风险，也不能指望每次投入都取得完全确定的经济效果。

（2）安全系统投入经济效果的滞后性。任何安全系统所起的作用都是后效的、延续的，即被动投入曲线 $L[C(S)]$ 应是一条累加净现值曲线，是在安全系统的有效作用时期和范围内所发生的累积事故损失和罚金折算到项目投入时刻的价值。

4）安全系统两性统一的最优化标准

综上所述，社会性和经济性两性统一时安全系统投入总量 $B(S)$ 应为

$$B(S) = L[C(S)] + C(S) \tag{3-56}$$

式中，$C(S)$ 为安全度 S 的安全系统主动投入；$L[C(S)]$ 为安全系统主动投入为 $C(S)$ 的事故损失与罚金，可表达为

$$L[C(S)] = \sum_{t=t_0}^{t_e} E_t\{L[C(S)]\} / (1+i)^{t-1}$$

式中，$E_t\{L[C(S)]\}$ 为 t 时刻安全系统投入 $C(S)$ 时事故损失和罚金的预测期望值；t_0、t_e 分别为安全系统投入的初始作用时间和最终作用时间；i 为贴现率。

兼顾安全系统的社会性和经济性，其经济效果的评价标准为

$$B(S | S \geqslant S_0) \Rightarrow B'_{\min} \tag{3-57}$$

式中，S_0 为安全度的下限值，应依次满足条件：$S_0 \geqslant S_1$（S_1 为法律法规要求达到的安全度），$S_0 \geqslant S_2$（S_2 为社会道德允许达到的安全度），$S_0 \geqslant S_{\min}$（$S_{\min}$ 为最小总费用所对应的安全度）；$B'_{\min}$ 为满足上述条件的最小安全度。

假定有安全系统的投入产出最优化曲线，如图 3-56 所示，其中 $S_1 \geqslant S_2 \geqslant S_{\min} \geqslant S_0$，则由式（3-57），有 $B'_{\min} = B(S_1)$，即安全系统的投入应满足法律法规的要求，则可达到兼顾安全系统的社会性和经济性的要求。

3.7.3　安全系统价值工程

如前所述，完全依赖经济学的相关理论来分析安全系统的价值是片面的、局限性的。安全系统的效益必须考虑生命学、伦理学、社会学等非经济因素的作用和功能的要求，这就需要进行价值工程分析。

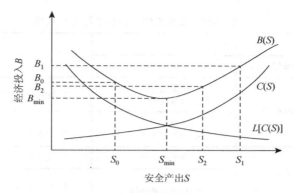

图 3-56 安全系统的投入产出最优化曲线

1. 价值工程

价值工程也称价值分析（value analysis，VA），其基本思想是以最少的费用换取所需要的功能。价值工程以产品或作业的功能分析为核心，以提高产品或作业的价值为目的，正确处理功能与成本之间的关系，力求以最低生命周期成本实现产品或作业使用所要求的必要功能，从而提高企业经济效益。

价值工程的概念源于第二次世界大战期间的一次安全系统分析实践。美国通用电气公司生产轰炸机 B-29，需要一种石棉板，货源紧缺，价格昂贵。设计工程师麦尔斯提出疑问：石棉板用处是什么？能不能用别的材料代替？原来，在生产零件过程中需要用到涂料，而其溶剂是易燃品。当时，美国《消防法》规定涂料工序的工作地必须铺石棉板以防火灾，同时石棉板也起保护工作地清洁的作用。麦尔斯在市场上找到了一种不燃烧的纸，既能起到上述两方面的作用，又价格便宜。几经周折，美国政府修改了《消防法》的规定，允许在生产中使用代用纸。1947 年麦尔斯以《价值分析》为题发表了这套方法。后来，人们把这种方法称为价值工程。

2. 安全系统价值工程分析

价值工程中所说的"价值"不同于哲学、政治经济学、经济学等学科的价值，而类似于使用价值的概念。安全价值即安全功能与安全投入的比值，其表达式为

$$安全价值(V) = 安全功能(F)/安全投入(C) \tag{3-58}$$

由式（3-58）可见，要提高安全价值 V，可以采取的对策依次是：安全功能 F 提高，安全投入 C 降低；安全投入 C 不变，安全功能 F 提高；安全投入 C 略有提高，安全功能 F 有更大提高；安全功能 F 不变，安全投入 C 降低；安全功能 F 略有下降，安全投入 C 大幅度下降。人们对安全程度的要求越来越高，因此前面三种是寻求提高安全价值的主要途径，后两种情形则只能在某些情况下使用。

安全系统价值工程分析可以划分为分析、综合、评价 3 个阶段和 12 个具体步骤，见表 3-48。其中的 7 个提问则是一条重要的思路，如能圆满回答，就可以找到较好的安全系统改进方案。

在选择安全价值工程分析对象时，通常采用 ABC 分析法，即将被分析的对象分成 A、B、C 三类，其中 A 类累计频率为 0%～80%，是主要影响因素；B 类累计频率为 81%～90%，是次要影响因素；C 类累计频率为 91%～100%，是一般影响因素。由此可以区别关键的少数和次要的多数，重点对少数关键因素进行分析，从而提高分析的效率。

表 3-48　安全系统的价值工程分析程序

构思过程	分析程序		提问
	基本步骤	详细步骤	
分析	1. 功能定义	1. 对象选择 2. 情报收集	1. 这是什么样的安全系统
		3. 功能定义 4. 功能整理	2. 安全系统的功能是什么
	2. 功能评价	5. 功能成本分析	3. 安全系统的成本是多少
		6. 功能评价 7. 确定对象范围	4. 安全系统的价值是多少
综合	3. 制定改进方案	8. 创造	5. 还有其他安全系统方案吗
评价		9. 概略评价 10. 具体化、调查 11. 详细评价 12. 提案	6. 新方案的成本是多少 7. 新方案能满足功能要求吗

3. 安全系统价值工程示例

例 3-48：某安全系统有 A、B、C、D、E、F、G、H，共 8 项具体的安全功能，各项功能的成本投入不同，见表 3-49。现运用价值工程分析安全系统的功能。

表 3-49　功能重要性系数

专项	相比较结果								项目功能得分	功能重要性系数 F_i	现实成本 c_i	成本系数 C_i	价值系数 V_i
	A	B	C	D	E	F	G	H					
A	×	1	1	0	1	1	1	1	6	0.214	202	0.253	0.85
B	0	×	1	0	1	1	1	1	5	0.179	333	0.416	0.43
C	0	0	×	0	1	1	1	0	3	0.107	32	0.040	2.68
D	1	1	1	×	1	1	1	1	7	0.250	31	0.039	6.41
E	0	0	0	0	×	0	1	0	1	0.036	68	0.085	0.42
F	0	0	0	0	1	×	1	0	2	0.071	45	0.056	1.27
G	0	0	0	0	0	0	×	0	0	0	9	0.011	0
H	0	0	1	0	1	1	1	×	4	0.143	80	0.100	1.43
功能总分									28	1.00	800	1.000	

1）计算功能重要性系数 F_i

采用"01"评分法对功能项目两两比较。在表 3-49 中，第 A 行与第 G 列的交叉处是 1 分，表明 A 比 G 重要；第 A 行与第 D 列的交叉处是 0 分，表明 A 没有 D 重要；相同项目不作比较，用×表示。比较后的得分横向累加，就得出项目功能得分；各项目功能得分累计相加为功能总分；而各单项的功能得分与总分之比就是该单项的功能重要性系数，即功能评价系数。其计算式为

$$F_i = \sum_{j=1}^{n} a_{ij} \bigg/ \sum_{i=1}^{n} \sum_{j=1}^{n} a_{ij} \qquad (3-59)$$

式中，F_i 为第 i 项功能评价系数；a_{ij} 为功能重要性比较系数；n 为安全系统功能项目数。

2）计算成本系数 C_i

某单项现实成本占项目总成本的比例即为该单项的成本系数，其计算式为

$$C_i = c_i \bigg/ \sum_{i=1}^{n} c_i \qquad (3-60)$$

式中，C_i 为第 i 项功能的成本系数；c_i 为第 i 项功能的现实成本。

3）计算价值系数 V_i

某单项功能重要性系数与其成本系数之比即为该单项的价值系数，其计算式为

$$V_i = F_i / C_i \qquad (3-61)$$

4）安全系统价值功能分析

从表 3-49 的计算数据可知，价值系数的计算结果有以下四种情况：

（1）第一种情况，价值系数等于 1 或接近 1，如表 3-49 中的 A 项，说明分配在该单项上的功能和成本相当，是合适的。

（2）第二种情况，价值系数大于 1 较多，如表 3-49 中的 D 项和 C 项，说明分配在该单项上的成本比例偏低。对此情况，也可以选为安全价值工程的对象，检查是否已经满足必要安全功能和达到应有的安全功能水平，从而改善价值系数。当然，有些物品如灭火用的砂子或防尘用的水，就其功能来说十分重要，但其成本相对来说很低廉，故价值系数很大，对此当然没有必要再有意增加成本比例。

（3）第三种情况，价值系数小于 1 较多，如表 3-49 中的 B 项和 E 项，说明分配在该单项上的成本比例偏高，特别是 B 单项的成本占总成本比例的 0.416，而功能重要性系数仅占 0.179，所以应当选为安全价值工程的对象，使其不断降低成本或改善安全功能，从而改善价值系数，使成本与安全功能趋于匹配。

（4）第四种情况，价值系数为 0，如表 3-49 中的 G 项。对于这种项目，要注意分清是不必要的功能还是属于最不重要的功能。若属前者，此专题应当取消，因为尽管其成本系数仅为 0.011，但属于不必要支出。如果是属于最不重要的功能，虽价值系数为 0，但不能把此项目取消而应根据实际情况处理。因为运用这种判定方法，最后总要有一个价值系数为 0 的项目。

3.8　安全系统排队论

3.8.1　排队系统及其教学模型

1. 排队系统

排队论（queuing theory）又称随机服务系统理论，是通过对服务对象到来及服务时间的统计研究，得出这些数量指标（等待时间、排队长度、忙期长短等）的统计规律，然后根据这些规律来改进服务系统的结构或重新组织被服务对象，使得服务系统既能满足服务对象的需要，又能使机构的费用最经济或某些指标最优。

排队系统一般可表示为图 3-57。各个顾客由顾客源（总体）出发，到达服务机构（服务台、服务员）前排队等候接受服务，服务完后离去。表 3-50 为安全系统排队的示例。

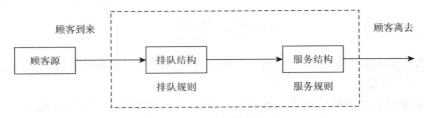

图 3-57 排队系统

表 3-50 安全系统几种排队的示例

到达的顾客	要求服务的内容	服务机构
1. 设备故障	修理	修理工
2. 人员伤害	诊断或手术	医生
3. 报警电话	通话	接警人
4. 应急消防车	通路	消防通道

排队系统由输入过程、排队规则、服务机构三部分组成：

（1）输入过程，指顾客到达排队系统。

（2）排队规则，有四种规则：先到先服务，即按到达次序接受服务；后到先服务，如乘电梯是后进先出，在情报系统中，最后到达的信息往往是最有价值的，常最先被采用；随机服务，服务员从等待的顾客中随机地选取其一进行服务，而不管到达的先后，如电话交换台接通呼唤的电话；有优先权的服务，如医院对重病患者给予优先治疗。

（3）服务机构，有多种方式，如图 3-58 所示。

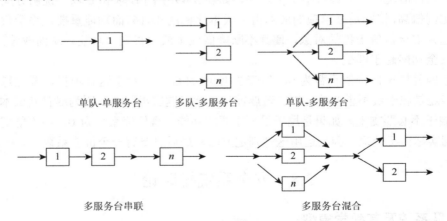

图 3-58 各种服务机构的情况

2. 排队模型及其解

排队系统中最主要、影响最大的特征是：相继顾客到达间隔时间的分布；服务时间的分布；服务台个数。按照此分类，排队模型的一般形式是

$$X/Y/Z \tag{3-62}$$

式中，X 为相继顾客到达间隔时间的分布；Y 为服务时间的分布；Z 为服务台个数。

解排队问题的目的是研究排队系统运行的效率，估计服务质量，确定系统参数的最优值。这些参数主要是：

（1）队长（读作"长短"的长）和排队长。队长即系统中的顾客数 L_s，排队长即系统中排队等待服务的顾客数 L_q，有

$$L_s = L_q + 正被服务的顾客数 \qquad (3\text{-}63)$$

L_s 或 L_q 越大，说明服务率越低。

（2）逗留时间和等待时间。逗留时间即一个顾客在系统中的停留时间 W_s，等待时间是一个顾客在系统中排队等待的时间 W_q，有

$$W_s = W_q + 服务时间$$

（3）忙期。从顾客到达空闲服务机构起到服务机构再次空闲为止的这段时间长度，即服务机构连续繁忙的时间长度。

（4）损失率，即因服务时间或排队长度的限制，顾客被拒绝服务而受到的损失。

（5）服务强度，即每个服务台单位时间内的平均服务时间。

3. 排队参数的随机分布

到达间隔（输入流）的分布和服务时间的概率分布是排队问题求解的关键。常见的输入流为普阿松流，服务时间的分布为负指数分布。

1）到达间隔时间 T 的分布

（1）普阿松流。设在时间区间 $[0,t]$ $(t>0)$ 内到达的顾客数为 $N(t)$，在时间区间 $[t_1,t_2](t_2>t_1)$ 内有 n 个顾客到达的概率为 $P_n(t_1,t_2)$，则当 $P_n(t_1,t_2)$ 符合下列条件时，就称顾客的到达形成普阿松流（又称泊松流）：

a. 在不相重叠的时间区间内顾客到达数是相互独立的，即无后效性。

b. 对充分小的 Δt，在 $[t,t+\Delta t]$ 内有 1 个顾客到达的概率与 t 无关，而与区间长 Δt 成正比，即 $P(t,t+\Delta t)=\lambda\Delta t+0(\Delta t)$ （其中，λ 为单位时间到达的顾客数，称为平均到达率）。

c. 对充分小的 Δt，在 $[t,t+\Delta t]$ 内有 2 个或 2 个以上顾客到达的概率极小，可忽略，即

$$\sum_{n=2}^{\infty} P_n(t,t+\Delta t)=0(\Delta t)$$

一般地

$$P_n(t)=\frac{(\lambda t)^n}{n!}e^{-\lambda t} \quad t>0 \ (n=0,1,2,\cdots) \qquad (3\text{-}64)$$

例 3-49：记录某城市消防报警系统连续接到的 25 个应急响应报告的时刻，见表 3-51（开始观察时刻为 0，单位为 min）。试用一个普阿松流过程描述该到达过程。

表 3-51　需要应急响应的时刻

1	8	12	15	17	19	27	43	58	64	70	72	73
91	92	101	102	103	105	109	122	123	124	135	137	

解：该应急响应报告是一个最简单流。报告相继到达的时间间隔为 $T_n(n=1,2,\cdots,\Lambda)$ 相互独立，且服从负指数分布。现在估计负指数分布的参数 λ。

由表 3-51 可知，报告相继传输到安全系统的时间间隔为

1	7	4	3	2	2	8	16	15	6	6	2	1
18	1	9	1	1	2	4	13	1	1	11	2	

它们的和为 137，$\Lambda=25$，故平均到达率 $\lambda=25/137=0.1825$。

系统在 t 时间内有 k 个报警电话的概率为

$$P[N(t)=k]=\frac{(0.1825t)^k}{k!}\mathrm{e}^{-0.1825t}, \quad k=0,1,2,\cdots,\Lambda$$

（2）到达间隔时间 T 的分布。当输入过程是普阿松流时，研究两报告相继到达的间隔时间的概率分布。设 T 的分布函数为 $F_T(t)$，则 $F_T(t)=P(T\leqslant t)$。其中，$P(T\leqslant t)$ 为在 $[0,t]$ 区间内至少有一个顾客到达的概率。

由于 $P_0(t)=\mathrm{e}^{-\lambda t}$，所以

$$F_T(t)=P(T\leqslant t)=1-P_0(t)=1-\mathrm{e}^{-\lambda t} \quad t>0 \tag{3-65}$$

概率密度
$$f_T(t)=\frac{\mathrm{d}F_T(t)}{\mathrm{d}t}=\lambda\mathrm{e}^{-\lambda t} \quad t>0 \tag{3-66}$$

即到达间隔时间 T 服从负指数分布。

因此，如果顾客到达是普阿松流，则到达间隔时间必为负指数分布，两者是等价的。

2）服务时间 V 的分布

对一个顾客的服务时间，即在忙期相继离开系统的两顾客的间隔时间，一般也服从负指数分布。设它的分布函数和密度函数分别为

$$F_V(t)=1-\mathrm{e}^{-\mu t} \tag{3-67}$$

$$f_V(t)=\mu\mathrm{e}^{-\mu t} \tag{3-68}$$

式中，μ 为单位时间能被服务完的顾客数，称为平均服务率；$1/\mu=E[V]$ 为顾客的平均服务时间；$\rho=\lambda/\mu$ 为服务强度，即相同时间区间内顾客到达的平均数与能被服务的平均数之比。

例 3-50：对安全系统的 200 个检测探头进行寿命检验，结果见表 3-52。检测探头寿命是否服从负指数分布。

表 3-52　检测探头寿命检验结果

探头检测寿命 t/h	探头检测数目 n	探头检测寿命 t/h	探头检测数目 n
0～500	133	1501～2000	4
501～1000	45	2001～2500	2
1001～1500	15	2501～3000	1

解：采用理论概率 P 与统计概率 P' 分布的拟合度检验判断。检测探头的平均寿命为

$$M_t=\frac{1}{n}\sum_{i=1}^{200}n_it_i=(133\times250+45\times750+15\times1250+4\times1750+2\times2250+1\times2750)/200=500(\mathrm{h})$$

故指数分布的参数为

$$\lambda=1/M_t=1/500=0.002$$

密度函数和指数分布函数分别为

$$f(t)=\lambda\mathrm{e}^{-\lambda t}=0.002\mathrm{e}^{-0.002t}, \quad F(t)=1-\mathrm{e}^{-0.002t}$$

求落在各组检测探头寿命内的数目的概率：

因为

$$P(a<t<\beta)=F(\beta)-F(a)=(1-\mathrm{e}^{-\lambda\beta})-(1-\mathrm{e}^{-\lambda a})=\mathrm{e}^{-\lambda a}-\mathrm{e}^{-\lambda\beta}$$

所以

$$P(0<t<500)=\mathrm{e}^{-0.002\times0}-\mathrm{e}^{-0.002\times500}=1-\mathrm{e}^{-1}=0.6321$$

类似地

$$P(500 < t < 1000) = 0.2326\ ;\quad P(1000 < t < 1500) = 0.0855\ ;$$
$$P(1500 < t < 2000) = 0.0315\ ;\quad P(2000 < t < 2500) = 0.0116\ ;$$
$$P(2500 < t < 3000) = 0.0042$$

检测探头寿命的统计概率 $P' = m/n$ 为

0～500h	P' =133/200=0.665	1500～2000h	P' =4/200=0.020
500～1000h	P' =45/200=0.225	2000～2500h	P' =2/200=0.010
1000～1500h	P' =15/200=0.075	2500～3000h	P' =1/200=0.005

比较检测探头的理论概率 P 和统计概率 P' 可以发现，它们之间的偏差很小，因而可以认为检测探头服务时间确实服从负指数分布。这种方法称为分布的拟合度检验。

3.8.2　安全系统的排队问题

基于排队论的安全系统的随机模拟是将安全系统与特定服务对象作为随机服务系统的基本要素，主要开展以下三个方面的研究：

（1）安全系统运行规律的研究，即根据资料进行统计推断，建立系统动态模拟模型。

（2）安全系统状态的研究，即运用与排队有关的数量指标，描述系统某种特定状态的概率。

（3）安全系统优化的研究。以上述分析为基础，正确设计和有效运行服务系统中的要素，调整系统的结构，使安全系统发挥最佳效益。

具体地，在研究安全系统运行指标 L_s、L_q、W_s、W_q 时，都是以求解系统状态为 n（有 n 个顾客）的概率 $P_n(t)$ 为基础的。

1. $M/M/1$ 模型

$M/M/1$ 模型指输入过程服从普阿松流过程，服务时间服从负指数分布，单服务台。$M/M/1$ 模型可以分为三类：标准 $M/M/1$ 模型、系统容量（N）有限模型、顾客源（m）有限模型。

1）标准 $M/M/1$ 模型

对于该模型有

$$L_s = \frac{\lambda}{\mu - \lambda}, L_q = \frac{\rho\lambda}{\mu - \lambda}, W_s = \frac{1}{\mu - \lambda}, W_q = \frac{\rho}{\mu - \lambda} \tag{3-69}$$

相互关系为

$$L_s = \lambda W_s, L_q = \lambda W_q, W_s = W_q/\rho, L_s = L_q/\rho$$

例 3-51（等待时间问题）：统计得出某设备中配件的故障数服从参数 λ=2.1 的普阿松分布，维修时间服从参数 μ=2.5 的负指数分布，求：①在维修的设备数（期望值）；②排队等待维修设备数（期望值）；③待维修设备逗留时间；④待维修设备排队等待时间。

解：在维修的设备数（期望值）：$L_s = \dfrac{\lambda}{\mu - \lambda} = \dfrac{2.1}{2.5 - 2.1} = 5.25$（个）

排队等待维修设备数（期望值）：$L_q = \dfrac{\rho\lambda}{\mu - \lambda} = \rho L_s = \dfrac{2.1}{2.5} \times 5.25 = 4.41$（个）

待维修设备逗留时间：$W_s = \dfrac{1}{\mu - \lambda} = \dfrac{1}{2.5 - 2.1} = 2.5$（h）

待维修设备排队等待时间：$W_q = \dfrac{\rho}{\mu - \lambda} = \dfrac{0.84}{2.5 - 2.1} = 2.1$（h）

由于 $\rho = \lambda/\mu = 2.1/2.5 = 0.84$，说明维修系统有 84%的时间是繁忙的（被利用的），有 16%的时间是空闲的。

例 3-52（服务时间问题）：某设备检测站平均每隔 20min 接收一台待检测的安全设备，每个设备检测时间平均需要 15min。现假设它是 $M/M/1$ 排队模型，为了减少等待时间，提高安全设备的利用率，需使送检人员等待的概率不超过 0.01，那么至少应准备几个检测机位？（包括检测时所占用的一个机位）

解：设 k 为需要的机位数。因而送检人员站着的概率 $P_k + P_{k+1} + \cdots \leqslant 0.01$，于是应要求：

$$\sum_{j=0}^{k-1} P_j = (1-\rho) \sum_{j=0}^{k-1} \rho_j = 1 - \rho^k \geqslant 0.99$$

即 $\rho^k \leqslant 0.01$，所以 $k \lg\rho \leqslant \lg 0.01 = -2$。由于 $1/\lambda = 20$，$1/\mu = 15$，所以 $\rho = 15/20 = 0.75$，$\lg\rho = -0.1249$，故 $k \geqslant \dfrac{2}{0.1249} \approx 16$，即至少应准备 16 个机位。

2）系统容量（N）有限模型[$M/M/1(N)$]

如果系统最大容量为 N，对于单服务台，排队等待的顾客最多为 $N–1$。在某时刻，1 个顾客到达时，如系统中已有 N 个顾客，那么这个顾客就被拒绝进入系统，如图 3-59 所示。

图 3-59　系统容量有限模型

显然，当 $N=1$ 时，系统中只有 1 个顾客，到达即可被服务，称为即时制；当 $N \rightarrow \infty$ 时，排队长度无限制，称为容量无限制。

对于该模型，系统在任意 t 时刻状态为 n 的概率 $P_n(t)$：

$$\begin{cases} P_0 = \dfrac{1-\rho}{1-\rho^{N+1}} \\[3mm] P_n = \dfrac{1-\rho}{1-\rho^{N+1}} \rho^n \end{cases} \tag{3-70}$$

到达率：
$$\lambda_e = \mu(1 - P_0) \tag{3-71}$$

平均顾客数：
$$L = \dfrac{\rho}{1-\rho} - \dfrac{(N+1)\rho^{N+1}}{1-\rho^{N+1}} \tag{3-72}$$

顾客逗留时间（期望值）：
$$W_s = \dfrac{L_s}{\lambda_e} = \dfrac{L_s}{\mu(1 - P_0)} \tag{3-73}$$

例 3-53（服务台设置问题）：某建筑有 1 条消防通道，通道内可容纳 6 人。紧急状态时，逃生人员必须能顺利通过消防通道，若逃生人员平均到达率为 30 人/min，通过消防通道平均时间为 0.03min，分析系统的安全性。

解：因为系统中最大的顾客数 $N=7$，$\lambda=30$ 人/min，$\mu=33$ 人/min，$\rho=30/33=0.91$，依据公式得

逃生人员顺利通过通道的概率　　$P_0=\dfrac{1-\rho}{1-\rho^{N+1}}=\dfrac{1-0.91}{1-(0.91)^8}=0.1699$

顺利通过通道的人数　　$L=\dfrac{\rho}{1-\rho}-\dfrac{(N+1)\rho^{N+1}}{1-\rho^{N+1}}=\dfrac{0.91}{1-0.91}-\dfrac{8\times(0.91)^8}{1-(0.91)^8}=3.01$

需要等待逃生人数　　$L_q=L-(1-P_0)=3.01-(1-0.1699)=2.18$

有效到达率　　$\lambda_e=\mu(1-P_0)=33\times(1-0.1699)=27.39$（人/min）

逃生人员在通道内逗留的期望时间　　$W_s=\dfrac{L_s}{\lambda_e}=\dfrac{3.01}{27.39}=0.11$（min）

逃生人员不能进入通道的概率（相当于系统中有 7 个逃生人员的概率）：

$$P_7=\dfrac{1-\rho}{1-\rho^8}\cdot\rho^7=\dfrac{1-\dfrac{\lambda}{\mu}}{1-\left(\dfrac{\lambda}{\mu}\right)^8}\left(\dfrac{\lambda}{\mu}\right)^7=(0.91)^7\times\left[\dfrac{1-0.91}{1-(0.91)^8}\right]=8.78\%$$

3）顾客源（m）有限模型

以机器故障停机待修问题来说明，设共有 m 台机器（总体），机器故障停机表示"到达"，待修的机器形成队列，修理工人是服务员（单服务员）。特点是，每个顾客到来并经过服务后，仍回到原来总体，并仍有可能到来。

此时，设 λ 为每台机器单位运行时间内发生故障的平均次数。而系统外的平均顾客数为 $m-L_s$，故系统的有效到达率为 $\lambda_e=\lambda(m-L_s)$，如图 3-60 所示。

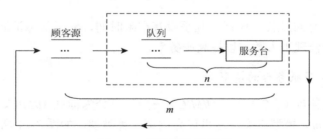

图 3-60　顾客源有限模型

对于该模型，t 时刻有 n 个顾客的概率：

$$P_0=\dfrac{1}{\displaystyle\sum_{n=0}^{m}\dfrac{m!}{(m-n)!}\left(\dfrac{\lambda}{\mu}\right)^n} \tag{3-74}$$

$$P_n=\dfrac{m!}{(m-n)!}\left(\dfrac{\lambda}{\mu}\right)^n\cdot P_0 \quad (1\leqslant n\leqslant m) \tag{3-75}$$

系统运行指标：

$$L_s = m - \frac{\mu}{\lambda}\sum_{k=1}^{m}P_k = m - \frac{\mu}{\lambda}(1-P_0) \tag{3-76}$$

$$L_q = m - \frac{(\lambda+\mu)(1-P_0)}{\lambda} \tag{3-77}$$

$$W_s = \frac{L_s}{\lambda_c} = \frac{m - \frac{\mu}{\lambda}(1-P_0)}{\lambda(m-L_s)} \tag{3-78}$$

$$W_q = W_s - \frac{1}{\mu} \tag{3-79}$$

例 3-54： 某消防系统有 5 台水泵，每台泵的连续运转时间服从负指数分布，平均连续运转时间 60min，有 1 个修理工，每次修理时间服从负指数分布，平均每次 12min。计算各项系统运行指标。

解：由 $m=5$，$\lambda=\frac{1}{60}$，$\mu=\frac{1}{12}$，$\rho=\frac{\lambda}{\mu}=0.2$ 得修理工空闲的概率为

$$P_0 = \left[\frac{5!}{5!}(0.2)^0 + \frac{5!}{4!}(0.2)^1 + \frac{5!}{3!}(0.2)^2 + \frac{5!}{2!}(0.2)^3 + \frac{5!}{1!}(0.2)^4 + \frac{5!}{0!}(0.2)^5\right]^{-1} = 0.285$$

5 台机器都出故障的概率：$P_5 = \frac{5!}{0!}(0.2)^5 \cdot P_0 = 0.0109$

出故障的平均台数：$L_s = 5 - \frac{1}{0.2}\times(1-0.285) = 1.425$ （台）

等待修理的平均台数：$L_q = L_s - (1-P_0) = 1.425 - (1-0.285) = 0.71$ （台）

平均停工时间：$W_s = \dfrac{m}{\mu(1-P_0)} - \dfrac{1}{\lambda} = \dfrac{5}{\dfrac{1}{12}\times(1-0.285)} - 60 = 23.92 \approx 24$ （min）

平均等待修理时间：$W_q = W_s - \dfrac{1}{\mu} = 24 - 12 = 12$ （min）

可见，机器停工时间过长，修理工几乎没有空闲时间，为了保障消防系统的功能，应当减少修理时间或增加修理工人数，以提高服务率。

2. $M/M/C$ 模型（多服务台的情形）

单队、并列多服务台（c 个）的（$M/M/C$）模型也可分为标准 $M/M/C$、系统容量有限（N）模型、顾客源有限（m）模型三类。这里仅介绍第一种类型，如图 3-61 所示。

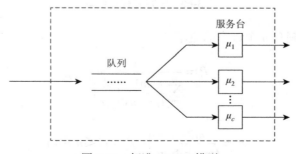

图 3-61　标准 $M/M/C$ 模型

设各服务台工作相互独立且平均服务率相同，即 $\mu_1 = \mu_2 = \cdots = \mu_c$，整个服务机构的平均服务率为 $c\mu$，服务强度为 $\rho = \lambda / c\mu < 1$。这时

服务台空闲率：
$$P_0 = 1 \left/ \left[\sum_{n=0}^{c-1} \frac{1}{n!} \left(\frac{\lambda}{\mu} \right) + \frac{1}{c!} \left(\frac{\lambda}{\mu} \right)^c \left(\frac{1}{1 - \frac{\lambda}{c\mu}} \right) \right] \right. \qquad (3\text{-}80)$$

服务台占满率：
$$P_n(n \geq c) = \frac{1}{c!(1-\rho)} \left(\frac{\lambda}{\mu} \right)^n P_0 \qquad (3\text{-}81)$$

排队等待服务顾客数：
$$L_q = \frac{(c\rho)^c \rho}{c!(1-\rho)^2} P_0 \qquad (3\text{-}82)$$

系统中平均顾客数：
$$L = L_q + \frac{\lambda}{\mu} \qquad (3\text{-}83)$$

顾客平均停留时间：
$$W = \frac{L}{\lambda} \qquad (3\text{-}84)$$

例 3-55：航班乘客单队进入安全通道后接受安检，安检系统设有 3 个服务窗口，乘客到达服从普阿松流过程，平均到达率每分钟 $\lambda = 0.9$ 人，服务时间服从负指数分布，平均服务率每分钟 $\mu = 0.4$ 人。计算各项系统运行指标。

解：该问题是单队三个服务窗口的情形。

因为 $c = 3$，$\frac{\lambda}{\mu} = 2.25$，$\rho = \frac{2.25}{3}$，所以安检服务空闲概率：

$$P_0 = \frac{1}{\dfrac{(2.25)^0}{0!} + \dfrac{(2.25)^1}{1!} + \dfrac{(2.25)^2}{2!} + \dfrac{(2.25)^3}{3!} + \dfrac{1}{1 - \dfrac{2.25}{3}}} = 0.0748$$

服务台占满率（顾客到达后需等待率）：

$$P_3 = \frac{1}{3 \times 2 \times \left(1 - \dfrac{2.25}{3} \right)} \times (2.25)^3 \times 0.0748 = 0.57$$

排队等待服务顾客数：
$$L_q = \frac{(2.25)^3 \times \dfrac{2.25}{3}}{3! \times \left(1 - \dfrac{2.25}{3} \right)^2} \times 0.0748 = 1.70$$

平均顾客数：
$$L = 1.70 + 2.25 = 3.95$$

平均停留时间：
$$W = \frac{3.95}{0.9} = 4.39 \text{ (min)}$$

3. 地铁站安全疏散分析示例

例 3-56：作为人流密集场所的地铁站一旦发生爆炸、毒气、火灾等事故，乘客逃生通道狭窄，外部救援难度较大，因此，在地铁设计时需要考虑人员可用的安全疏散时间。理论上，这是一种多服务台（可疏散出口数）的排队问题，可以采取随机分布模型解决。

1）安全疏散极限状态方程

运用蒙特卡罗的极限状态方程来模拟地铁站火灾事故时人员可用安全疏散的时间，可表示为

$$G = S - D - R - E \geqslant 0 \tag{3-85}$$

式中，G 为人员剩余可用安全疏散时间；S 为烟气充填到距地面 1.6m 处的时间（设以烟气充填到距地面 1.6m 处作为决定人员安全与否的标准，忽略了烟气到达 1.6m 前的不确定性）；D 为系统检测到火灾发生的时间；R 为人员疏散前的反应和行动时间；E 为人员运动到安全地带的时间。

显然，式（3-85）中所有的参数都是随机的。为了计算人员剩余可用安全疏散时间，需要确定其中各个参数的大小及其随机分布的规律。

2）状态方程参数的确定

设：①欲模拟的站台为岛式站台，宽 12m，长 120m。乘客活动区域总面积 1440m²，高（地面装饰距离吊顶面）4.5m。站台中间设有两个宽 2.5m 的剪刀差步行楼梯，两侧设有两个宽 2m 的自动扶梯。②该站台安全系统由火灾报警系统、气体灭火系统、防排烟系统构成。设发生火灾时火灾报警系统自动启动、气体灭火系统失效、防排烟系统自动启动。

由于自动报警系统成功启动，可以较快地发现火灾，这个时间 D 可由理论模型和回归分析得到响应曲面公式：$D = 15.36^{-0.478}$。

由于气体灭火系统失效，烟气充填时间 S 由火灾释放的热量 $Q = at^2$、运用 CFAST 软件和回归分析可以得到响应曲面公式 $S = 164.45^{-0.26}$。

人员从站台运动出去的时间：

$$E = N \times \text{Area} / \sum_{i=1}^{n} F_i W_i$$

式中，F_i 为第 i 个出口的通行能力；W_i 为第 i 个出口的宽度；Area 为乘客活动区域的总面积；N 为人群密度。

根据《地铁设计规范》（GB 50157—2003），两个步行楼梯上行的通行能力为 1.03 人/(s·m)，其宽为 2.5m，两个输送速度为 0.5m/s 的自动扶梯通行能力为 2.25 人/(s·m)，其宽为 2m，所以

$$\sum_{i=1}^{n} F_i W_i = 2 \times 1.03 \times 2.5 + 2 \times 2.25 \times 2 = 14.15$$

即

$$E = N \times 1440 / 14.15 = 101.77N$$

综上，极限状态方程为

$$G = 164.45^{-0.26} - 15.36^{-0.478} - R - 101.77N \tag{3-86}$$

3）状态方程参数随机分布的规律

由于烟气充填时间、检测时间和运动时间都存在不确定性，引入三个不确定性参数 M_S（火灾充填不确定参数）、M_D（检测到火灾发生不确定参数）、M_E（人员运动到安全地带不确定参数）对模型进行修正。同时，考虑 R（人员反应时间）、N（人群密度）也具有随机性，将极限状态方程式（3-86）进一步转换为

$$G = 164.45^{-0.26} M_S - 15.36^{-0.478} M_D - R - 101.77 M_E N \tag{3-87}$$

即为蒙特卡罗模型所用到的剩余可用疏散时间的函数表达式。其中根据研究资料，知 M_S 服从正态分布（1.35, 0.1），M_D 服从正态分布（1.0, 0.2），R 服从三角分布（20, 30, 40），M_E 服从正

态分布（1.0, 0.3）。设高峰时站台候车人数为 300 人，到达车站的列车上乘客为 1600 人，为了对事故风险做出保守估计，考虑最不利的情况，即列车在车站邻近的隧道内起火，需要开进站台对车上乘客进行疏散。这时需要疏散的总人数为 1900 人。站台人数的最大密度为 1.3 人/m²。因此，车站人群密度 N 服从（0.7, 1.0, 1.3）的三角分布。

4）数值模拟计算

以计算机产生各参数分布规律的随机数，代入式（3-87）进行数值模拟计算，可获得人员剩余可用安全疏散时间 G，$G \geqslant 0$ 说明人员能够安全疏散。进行多次模拟计算后，记录 $G \geqslant 0$ 的次数 n_t 与总模拟次数 N_t 的比值，即可近似获得人员能够安全疏散的概率，即

$$P = \frac{n_t}{N_t} \times 100\% \quad (n_t \in N_t | G \geqslant 0) \tag{3-88}$$

对式（3-87）进行了 50 次模拟计算，有 36 次 $G \geqslant 0$，得 $P = 36/50 \times 100\% = 72\%$。

因此，该站台发生火灾时，在火灾报警系统、防排烟系统自动启动及气体灭火系统失效的情况下，人员能够安全疏散的概率仅为 72%。可见该系统的安全性较低。可以采取的应对措施是：提高安全系统（特别是气体灭火系统）的可靠性、改善安全通道的能力、减少站台人员的密集程度。

第4章 安全系统工程学

4.1 概　　述

4.1.1 安全系统与系统工程

安全系统与系统工程的关系涉及系统安全、系统安全工程、安全系统工程三个相互关联的概念。正确理解其中的区别和联系，有助于深刻认识安全系统工程学的内涵。

1. 系统安全

系统安全（system safety）的关键词是"系统"和"安全"，其寓意是"系统的""安全"，即以系统观指导下的安全，也即系统全局性的、协调的、整体的、全过程的安全。

系统安全体现了人们在研制、开发、使用、维护这些大规模复杂系统过程中的实际需求。20 世纪 50 年代后，科学技术进步的一个显著特征是设备、工艺及产品越来越复杂。这些复杂的系统往往由数以千万计的元素组成，各元素之间非常复杂地连接，在被研究制造或使用过程中往往涉及高能量，系统中微小的差错就会导致灾难性的事故。大规模复杂系统安全性问题受到了人们的关注，于是出现了系统安全的理论和方法。

按照系统安全的观点，世界上不存在绝对安全的事物，任何人类活动都潜伏着能够造成事故的潜在危险因素（危险源），在危险源控制方面有著名的系统安全三命题：

（1）不可能彻底消除一切危险源和危险性。

（2）可以采取措施控制危险源，减少现有危险源的危险性。

（3）需要降低系统整体的危险性，而不是只彻底地消除几种选定的危险源及其危险性。

2. 系统安全工程

系统安全工程（system safety engineering）的关键词是"系统"和"安全工程"，其寓意是"系统的""安全工程"，即系统化的、程式化的安全工程。

系统化是指系统安全工程要以针对系统安全的三个命题，运用系统论、风险分析理论、可靠性理论和工程技术手段辨识系统中的危险源，评价系统的危险性，并采取控制措施使其危险性最小，从而使系统在规定的性能、时间和成本范围内达到整体上最佳安全程度的一系列工程技术。

程式化是指任何系统安全工程都要遵循三个基本步骤，并将其持续推进。这三个基本步骤是：

（1）危险源辨识——运用系统安全分析方法发现、识别系统中危险源的工作。系统安全工程认为，依据能量意外释放的事故致因理论，可以将危险源分为两类：第一类危险源是系统中可能发生意外释放的各种能量或危险物质，是导致人员伤害或财物损坏的能量主体；第二类危险源是导致约束、限制能量措施失效或破坏的各种不安全因素，主要由人、机、环境构成。

（2）危险性评价——评价危险源导致事故发生、造成人员伤害或财产损失的危险程度的工作。危险源的危险性评价包括对危险源自身危险性的评价和对危险源控制措施效果的评价两个方面的问题。还要将评价结果与可接受的危险度比较，以决定是否采取或采取何种控制措施。

（3）危险源控制——利用工程技术和管理手段消除、控制危险源，防止危险源导致事故发生、造成人员伤害和财物损失的工作。危险源控制技术包括防止事故发生的安全技术和避免或减少事故损失的安全技术。

系统安全工程强调危险源辨识、危险性评价、危险源控制这三项基本内容既是一个有机的整体，也是一个循序渐进发展的过程；强调通过持续的努力，实现系统安全水平的不断提升。系统安全工程的基本内容参见图 4-1。其中，由于危险源辨识、危险性评价两项工作的目的是确认系统的安全程度，因而又将其合称为系统安全分析；由于风险是描述系统危险性的客观量，因而将定量化的危险性评价又称为风险评价（定量为主）或风险评估（定性为主）。

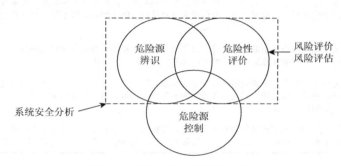

图 4-1　系统安全工程的基本内容

3. 安全系统工程

安全系统工程（safety system engineering）的关键词是"安全"和"系统工程"，其寓意是"安全的""系统工程"，即系统工程的理论和技术方法在安全领域的实践和应用。

系统工程是从整体出发合理开发、设计、实施和运用系统组织管理的技术。在理论层面，系统工程是系统科学的一个分支，是实现系统最优化的科学、技术和方法；在实践层面，系统工程是一个全面、大型、复杂的包含各子项目的工程项目。

安全系统工程是应用系统工程的理论和实践方法，分析、评价、预测系统中各种危险因素及其导致事故的规律，调整、改善系统的工艺、设备、操作、管理、生产周期和费用等因素，实现系统安全的一整套管理程序和方法体系。

安全系统工程的主要内容包括以下四个方面：

（1）系统安全分析——在安全系统工程中占有十分重要的地位。为了充分认识系统的危险性，就要对系统进行细致的分析。根据需要可以把分析进行到不同程度，可以是初步的或详细的，也可以是定性的或定量的。

（2）系统安全预测——在系统安全分析的基础上，运用有关理论和手段对安全生产的发展或者事故的发生等作出预测。

（3）系统安全评价——系统安全分析的目的是进行安全评价。通过评价了解系统的潜在危险和薄弱环节，并最终确定系统的安全状况。

（4）安全管理措施——根据评价的结果，对照已经确定的安全目标，对系统进行调整，对薄弱环节和危险因素增加有效的安全措施,最后使系统的安全性达到安全目标所要求的水平。

解决安全系统问题的安全系统工程学方法见表 4-1。

表 4-1 安全系统工程学方法

方法	方法原理
安全系统分析	利用科学的分析工具和方法,从安全角度对系统中存在的危险因素进行分析,主要分析导致系统故障或事故的各种因素及其相关关系
安全系统评价	以实现工程、系统安全为目的,应用安全系统工程原理和方法,对工程、系统中存在的危险、有害因素进行辨识与分析,判断工程、系统发生事故和职业危害的可能性及其严重程度,从而为制定防范措施、管理和决策提供科学依据
安全系统预测	在系统安全分析的基础上,运用有关理论和手段对安全生产的发展或者事故发生等作出预测,可分为宏观预测和微观预测
安全系统建模	将实际安全系统问题抽象、简化,明确变量、系数和参数,然后根据某种规律、规则或经验建立变量、系数和参数之间的数学关系,再通过解析、数值或人机对话的方法求解并加以解释、验证和应用,这样一个多次迭代的过程
安全系统模拟	用实际的安全系统结合模拟的环境条件,或者用安全系统模型结合实际的环境条件,或者用安全系统模型结合模拟的环境条件,利用计算机对系统的运行实验研究和分析的方法
安全系统优化	各种优化方法在安全系统中的应用过程,它要求在有限的安全条件下,通过系统内部各变量之间、各变量与各子系统之间、各子系统之间、系统与环境之间的组合和协调,最大限度地满足生产、生活的安全要求,使安全系统具有最好的政治、社会、经济效益
安全系统决策	针对生产经营活动中需要解决的特定安全问题,根据安全标准和要求,运用安全科学的理论和分析评价方法,系统地收集分析信息资料,提出各种安全措施方案,经过论证评价,从中选定最优方案并予以实施的过程

4. 相互关系

1)系统安全工程与安全系统工程之间的关系

长期以来,人们对于系统安全工程和安全系统工程的概念及内涵的认识和理解尚不明确、不统一。两者的异同见表 4-2。

表 4-2 系统安全工程和安全系统工程的异同

项目		系统安全工程	安全系统工程
异	寓意不同	保障系统安全的工程技术	系统工程应用于安全领域的管理程序和方法体系
	内涵不同	强调安全工程的逻辑性、持续性、递进性	强调安全工程的全过程、全方位、全人员性质
	理论基础不同	系统论、风险管理理论、可靠性理论	系统工程理论
	侧重点不同	技术层面、微观领域	管理层面、宏观领域
同	目标相同	实现系统整体安全性	
	主要技术方法相同	系统安全分析、系统安全评价	

2)系统安全与安全系统

系统安全与安全系统的关系主要表现在以下三个方面:

(1)安全系统是系统安全的提炼和升华。系统安全是针对特定的被保护系统而言的,是在对该系统危险和有害因素的分析、事故发生规律的认识基础上,实施有针对性的安全防范措施,实现该系统的安全。而安全系统则是对这些具体的认识和措施进行分析和归纳,抽象出一般和通用的规律和措施，同时基于对安全的更深刻的理解，实施全面、持久的安全对策，追求系统本质安全的目标。

（2）实现系统安全是安全系统的目标。任何客观系统都是由一系列单元、子系统构成的，这些单元、子系统具有不同的安全功能需求，并由此构成整个客观系统的安全需求。大规模复杂的客观系统，危险因素、事故隐患遍布其各个子系统，安全的需求也可能是多方面的。以实现系统安全为目标的安全系统，必须综合协调其各要素的功能及其相互关系，全面、整体地提升客观系统的整体安全水平。

（3）系统安全的理论和技术是安全系统构建、运行的保障。以系统安全理论为基础，提出了诸多分析、评价技术方法，如预先危险分析（PHA）、故障类型与影响分析（FMEA）、危险性与可操作性研究（HAZOP）、事故树分析（FTA）、事件树分析（ETA）、定量风险分析（QRA）等，从单元安全分析入手，着眼系统安全功能的实现途径，为安全系统的构建、运行提供技术保障。

3）安全系统与系统安全工程、安全系统工程的关系

（1）系统和系统思维是三者共同的理论基础和思想方法。安全系统、系统安全工程、安全系统工程均将自身和所服务的特定领域看成一个相互联系的有机整体（系统），以系统论为理论指导，运用系统思维方法考察、认识这个有机整体中系统和要素、要素和要素、系统和环境的相互联系、相互作用规律，分析、处理安全相关问题。

（2）实现特定领域的安全是三者共同的目的。安全系统、系统安全工程、安全系统工程都是为特定领域的安全服务的。安全系统重点关注其自身内在的功能要素、结构、存在条件和运动规律，研究安全系统的一般性和抽象性，因而更具有理论价值；系统安全工程、安全系统工程强调与所服务的特定领域的关联关系，研究安全系统的定向性和特殊性，因而更具有工程实践价值。

（3）安全系统要依赖系统安全工程、安全系统工程的理论和思想方法而物化。系统安全工程在时间上强调通过危险源辨识、危险性评价、危险源控制的逻辑联系及持续改进；在空间上强调全面控制两类危险源的同时，重点控制构成第二类危险源的各构成因素（人-机-环境和管理）的负面效应，使其成为实现系统安全的主动因素，这些为安全系统功能不断提升提供了技术途径。

安全系统工程以追求系统的本质安全化为目标，强调系统全过程、全方位的安全，这些为安全系统功能目标的实现提供了决策支持。

4.1.2　安全系统工程学的内涵

安全系统工程学是研究和探索安全系统工程理论和实践的学说，具有广义和狭义两个方面的含义。

1. 广义安全系统工程

安全系统工程学是一门涉及自然科学和社会科学的横断科学。安全系统工程学是以安全学和系统科学为理论基础，以安全工程、系统工程、可靠性工程等为手段，识别、分析、评价、排除和控制系统中的各种危险，对工艺过程、设备、生产周期和资金等因素进行分析评价和综合处理，使系统安全性达到最佳状态，实现系统及其全过程安全目标的科学技术。

从工程实践层面看，安全系统工程学是关于安全系统工程实践的一般规律和技术方法的知识体系；从理论研究层面看，安全系统工程学是关于安全系统工程所需求的安全目标与可提供的安全保障条件之间矛盾关系的一般规律及其安全问题解决途径的知识体系。

2. 狭义安全系统工程

与上述概念不同，本章涉及的安全系统工程学仅限定于探究"安全系统"的工程特征，是研究安全系统的工程实现方式及其内部的功能结构的理论，是安全系统认识论、安全系统方法学在工程领域的实践和应用，以期在实现其期望功能的同时，预防、避免、限制其负效应因素的发生和发展。

具体地说，本章涉及的是狭义的安全系统工程学，需要解决的主要工程问题包括：

（1）安全系统的开发工程，即如何通过可行性研究、结构设计、子系统开发、软件/硬件的要求分配、系统安装调试和安全度分析等工程化程序，构建一个具体的安全系统。

（2）安全系统的功能设计工程，即如何进行系统风险的辨识、评价及安全系统的功能分析，设计和实现安全系统的功能。

（3）安全系统的结构整合工程，即如何协调、处理安全系统中人、机、环境等各因素的相关关系，优化安全系统的结构，提高安全系统的整体水平。

（4）安全系统的层级保障工程，即如何通过实施系统化的层级保护技术，分级、有序地降低系统风险，达到系统可接受的风险等级。

（5）安全系统的持续改进工程，即面对安全与危险的相对性、动态化特征，通过构建安全系统自适应机制，实现安全系统持续改进，保证安全系统整体水平的不断提升。

（6）安全系统的可靠性工程。安全系统自身可靠是实现其功能的基础，安全系统的可靠性工程即通过系统可靠性分析，辨识和认识安全系统自身的故障模式，采取有效提升系统可靠性的技术措施，保障安全系统功能的可靠度。

4.1.3　安全系统的开发程序

1. 独立安全系统的开发程序

独立安全系统是独立于被保护系统之外，具有保障客观系统的安全运行（安全功能）并在紧急状态时采取干预措施（应急功能）的安全系统。此类安全系统的开发需要经历可行性研究、结构设计、子系统开发、软件/硬件设计、系统组合、系统测试和安全评估等阶段。为了达到系统的本质安全化要求，对于每一个开发阶段，都必须进行相应的安全评估、安全认证工作，见表4-3。

表 4-3　独立安全系统的开发、评估、认证程序要点

	系统开发程序要点	系统评估程序要点	系统安全认证程序要点
可行性研究	提出系统可行性研究报告；确定系统安全与应急功能要求	功能危险与风险分析；评估达到系统安全与应急功能的程度	提出主要认证指标并确认达到可接受水平；提出达到系统安全与应急功能的程度的证据
结构设计	结构分解（分为一般安全要求、应急要求）	应急和非应急功能的结构要求	结构分解的依据；不同结构的差异化要求
子系统开发	根据结构分解要求开发子系统	子系统共因故障分析、安全度要求分配	每个结构、元件的安全度等级；所采用的技术达到安全度要求的证据

	系统开发程序要点	系统评估程序要点	系统安全认证程序要点
软件/硬件设计	根据子系统的功能条件设计软件/硬件；提出软件/硬件要求	软件/硬件安全度分配；确定软件/硬件安全等级	提出判定元件安全的检测方案
系统组合	完成系统的组合；根据修改建议完善系统	通过检测确认系统的随机故障和硬件故障；提出系统修改建议	根据检验方案提出检测指标
系统测试和安全评估	系统试运行	系统整体测试；系统安全度评估	确定集成系统的检测方案；提交系统安全性指标全面达到要求的证据

独立安全系统开发程序如图 4-2 所示，其中开发、评估、认证过程分别用三个垂直过程集成在一起；开发、评估、认证的各个阶段用方框表示；各开发阶段的开发、评估、认证之间的信息流用连接线表示。

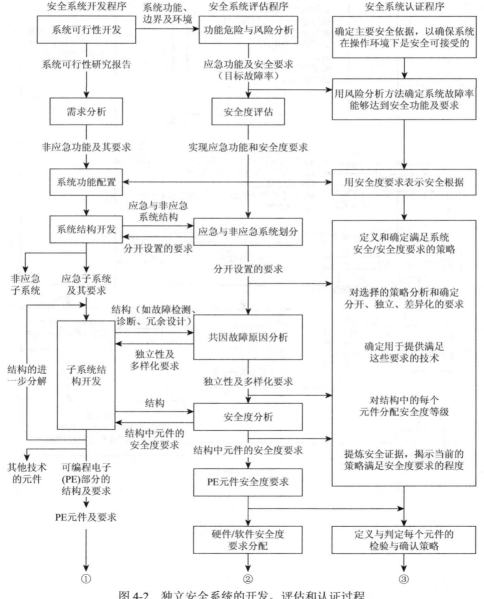

图 4-2　独立安全系统的开发、评估和认证过程

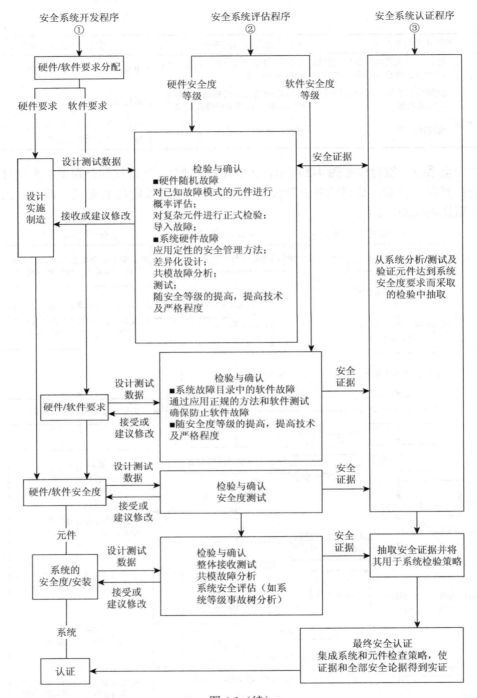

图 4-2（续）

2. 嵌入安全系统的开发程序

嵌入安全系统是将安全系统的要素及其功能融入被保护客观系统的安全系统。简单地说，就是在一般的工程项目构思和设计过程中，深入进行项目系统安全分析，全面、系统地植入安全功能，使其成为"本质安全"的工程项目。

1）嵌入安全系统的安全分析

任何工程项目总存在诸多危险因素，嵌入安全系统的安全分析，是要根据系统安全工程提出的"持续进行危险源辨识、危险评价和危险控制"程序，对项目在建设、运行过程中可能存在的各项危险因素进行逐一排查、逐一评价，根据风险的大小落实各项安全措施，全面、系统地落实安全措施，确保项目整体达到可接受的安全水平。图 4-3 为对嵌入安全系统进行系统安全分析的基本程序。应该注意的是，项目建设和运行过程中应根据风险的变化持续进行危险的辨识和控制。

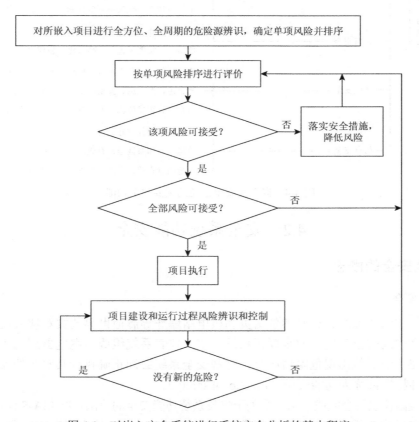

图 4-3　对嵌入安全系统进行系统安全分析的基本程序

2）嵌入安全系统的安全功能实现

任何工程项目总包括人、机（包括物质材料）、环境、管理、信息等要素，嵌入安全系统全面实现其安全功能，不但要有效地控制系统可能存在的各类危险因素，还要通过落实各项安全功能，使这些要素具有安全的潜质和特性，避免不安全行为和不安全状态的产生。图 4-4 为嵌入一般工业系统的安全系统全面实现安全功能的一些主要标志。

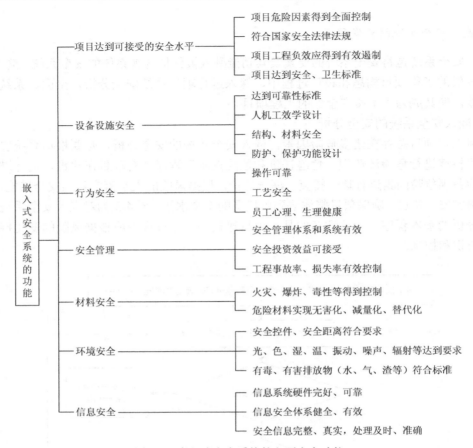

图 4-4　嵌入式安全系统的主要安全功能

4.2　安全系统功能安全

4.2.1　功能安全的概念

1. 功能安全

印度博帕尔毒气泄漏、苏联切尔诺贝利核电站爆炸等震惊世界的灾难使人们前所未有地重视工业生产中的安全问题。安全联锁系统、安全仪表系统组成由继电器到电子电气部件不断地发展。在工业系统出现危险情况时，这些安全系统必须正确执行其对应的安全功能，安全系统的这种特性被称为功能安全（functional safety）。

1996 年美国仪表协会完成了第一个关于仪表系统功能安全的美国标准 ISA-S84.01。2006 年、2007 年等同国际电工委员会功能安全标准 IEC 61508、IEC 61511 的中国国家标准 GB/T 20438、GB/T 21109 相继发布。

2. 安全完整性

安全完整性（safety integrity，SI）是以安全系统为核心，通过开展一系列设计、安装、检验评估、维护等技术工作，实现系统整体上执行安全功能的可靠性。

安全完整性等级（safety integrity level，SIL）是指在规定条件下、规定时间内，安全系统成功实现所要求的安全功能的概率，是用来衡量安全系统完成所要求的安全功能的能力，着重于测定安全系统执行安全功能的可靠性水平。

根据 IEC 61508，安全系统在设计前必须选择合适的安全完整性等级，以保证安全系统能正确地实现其安全功能。事故统计资料表明，安全相关系统的安全完整性等级选择不合理，导致安全相关系统安全功能失效，进而导致受控设备危险失控的事故不少。因此，合理选择安全相关系统的安全完整性等级成为安全相关系统设计的关键问题之一。

3. 安全生命周期

安全生命周期（safety lifecycle，SL）是指安全系统从其概念开始经历若干中间阶段一直到系统停用，达到安全完整性水平而进行的一切活动。

IEC 61508 中对安全系统的安全生命周期的定义通过图 4-5 表示，其中包括系统的分析、设计、安装、确认、操作、维护、停用等方面，关于每一方面 IEC 61508 都要求建立相应的文档及安全规范。系统可以根据实际应用的效果进行修改，甚至从头开始重来。

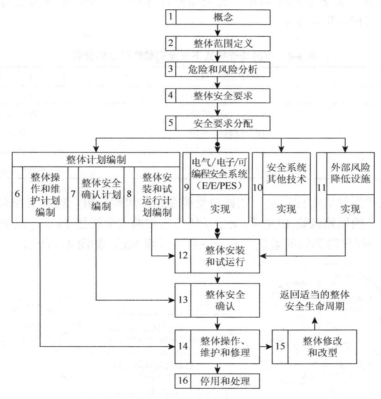

图 4-5　安全系统的安全生命周期

4.2.2　安全系统完整性等级的确定

1. 影响安全完整性的因素

（1）失效模式。安全系统的失效模式可分为失效安全和失效危险模式。前者是安全系统误动作失效，后者是安全系统拒动作失效。

（2）自诊断。安全系统失效被分为检测到的和未检测到的两类，安全系统应具有自诊断功能，以提高可检测失效的比例。

（3）表决逻辑。对较为重要的客观系统提供安全保障的安全系统通常采用冗余模式，以提高可靠性。

（4）共因失效，即相同的原因导致一个以上的模块或设备失效。冗余模式虽可增强系统的容错能力，但由于共因失效而增大了系统失效的可能性。

（5）周期性功能测试。周期性功能测试的目的是要发现未检测到的危险失效，保证安全系统有较高的功能测试覆盖率。

2. 安全完整性等级

国际电工委员会（International Electrotechnical Commission，IEC）制定的 IEC 61508 标准中对安全系统规定了四种安全完整性等级，SIL4 最高，SIL1 最低。其中，根据系统对安全功能动作的要求频率，分为低于每年一次的低要求操作模式和高于每年一次的高要求操作模式（或连续操作模式）。低要求操作模式下安全完整性等级的分类以要求时的平均失效概率 PFD_{avg} 为技术指标，高要求操作模式下安全完整性等级的分类以要求时的每小时失效概率 $PFD_{perhour}$ 为技术指标，见表 4-4。

表 4-4　不同操作模式下安全完整性等级的分类

安全完整性等级 SIL	低要求操作模式	高要求或连续操作模式
	PFD_{avg}/h^{-1}	$PFD_{perhour}/h^{-1}$
4	$10^{-9}<PFD_{avg}\leqslant10^{-8}$	$10^{-9}<PFD_{perhour}\leqslant10^{-8}$
3	$10^{-8}<PFD_{avg}\leqslant10^{-7}$	$10^{-8}<PFD_{perhour}\leqslant10^{-7}$
2	$10^{-7}<PFD_{avg}\leqslant10^{-6}$	$10^{-7}<PFD_{perhour}\leqslant10^{-6}$
1	$10^{-6}<PFD_{avg}\leqslant10^{-5}$	$10^{-6}<PFD_{perhour}\leqslant10^{-5}$

确定安全完整性等级的程序是：依据对受控系统的风险分析，得到受控系统（未加装安全系统前的设备）的原始风险 EUC 和安全系统需达到的安全功能 PFD_{avg} 或 $PFD_{perhour}$，根据表 4-4 确定安全系统风险降低的数量和安全完整性等级 SIL，如图 4-6 所示。

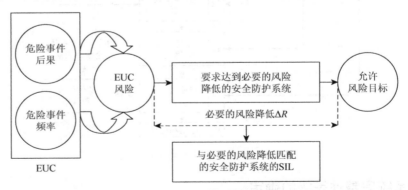

图 4-6　安全完整性等级的确定

3. 安全完整性等级的定性方法

1）后果法

基于对危险事件所造成的后果确定相应的完整性等级。此方法简单易行，适用于危险事件发生可能性比较难预测的场合。但是，它只考虑了事故的严重度，而没有考虑事故的可能性，所以从风险降低的角度看是不合理的。典型的后果法见表 4-5。

表 4-5　典型的后果法

SIL	可能的后果
4	导致所在社区大量人员死亡
3	导致多人死亡
2	导致多人严重伤害或一人死亡
1	轻微伤害

2）风险矩阵法

该方法建立了安全完整性等级与危险事件发生后果及发生概率之间的一种关联。典型的 SIL 二维风险矩阵法如图 4-7 所示。

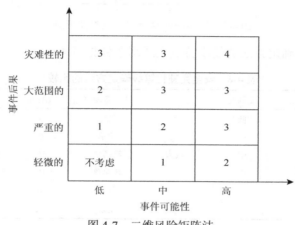

图 4-7　二维风险矩阵法

3）改进的 HAZOP 法

根据 HAZOP 分析的结果，估计危险场景发生的可能性和后果，在此基础上确定安全系统的完整性等级。该方法不仅要求分析小组对工艺过程具有丰富的知识和经验，还要求对工艺过程中可能的风险和可接受的风险具有较深的理解。

4）风险图法

此法考虑了四个参数：风险后果参数 C、风险暴露频率和时间参数 F、不能避开危险的概率参数 P、不期望事件发生的概率 W。其中，后三个参数组合起来代表了风险的可能性，根据四个参数的不同组合就可以确定相应的安全完整性等级，如图 4-8 所示。

5）保护层分析法

保护层分析法（LOPA）是首先分析采取安全保护措施之前危险事件的风险水平，其次分析采取安全保护措施之后危险事件的剩余风险水平，再将剩余风险水平与目标风险水平进行对比，以确定是否需要增加新的安全系统及所需要的风险降低因子 RRF，最后转换成相应的安全完整性等级。

4. 安全完整性等级的定量方法

定量危险事件导致事故的概率，将其可接受的风险概率和事故概率进行比较，得出风险降低因子 RRF，进而求得安全系统的安全完整性。这种方法中，事故概率通常是由对导致事故发生的各种原因进行建模后求得，如事故树分析、事件树分析等。该方法要求对事故发生的潜在原因及发生概率有深入、详细和全面的理解。

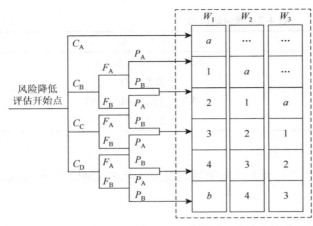

图 4-8   风险图法确定安全完整性等级

其中：
…：没有安全要求；
a：没有特殊安全要求；
b：单个的E/E/PES系统不够；
1、2、3、4：安全完整性等级；
C：风险后果参数；
F：风险暴露频率和时间参数；
P：不能避开危险的概率参数；
W：不期望事件发生的概率

各安全完整性等级确定方法的使用特点及适用条件见表 4-6。

表 4-6   安全完整性等级确定方法的比较

分析方法	量化情况	准确度	主观性	使用方便度	工作量	适用系统	所需评估人员
后果法	定性	低	大	简单	小	简单	少
风险矩阵法	定性	中	大	简单	小	简单	较少
改进的 HAZOP 法	定性	中	较大	较简单	中	较简单	多
风险图法	定发生	中	大	较简单	中	较简单	较多
LOPA	半定量	高	小	复杂	大	复杂	多
定量分析法	定量	高	小	复杂	大	复杂	多

4.2.3   安全系统功能设计示例

例 4-1： 考虑一个装载易挥发易燃液体的压力容器，它受控于基本生产控制系统。现有的以安全为目的的系统包括一个过压警报、一位操作员和一个减压阀。

首先对系统进行危险分析。假设关于容器过压危险分析的结果见表 4-7。

表 4-7   危险分析结果

危险因素	起因	后果	安全措施	安全动作
过压	高液位；容器外部起火	蒸气释放到大气中	警报、操作员、减压阀	根据情况释放容器内的气体

假设考虑了国际和国家标准、工程实践经验、社会、道德和环境等因素后确定安全目标为容器内蒸气释放到大气中的概率小于 10^{-4} 次/年。

1. 系统原始风险

假设通过可靠数据得到容器过压的可能性为 0.1 次/年，警报失效的概率为 0.01，操作员无动作的概率为 0.1，减压阀失效的概率为 0.1，可得到如图 4-9 所示的事件树。

图 4-9 事件树的结果给出了过压危险的后果及其发生的可能性。显然，事件 2、3、4、5 均可能将容器内蒸气释放到大气中，而事件 2、3、4 未达到概率小于 10^{-4} 次/年的安全目标。假设再无其他可行的其他技术安全系统和外部风险降低设施，因此必须用电气/电子/可编程（E/E/PES）安全系统来执行一个安全功能，使系统达到安全目标的要求。

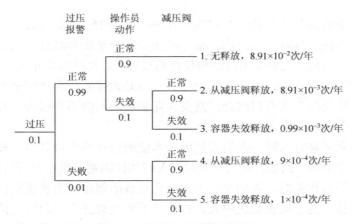

图 4-9　系统过压危险的事件树

2. 安全系统功能的改进

可在操作员动作和减压阀之间增加 ESD（紧急停车）安全系统对压力容器进行保护。图 4-9 中事件 2 发生的可能性最高，因此该安全系统应该将事件 2 发生的可能性降低到 10^{-4} 次/年或以下。选择该安全系统的安全完整性水平为 2，对应风险降低因子为 10^{-2}，图 4-9 中事件 2 发生的可能性降低到 8.91×10^{-5} 次/年。增加 ESD 安全系统后的事件树如图 4-10 所示。系统安全水平达到了安全目标。

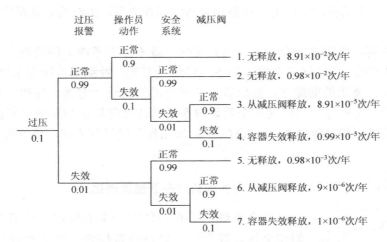

图 4-10　增加 ESD 安全系统后的系统过压危险的事件树

4.3　安全系统结构整合

4.3.1　安全系统结构整合的原则

安全系统结构整合是保证在安全系统运行过程中，系统和各要素之间保持稳定协同的关系，实现系统整体最优的安全功能。安全系统结构整合的基本原则如下。

1. 安全系统结构元素的安全化

安全系统结构元素的安全化是系统结构整合的基础。前面曾指出，任何一个安全系统不可能独立存在，安全系统与事故系统具有同一性——同处于一个安危共存的综合系统中。这个安危共存的综合系统是具有"人、物、事"结构的安全系统和具有"人、机、环"结构的事故系统重叠的空间结构。在安全系统结构整合的过程中，要严格防止人、机的"两面性"，即不但要杜绝人的不安全行为、物的不安全状态，更必须使其成为"安全人""安全物"，通过"安全人""安全物"的有机结合，避免和克服环境上的不利因素，办成"安全事"，实现系统的内部安全和外部特定领域的安全。

当某种作业具有多种方式时，人们必然出于本能而选择其中最省力、最便捷的方式，而这种方式通常是不安全的。例如，动火作业时，人们往往因避开层层审查的程序而冒险作业，导致火灾的发生；吊装作业时，人们往往不顾起重设备的额定能力和稳定性，擅自加大吊物质量，造成倾覆事故。为了避免系统中人、机的"不安全选择"，最好的措施是通过落实各项制度和技术措施，设定各种关卡，阻断不安全的作业路线；同时要加强教育和培训，使安全作业成为系统内要素间相互制约的条件和习惯性行为。

2. 安全系统功能的最优化

根据"系统整体大于部分之和"的非加和原理，整体具有部分根本没有的功能，当各部分以合理结构形成整体时，整体功能就会大于部分之和。

安全系统功能的最优化是系统结构整合的目标。安全系统功能的最优化是利用系统非加和原理，研究人、机与环境及三者各自安全与系统整体的安全关系，在保障安全系统中人、机、环境各要素安全的基础上，通过调整相互间的耦合关系，实现其系统整体安全功能的最优化。

许多事实表明，要实现安全系统整体最优化，既不能不考虑人的特性，更不能不考虑人、机、环境的关系。要以这三个要素的各自特性为基础，对系统功能需求进行综合分析，即在明确系统总体要求的前提下，拟出若干个可行的结构设计方案，并相应建立有关模型和进行模拟试验，着重分析和研究三个要素对系统总体性能的影响和应具备的各自功能及相互关系，不断修正和完善"人-机（设备）-环境系统"的结构方式，最终确保最优组合方案的实现。

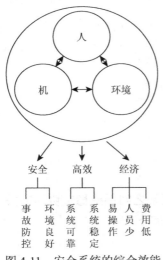

图4-11　安全系统的综合效能

3. 安全系统的综合效能协调化

安全系统的综合效能即安全系统在结构整合后所表现出的安全性、高效性、经济性等综合性能的实现程度。根据安全系统的定义，安全系统的安全性至少应包含两种性能：即系统防范事故和提供良好、舒适作业环境的性能；安全系统的高效性也至少应包含两种性能，系统稳定、可靠；安全系统的经济性不但要费用低，还要人员少、易操作，如图 4-11 所示。虽然安全性是安全系统必须考虑的首要问题，但是安全系统在结构整合时必须综合高效性、经济性，因为失去高效、经济的安全系统往往没有存在的现实可能性。安全系统的结构整合必须兼顾这些综合性能，使之协调、均衡地得到发挥。

4.3.2　人的安全工程

1. 人的行为安全

行为安全（behavior based safety，BBS）是应用行为科学强化人员安全行为和消除不安全行为，从而减少因人员不安全行为造成的安全事故和伤害的系统化管理方法。

行为安全是基于"安全金字塔"或"伤害金字塔"原理，即事故和伤害主要是由人的不安全行为造成的，减少或消除人的不安全行为就可以大大减少事故和伤害的发生，这也是人们所知的安全金字塔或伤害金字塔原理。人的行为受到环境的影响，可以应用行为科学来改变人的行为以预防事故和伤害。

中国矿业大学傅贵教授认为，人的行为而引起的事故的发展进程可以分为 4 个阶段，其发展结果可以分为 2 个阶段，连接起来构成"2-4"事故链，并因此构建了行为安全"2-4"模型（表 4-8）。

表 4-8　行为安全"2-4"模型

链条名称	发展层面和阶段				发展结果	
	第 1 层面（组织行为）		第 2 层面（个人行为）			
	第 1 阶段	第 2 阶段	第 3 阶段	第 4 阶段		
行为发展	指导行为	运行行为	习惯性行为	一次性行为	事故	损失
原因分类	根源原因	根本原因	间接原因	直接原因	事故	损失
事故致因链	安全文化	安全管理体系	安全知识不足 安全意识不强 安全习惯不佳	不安全动作 不安全物态	事故	损失

根据行为安全"2-4"模型可知，在人因事故的事故链中，组织层面的安全文化是事故的根源原因，安全管理体系是事故的根本原因，这些组织行为是事故发生发展的第 1 层面（深层因素）；员工个人习惯性行为是事故的间接原因，一次性行为（偶然性失误）是事故的直接原因，这些个人行为是事故发生发展的第 2 层面（表层因素），这 4 个原因连接起来构成了行为链条。个人的不安全动作来自于个人的不安全习惯，个人的不安全习惯来自于组织的不安全行为，组织的不安全行为为组织的不安全文化所导向。可见，"人的行为"（包括一次性行为、习惯性行为）是事故发生的表层因素，而"组织行为"（包括指导行为、运行行为）是事故发生的深层因素。

根据此行为链条，行为安全的实质是：由分析事故的直接原因不安全动作开始，逐步发展为分析事故的直接原因、间接原因、根本原因、根源原因的一整套事故预防的理论与方法。为了实现行为安全，必须按照观察、分析、沟通和消除四个阶段的顺序，逐步避免或消除职工的不安全行为，从而控制事故风险。

（1）观察。主要包括观察识别员工的应急反应能力、工作状况、作业流程、异常声音、异常气味、异常气象和环境变化等。

（2）分析。分析、评估因不安全行为所引起的各种隐患、险情、损失工时事故和重大伤亡事故数量之间的比例关系。

（3）沟通。通过亲切的、互动式的接触，表达对所见不安全行为状况的顾虑，讨论使不合理行为更安全的做法。

（4）消除。主要措施有建立施工队伍诚信评价管理体系、加强对员工的安全培训工作、深化安全文化、营造浓厚的安全行为文化氛围等。

2. 人的作业安全分析

作业安全分析（job safety analysis，JSA）又称工作前安全分析，最早来源于美国职业安全与健康管理局出版的 OSHA 3071 2002 标准，其实施是通过重点关注员工作业中使用的工具和所处的工作环境之间的关系，实现作业行为的安全。其分析程序如下。

1）分解作业步骤

识别工作任务关键环节的危害及影响，按实际作业程序、先后顺序不累赘也不遗漏的原则分解需要关注的作业信息。例如，对于安全泄放阀检验作业，恰当的步骤分解见表 4-9。

表 4-9　安全泄放阀检验作业步骤分解

分解太细	分解太粗	恰当地分解
关闭 ESD 系统，手动放空球阀	进行放空	关闭 ESD 系统，手动放空球阀
确认放空区是否正常	检验安全泄放阀	打开 ESD 放空旋塞阀进行放空
架好登高用人字梯	恢复正常工艺流程	拆下安全泄放阀
利用人字梯登高至安全泄放阀附近		检验安全泄放阀
打开 ESD 放空旋塞阀进行放空		安装安全泄放阀
拆卸引压管卡套		关闭 ESD 放空旋塞阀
拆下安全泄放阀		打开手动放空球阀，恢复正常工艺流程
安全泄放阀安装在校验台上		
校验安全泄放阀		
安装安全泄放阀		
将引压管卡套拧紧		
关闭 ESD 放空旋塞阀		
打开手动放空球阀，恢复正常工艺流程		

2）危害因素辨识

应充分考虑人员、设备、材料、环境、方法五个方面的正常、异常、紧急三种状态。对应这些状态，逐一确定是否全面有效地制定了所需的控制措施、对实施该项工作的人员还需要提出哪些要求、风险是否能得到有效控制等。若工作任务风险无法接受，则应停止该工作任务，或者重新设定工作任务内容。

3）风险评价

在风险辨识的基础上，按照发生可能性和后果严重性对识别出的危害因素进行风险评价。例如，动火作业的安全分析表见表 4-10。

4）风险控制

应针对识别出的危害因素考虑现有的预防控制措施是否足以控制风险，否则应提出改进措施并由专人落实。

表 4-10　动火作业的安全分析表

序号	工作步骤	动火危害及后果的严重性				发生的可能性				L	S	风险度 $R=LS$
		对人的危害	财产损失	制度符合情况	公司形象受损程度	偏差发生频率	管理措施	员工胜任程度	防范控制设施			
1	确定动火部位(在易燃易爆部位动火)	火灾爆炸事故可以致人死亡,但至今未发生	1994年动火致使甲醇罐发生爆炸,损失达45万元	符合	影响极坏	多次发生	有	胜任	有	4	5	20
2	用火申请	无	无	符合	集团公司检查批评工厂降低用火等级	曾经发生	有	一般胜任	—	1	5	5
3	现场分析,落实安全措施	无	多次发生火灾但损失不大	符合	无毒气体及可燃气体分析记录,受到集团公司批评	多次发生	无	胜任	有	4	5	20
4	动火工器具检查	有触电、烧伤的危险,但未发生	无	符合	临时用电不规范,受到集团公司的批评,很典型	多次发生	有	一般胜任	不完善	5	4	20
5	动火审批	无	无	符合	动火票审批不规范,受到集团公司严厉批评	曾经发生	有	胜任	—	2	5	10
6	动火人作业	无	发生火灾但未作统计	不符合厂级制度	受到集团公司检查批评	偶尔发生	有	一般胜任	—	3	4	12
7	现场监护	无	无	不符合厂部有关制度	无影响	经常发生	有	一般胜任	—	4	5	20
8	动火结束后清理现场	有引发火灾危险但未发生	无	符合	受到厂部检查批评	多次发生	有但执行不严	胜任		3	4	12

4.3.3　机的安全工程

人机系统中的"机"通常可用"物"来取代,泛指设备、设施,也包括相对静止的工具、材料、建筑物等,是可供人们在生产中长期使用,并在反复使用中基本保持原有实物形态和功能的生产资料和物质资料的总称。但在具体的安全工程问题中,由于设备、设施的状态对安全系统起重要的影响,而其他"实物的生产资料和物质资料"通常是确定不变的,因此机的安全工程主要特指具体的设备、设施的安全性,而不再泛指"物的安全性"。

1. 机的安全功能

机的安全工程是要以实现机的安全功能为前提,这些安全功能主要是可操作性、易维护性和本质可靠性。

1) 机的可操作性

机的可操作性是指某个特定的"机"(包括机器和过程),在特定的使用"环境"下,由人(操作人员)进行操作和控制时能够稳定、快速、准确地完成预定任务能力的一种度量,每个人机环境系统都是一个具有反馈回路的闭环控制系统,如图4-12所示。

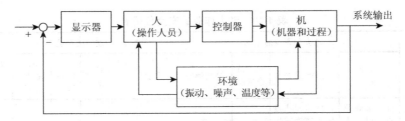

图 4-12 环境构成的安全系统示意图

可操作性一般应具备以下三个特征：

（1）稳定性。稳定性是指机能够在一定工作载荷和环境下稳定地发挥其预定功能的性质。稳定性是保证人机环境系统正常工作的先决条件。一旦机失去稳定性，不仅可能使其功能不能有效发挥，甚至可能引发各种事故。

（2）快速性。要很好地完成人机环境系统的预定任务，还必须能够快速地完成任务。例如，消防喷淋系统在接收到烟感信息时，应能够立即自动喷淋，才能有效防止火灾的发生。

（3）准确性。准确无误地完成预定任务是系统的关键。消防喷淋系统不仅要能够自动喷淋，还要保证其喷淋的水量和位置，才能有效地控制火情。

2）机的易维护性

机的易维护性（又称易维修性）是指某个特定的"机"（包括机器和过程）在特定的维护"环境"下，由具有所规定技术水平的维护人员，利用规定的程序和资源进行维护时，使机能够快速、简便地恢复到规定状态能力的性质。

易维护性的设计原则包括以下六个方面：

（1）便于维护。应给维护提供适当的、可达性的操作空间和工作部位；应尽量采用标准化设计，多采取标准化的零件、组件和设备；应保证系统设备及维护设施之间的相容性。

（2）维护时间短。尽量采取模块化设计；对于重要的系统和设备要设有故障显示和机内测试装置；设备、组件、导管、电缆等的拆装、连接、紧固、检查窗口的开关等要做到简易、快速和牢靠；维护工作中所需要的各种材料等都应尽量方便维护者。

（3）维护费用低。要尽量减少非必要的维护，维护成本要低；专用的工具、设备及维护设施少，维护条件要求不应过高，对维护人员的技术等级要求不能过高。

（4）有预防维护差错的措施。维护标志、符号和技术数据清晰准确，应注意减少维护工作中可能发生的危险状况，以及肮脏、单调、别扭等容易引起人失误的因素。

（5）应满足人的维护作业要求。工作舱口开口的尺寸、方向、位置都要方便操作者，使作业者有比较合适的操作姿态；在系统、设备上进行维护时，其环境条件应符合人的生理参数和能力，包括噪声不应超过人的忍受能力；要避免维护人员在过度振动下操作；应给维护工作提供适宜的自然或人工照明条件。

（6）应满足维护有关的可靠性和安全性要求。设计时注意系统、设备及组件的可靠性，必要时进行冗余设计；设计中有关安全性的问题更重要，设备、设施等可能发生危险的部位都应标有醒目的标记、符号和文字警告，以防发生事故和危及人员设备的安全。

3）机的本质可靠性设计

机的本质可靠性设计是指在任何一个人机环境系统中，在特定的使用"环境"下，机（包括机器和过程）要具有从根本上防止人失误引起系统功能丧失或导致人身伤害的能力。机的本质可靠性设计通常采用以下办法。

（1）连锁设计。当机器状态不允许采用某种操作时，可以采取适当的电路或机构进行控制，避免人失误导致的故障。例如，手提灭火器只有当保护销拔掉之后，才能按下灭火器喷口阀门，以防止灭火剂意外喷出。

（2）唯一性设计。机器的操作和连接只有一种状态才能够被接受，其他状态都被排斥，这就从根本上消除了人失误的可能性。例如，对于某些重要元器件，为了避免随意拆卸，采用特定旋口的螺丝固定，需要专用工具打开。

（3）允许差错设计。允许不危及机器的操作差错的安全设计，对可能发生遗忘或失误的作业环境特别适用。例如，采用程序控制的方法进行控制，就可以防止操作差错的出现；在压力容器上设置泄压装置，当因操作失误导致系统超过额定压力时自动泄压，使压力容器不至于损坏。

（4）自动化设计。机器的自动化程度越高，操作的数量和程序就越少、越简单，对操作中的技能要求也就越低，因此出差错的可能性也就越少。例如，在较危险的环境，用机器取代人的操作。

（5）差错显示设计。一旦出现人的操作失误，机器会立即出现警告、提示。通常有灯光显示和语音报警两种，以防止人失误蔓延和发展。例如，机动车运行中的自动超速报警系统。

（6）保护性设计。将一些非常重要的操作部位（如消防报警按钮）用红色保险盖加以保护，平时不易碰到，一旦需要使用，首先要打开保险盖才能操作。

2. 安全防护设施

安全防护设施是人机系统中一种特殊的"机"，是专用于满足系统安全功能要求的设施和装备。

1）安全防护设施的分类

（1）预防事故的安全设施。包括检测、报警设施；设备安全防护设施；防爆设施；作业场所防护设施；安全警示标志等。

（2）控制事故的安全设施。包括泄压和止逆设施；紧急处理设施等。

（3）减少与消除事故影响的安全设施。包括防止火灾蔓延设施；灭火设施；紧急个体处置设施；应急救援设施；逃生避难设施；劳动防护用品和装备等。

2）安全防护设施的要求

国家对安全设施有"三同时"的要求。2011年2月1日起执行的国家安全生产监督管理总局令第36号《建设项目安全设施"三同时"监督管理暂行办法》要求，建设项目安全设施必须与主体工程同时设计、同时施工、同时投入生产和使用。安全设施投资应当纳入建设项目概算。

同一般的"机"一样，安全防护设施也必须具有可操作性、易维护性和本质可靠性，其中最关键的是可靠性设计，需要考虑的项目见表4-11。

表 4-11　可靠性设计应考虑的项目

项目		主要内容
（1）应力	环境应力	温度、湿度、压力、太阳辐射、沙和尘、盐雾、风、雨、雪、地震
	使用应力	振动、冲击、加速度、失重、温度骤变、爆炸减压、解离气体、磁场、核辐射、摩擦、自身发热
（2）可靠度预测与分配		通过预测和分配，合理地调配各分系统的可靠度指标

项目	主要内容
（3）裕量	对零部件、元器件规格的选用，应有充分的裕量
（4）降额设计（或加大安全系数）	使子元器件的工作应力低于额定载荷 对于机械构件，则加大安全系数
（5）冗余性设计	采用工作储备或非工作储备等冗余技术
（6）环境设计	防热、防冲击和振动、防潮、防沙尘、防辐射等
（7）维修设计	可达性、标准化和互换性、装配性、更换件分类、监控性的调整校正性
（8）安全性设计	对系统、设备进行危险性分析，进行保护人员、设备的安全性设计：接地保护、误操作保护、卸荷装置等
（9）连接可靠性	螺栓紧固、铆接、焊接、插头和插座、线接头及其他各种连接部位的可靠性
（10）人-机因素	操作人员的运动神经和体力的反应、人的动作可靠性、人机相互影响
（11）经济性	生命周期费用，即设计、制造、运行、维修保养的总费用最小

3. 安全监控系统

安全监控系统也是人机系统中一种特殊的"机"，是以安全系统控制论为理论基础，检测生产过程中与安全有关的状态参数，发现故障、异常，及时采取措施控制使这些参数不达到危险水平，以防止事故发生的系统化的安全设施和装备。

任何安全监控系统的逻辑结构都包含检测单元、判定单元、执行单元三部分，组成的串联结构如图 4-13 所示。

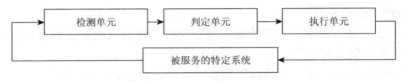

图 4-13　安全监控系统的逻辑结构

安全监控系统各单元的相互关系是：

（1）检测单元又称检知单元，主要由传感元件构成，用以感知特定物理量的变化。

（2）判定单元又称判断单元，是将检知部分感知的参数值与规定的参数值相比较，判断被监控对象的状态是否正常。

（3）执行单元又称驱动单元，其功能是对判断部分已经判明存在故障、异常，有可能出现危险时，实施恰当的安全措施。根据具体情况可以采取停止设备、装置的运转，启动安全装置，或向人员发出警告，以便采取措施处理或回避危险等安全措施。

根据监控对象的具体情况，采取不同类型的安全监控系统：

（1）检测仪表系统。检测单元由仪器、设备承担。检测的参数值由人员与规定的参数值比较，判断监控对象是否处于正常状态。如果发现异常需要处理时，由人员采取措施。

（2）监测报警系统。检测单元、判定单元由仪器、设备承担，执行单元的功能由人员实现。系统监测到故障、异常时发出声、光报警信号，提醒人员采取措施。在这种场合，往往把作为判定正常或异常标准的规定参数值定得低些，以保证人员有充裕的时间做出恰当的决策和采取恰当的行动。

（3）监控联锁系统。安全监控系统的三个部分均由仪器、设备构成。在检测、判定单元发现故障或异常时，执行单元自动启动安全装置或紧急停车，不必人员介入。这是一种高度自动化的系统，适用于若不立即采取措施就可能发生事故、造成严重后果的情况。

4. 人机界面的安全工程

在现代控制系统中，需要借助"人机界面"实现人机信息的交流。人机界面的安全工程就是要通过显示器、控制器及它们之间的关系设计和运行，使其符合人机信息交流的规律和特征，防止误报、误读、误操作等不可靠、不准确、不安全的信息交互，保证系统的安全。

1）显示器的类型及特征

根据人接受信息传递的通道，显示器可分视觉、听觉和触觉三种显示方式，其传递信息的特征见表 4-12。

表 4-12　三种显示方式传递信息的特征

显示方式	传递信息的特征	显示方式	传递信息的特征
视觉显示	比较复杂抽象的信息或含有科学技术术语的信息；传递的信息很长或需要延迟；需用方位、距离等空间状态说明的信息；以后有可能被引用的信息；所处环境不适合听觉传递的信息；适合听觉传递，但听觉负荷已很重的场合；不需要急迫传递的信息；传递的信息常需同时显示、监督和操纵	听觉显示	较短和无需延迟的信息；简单且需要快速传递的信息；视觉通道负荷过重的场合；所处环境不适合视觉通道传递的信息
		触觉显示	视觉、听觉通道负荷过重的场合；使用视觉、听觉通道传递信息有困难的场合；简单并要求快速传递的信息

选择显示器应符合以下原则：

（1）尽量以简单明了的方式显示所传达的信息，尽量减少译码的错误。

（2）使用与信息精度要求相一致的显示精度，要保证最短的认读时间。

（3）采用与操作人员的能力及习惯相适应的信息显示方式，提高显示的可靠性。

（4）按观察条件（如照明、速度、振动、操作位置、运动约束等），运用最有效的显示技术和显示方法，使显示变化的速度不超过人的反应速度。

2）控制器的类型及特征

按控制器运动的类别，可分为旋转控制器、摆动控制器、按压控制器、滑动控制器和牵拉控制器。各类控制器的特性及其特征见表 4-13。

表 4-13　各类控制器的特性及其特征

基本类型	运动类别	举例	说明
旋转运动的控制器	旋转	曲柄、手轮、旋塞、旋钮、钥匙等	控制器受力后在围绕轴的旋转方向上运动，也可反向倒转或继续旋转直至起始位置
近似平移运动的控制器	摆动	开关杆、调节杆、杠杆键、拨动式开关、摆动开关、脚踏板等	控制器受力后围绕旋转点或轴摆动，或者倾倒到一个或数个其他位置。通过反向调节可返回起始位置
平移运动的控制器	按压	钢丝脱扣器、按钮、按键、键盘等	控制器受力后在一个方向上运动。在施加的力被解除之前，停留在被压的位置上。通过反弹力可回到起始位置
	滑动	手闸、指拨滑块等	控制器受力后在一个方向上运动，并停留在运动后的位置上，只有在相同方向上继续向前推或者改变力的方向，才可使控制器做返回运动
	牵拉	拉环、拉手、拉圈、拉钮等	控制器受力后在一个方向上运动，回弹力可使其返回起始位置，或者用手使其在相反方向上运动

3）显示器与控制器的布局

对于较复杂的机器，往往在很小的操作空间集中了多个显示器和控制器。为了便于操作者迅速、准确地认读和操作，获得最佳的人机信息交流，在布置显示器和控制器时应遵循以下原则：

（1）使用顺序原则。如果控制器或显示器是按某一固定顺序操作的，则控制器或显示器也应该按同一顺序排列，以方便操作者记忆和操作。

（2）功能相关原则。按照控制器或显示器的功能关系安排其位置，将功能相同或相关的控制器和显示器组合在一起。

（3）使用频率原则。将使用频率高的显示器或控制器布置在操作者的最佳视域和最佳操作区，而将偶尔使用的布置在次要的区域。但是，对于紧急制动器，尽管其使用频率不高，也必须放在易于操作的位置。

（4）重要性原则。重要的显示器或控制器，应该安排在操作者操作或认读最为方便的区域。

4.3.4　环境的安全工程

在安全系统中，环境因素对操作者和机器、设备的可靠性有较大影响。充分考虑这些影响因素，对环境条件进行合理设计和适当控制，不但可以为人创造比较安全而舒适的工作条件，减轻疲劳、提高工效、避免或减少人的误操作，还可以提高机的工作效率和使用可靠性。

1. 作业环境的安全要求

1）作业场所的安全设计原则

（1）应根据人体特性合理组织劳动，使操作者能舒适自然地进行必要的活动。要把一切必需的劳动工具按最佳的操作顺序集中在近距离内，保证能方便地进行工作。

（2）应根据节省人的肢体动作要求进行布置。只有动作组织的合理，劳动效率才会提高，人的操作失误才能减少。因此，材料和工具应尽可能地布置在手的正常活动范围内，避免不断改变身体姿态（起立、弯腰和下蹲等），以减少疲劳。

（3）应保证生产劳动程序的连续性。在劳动开始之前，先准备好材料和工具，并把这些材料和工具按工作程序排列好。这样既可节省时间，保证工作的连续性，也可避免因找不到东西手忙脚乱或产生烦躁情绪，而导致事故。

2）作业场所的人体工效学要求

符合人类工效学的作业环境的基本条件包括：光照必须满足作业的需要；噪声、振动的强度必须低于人生理、心理的承受能力；有毒、有害物质的浓度必须控制在允许的作业标准以下；通风的数量和质量应满足作业要求；温湿度应满足作业要求；颜色应满足亮度的分布、对视野和对安全色感受的影响；避免操作者暴露于危险物质及有害辐射的环境；在室外工作时，对不利的气候影响，应为操作者提供适当的遮掩物等。

3）作业场所的安全标志

安全标志由安全色、几何图形和图形、符号等构成，用以表达特定的安全信息，其作用是引起人对不安全状态的注意，预防发生事故。

我国规定了四类传递安全信息的安全标志，并有明确的张贴、悬挂要求。其中：禁止标志（红色）表示不准或制止人的某种行为；警告标志（黄色）使人注意可能发生的危险；指令标志（蓝色）表示必须遵守，用来强制或限制人的行为；提示标志（绿色）示意目标地点或方向。

2. 作业场所的定置管理

对物品进行有目的、有计划、有方法的科学放置称为现场物品的定置。定置管理是对生产现场中人、物、场所三者之间的关系进行科学的分析研究，使其达到最佳结合状态的一门科学管理方法。定置管理起源于日本，1982 年，清水千里总结和提炼了日本企业生产现场定置管理的经验，出版了《定置管理入门》一书。

定置管理实现了作业环境的整洁、畅通，设备设施的定位、稳固，工业流程的规范、协调，特别是使应急资源、应急设备、应急通道的管理标准化、便利化，这些都有助于安全系统功能的有效发挥。

定置管理的基本程序是：

（1）作业研究。这是对生产现场现有作业方法、机器设备情况、工艺流程等全过程进行详细分析研究，使定置管理达到科学化、规范化和标准化。

（2）人、物结合状态分析。这是定置管理中最关键的一环。对人机运行状态的分析实现对状态的清理、改进，提高工作效率和工作质量。

（3）物流、信息流分析。物流是指生产现场中需要定置的物品（无论是毛坯、半成品、成品，还是工装、工具、辅具等）流动的规律与状态变化；信息流是指物流变化引起的大量信息，如表示物品存放地点的路标、表示所取之物的标签、表示定置情况的定置图、表示不同状态物品标牌、为定置摆放物品而划出的特殊区域等。通过对物流、信息流的分析，掌握加工件的变化规律和信息的连续性，并对不符合标准的物流、信息流进行改正。

（4）定置图设计。通过对场所、工序、工位、机台等进行定置诊断，绘制工厂定置图、分厂或车间定置图、区域定置图和工具箱定置图等。应注意的是：定置要实现灵活、协调、方便、安全；定置图设计按统一标准；应尽量按生产组织划分定置区域，依次划出加工件定置区、半成品待检区、半成品合格区、成品待检区、成品合格区、废品区、返修品区、待处理区等。

（5）信息标准化。例如，合格区域用绿色标牌表示，返修区域用红色标牌表示，待处理区域用黄色标牌表示，待检区域用蓝色标牌表示，废品区域用白色标牌表示。

（6）定置方案实施。按照定置设计的具体内容进行定置管理，即对生产现场的材料、机械、操作者、方法进行科学的整理、整顿，将所有的物品定位，按图定置，使人、物、场所三者结合状态达到最佳程度。

（7）定置效果考核。通常采用定置率衡量定置管理的效果：

定置率=实际定置的物品个数（件数）/应该定置的物品个数（件数）×100%

例如，某企业的三个定置区域，其中合格区（绿色标牌区）摆放的 15 种零件中有 1 种没定置，待检区（蓝色标牌区）摆放的 20 种零件中有 2 种没定置，返修区（红色标牌区）摆放的 3 种零件中有 1 种没定置，则该场所的定置率为

定置率=[(15+20+3)−(1+2+1)]/(15+20+3)×100%=89%

可见，该项定置管理还有继续提升和改进的空间。

4.3.5　安全系统结构的综合分析

1. 系统结构的链式分析

系统结构的链式分析法（又称连接分析法）是系统关联结构合理性的分析方法。该方法将人和机的相互关联称为链，按关联特性可分为视觉链、听觉链、操作链、行走链和语言链，通过分析系统中各个链的简洁、顺畅程度，推断系统结构是否合理。

链式分析法常采用作图分析法。以圆形节点表示人，以方形节点表示机，以连线及其长短表示人与机的关联及其运动路线。如图 4-14 所示（1、2、3、4）4 人作业，并分别与 A、B、C、D、E、F、G 7 个控制器发生关系。其中图 4-14（a）的位置配合显然是不合理的：操作时，人员的运动路线相互交叉、干扰，十分不便；有的运动路线过长，如④→B就表示第 4 人到 B 控制器的操作很不方便。如改为图 4-14（b）所示的布置，则可以克服上述缺陷，使工作便捷。

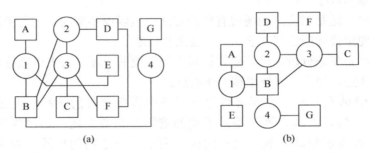

图 4-14　作图分析示意图

图 4-15 为 5 个人使用 3 台机器的情况，箭杆上的数字表示人使用机器的次数。图 4-15（b）是对图 4-15（a）进行修改的结果，与改进前相比，连接流畅且易操作。

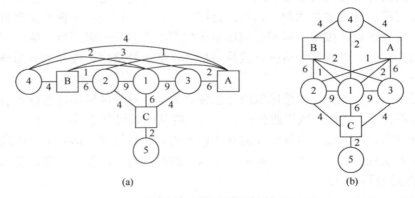

图 4-15　连接分析及改进

视觉连接或触觉连接应配置在人的前面。而听觉显示，即使不朝向人也能被感知，而且听觉具有从背景声中获得声信号等特点。因此，连接分析除使用频数和重要性外，还可应用感觉方面的特性进行配置。图 4-16 为感觉特性的连接分析示例，其中绘出了 3 人操作 5 台机器的连接，小圆圈中的数字表示连接值，箭杆上圆圈中的数字表示人与机器交流的次数。图 4-16（a）为改进前的配置，图 4-16（b）为改进后的配置。视觉、触觉连接配置在人的前面，听觉连接配置在人的两侧。

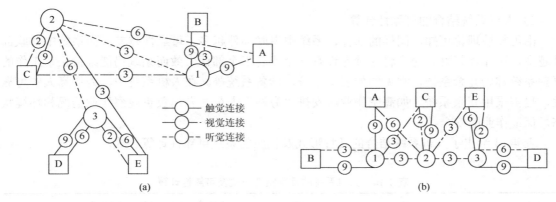

图 4-16 改进前后的连接布置

链式分析法不仅适合多种工艺、多人协同作业时空间位置配合的场合，也可以用于单人对显示控制板操作的分析。例如，应用于观察显示器和操作控制器时，人与显示器或人与控制器之间形成的连接。根据连接的相对重要程度，对布置进行评价。对于连接值大的显示器，应布置在易观察的位置；如果是控制器，则应布置在易操作的位置。

2. 系统结构的可靠性分析

1）人机环境系统的可靠性模型

人机环境系统中系统可靠性 R_S 通常可以看作由人子系统、机子系统、环境子系统串联构成的，若人可靠性为 R_H、机可靠性为 R_M、环境可靠性为 R_E，则系统可靠性 R_S 为

$$R_S = R_H R_M R_E$$

为了重点研究系统中人机可靠性的关系，暂时忽略环境的影响，即令 $R_E=1$，则有

$$R_S = R_H R_M \tag{4-1}$$

图 4-17 为人机可靠性与系统可靠性之间的关系曲线。显然，为提高人机系统的可靠性必须同时提高机器的可靠性和人的操作可靠性。

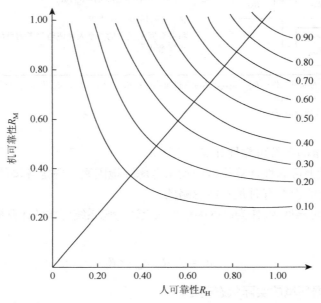

图 4-17 人机可靠性与系统可靠性之间的关系曲线

2）人机系统结合的可靠性计算

由可靠性理论可知，同样的部件，系统中串联部件越多，可靠性越差；而系统中并联部件越多，可靠性越好。通常将这种允许有一个或若干个部件失效而系统仍能维持正常工作的复杂系统称为冗余系统，常见的如表决系统、储备系统等。在人机系统中，为提高人的可靠性，也需采用冗余系统，如高空作业时安排"旁站"人员，专门负责观察作业情况和环境状态，保证作业的安全。

表 4-14 给出了人机系统结合的几种形式及相应的系统可靠性计算公式。

表 4-14　人机系统的几种结合形式及可靠性计算

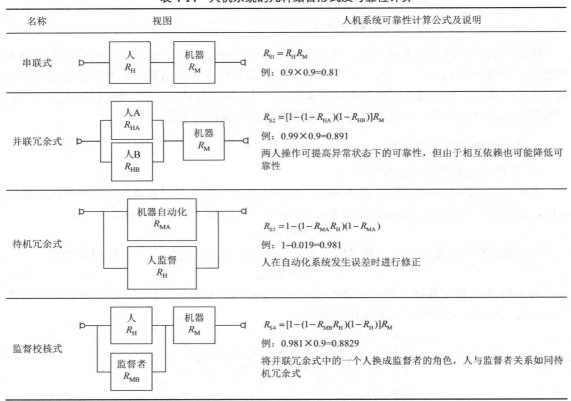

名称	视图	人机系统可靠性计算公式及说明
串联式	人 R_H — 机器 R_M	$R_{S1} = R_H R_M$ 例：$0.9 \times 0.9 = 0.81$
并联冗余式	人 A R_{HA} / 人 B R_{HB} — 机器 R_M	$R_{S2} = [1-(1-R_{HA})(1-R_{HB})]R_M$ 例：$0.99 \times 0.9 = 0.891$ 两人操作可提高异常状态下的可靠性，但由于相互依赖也可能降低可靠性
待机冗余式	机器自动化 R_{MA} / 人监督 R_H	$R_{S3} = 1-(1-R_{MA}R_H)(1-R_{MA})$ 例：$1-0.019 = 0.981$ 人在自动化系统发生误差时进行修正
监督校核式	人 R_H — 机器 R_M / 监督者 R_{MB}	$R_{S4} = [1-(1-R_{MB}R_H)(1-R_H)]R_M$ 例：$0.981 \times 0.9 = 0.8829$ 将并联冗余式中的一个人换成监督者的角色，人与监督者关系如同待机冗余式

注：（1）R_H、R_{HA}、R_{HB} 为人可靠性；R_M、R_{MA}、R_{MB} 为机可靠性；R_{S1}、R_{S2}、R_{S3}、R_{S4} 为系统可靠性。
　　（2）虚线表示信息的流动方向。
　　（3）人、机的可靠性数值取 0.9。

3）考虑环境因素的系统可靠性计算

为了简化，在以上可靠性计算模型中均未考虑环境因素，假定环境的可靠性 $R_E=1$，而事实上环境因素对系统的影响有时是不能忽略的。

为此，可将环境可靠性 R_E 作为串联因素加入上述考虑系统可靠性计算模型中，即式（4-1）表达为

$$R_S = f(R_H, R_M) \times R_E \tag{4-2}$$

而 R_E 的取值可以根据环境的实际状态确定。

4.4　安全系统层级保障

4.4.1　安全系统层级和屏障

1. 安全系统的层级结构

安全系统通常需要以多层结构实现其安全功能。首先，在安全系统内部，其结构的复杂性、各子系统功能之间的相关性等，导致系统运行的复杂性、不可靠性，同时可能产生连锁反应，使其自身的故障由元件、子系统扩散到整个系统。为了保证整个系统的有效运行，需要充分考虑安全系统的层级关系，采取必要的工程技术措施，实施分级、分层次的控制。其次，在安全系统服务的"被保护系统"，尽管系统的危险性得到某种程度的控制，但仍然难免存在残余危险性。这些残余危险与系统各个层次的功能发挥及其相互作用相关，必须采取分层级的安全防护措施，才能有效地预防事故的发生。

安全系统的层级结构如图 4-18 所示。

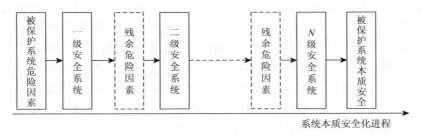

图 4-18　安全系统的层级结构

2. 安全系统的屏障隔离

安全系统的层级保障又可以理解为安全屏障（barrier）。其基本作用是采取多重防护措施将危险（hazard）和保护对象（target）隔离开，如图 4-19 所示。

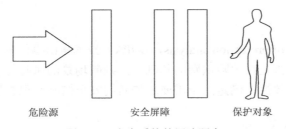

危险源　　　　安全屏障　　　　保护对象

图 4-19　安全系统的屏障隔离

（1）根据安全屏障的驱动方式，可分为主动安全屏障和被动安全屏障两种模式。主动安全屏障的功能和作用依赖能源、人员的动作、控制系统的主动动作，如火灾报警器、烟雾报警器等。由于其动作依赖于能源、人员、控制系统，一旦这些因素缺失，安全屏障的作用就不能实现，因此其可靠性较低。被动安全屏障的功能和作用不依赖这些因素，如道路隔离护栏、储罐区防火堤等。为了保证安全系统的屏障功能，在工程实践中往往将两种模式结合设置，形成一个安全屏障体系。

（2）硬件屏障和人员屏障。硬件屏障是依赖安全系统完整性实现的屏障，人员屏障主要是通过作业安全训导实现的屏障。两者的有机组合使危险源/隐患得到有效控制，实现系统整体的安全，如图4-20所示。

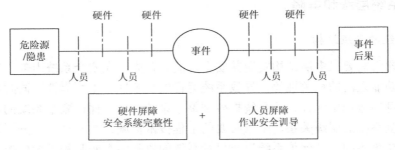

图4-20　硬件屏障和人员屏障的组合

国际油气生产者协会（International Association of Oil & Gas Producers，IOGP）将硬件屏障分为八种类型：① 结构完整，涉及人造物（包括建筑物、构筑物、航空器等）的强度、刚度、损伤容限及耐久性（或疲劳安全寿命）等；② 工艺控制，如大罐、压力容器、管线、热交换器、释放系统等；③ 点火（源）控制，如危险区域通风、防爆认证的电器、接地系统等；④ 探测系统，如火灾和气体探测系统、安防系统等；⑤ 保护系统，如喷淋灭火系统、火灾保护、爆炸保护、消防水泵、固定式泡沫系统、阴极保护系统等；⑥ 停车/停机/关机/关闭系统，如紧急停车系统、工艺紧急切断阀（ESDVs）、井控设备、泄压四通等；⑦ 应急响应，如紧急集合区域、紧急照明系统、紧急通信系统、不间断电源（UPS）、疏散撤离路线等；⑧ 救生设备，包括疏散撤离系统，如防毒面具、正压呼吸器等。

IOGP将人员屏障分为六种类型：① 遵守操作程序；② 监督和操作人员巡检；③ 临时机动设备授权；④ 设备设施交接验收或重启前验收；⑤ 对工艺警报和不稳定工况的响应；⑥ 对紧急情况的响应。

4.4.2　安全系统保护层

1. 保护层分析

保护层分析（layer of protection analysis，LOPA）技术是由事件树分析发展而来的一种风险分析技术。保护层分析是在危险识别的基础上，判断场景的风险程度，评估各个保护层及安全系统整体功能的有效性，确定是否需要增加新的安全措施或保护层，保证风险减少到可接受水平。

1）独立保护层的特点

能够单独作为保护层的安全措施通常应具备有效性、独立性和可审查性的特点。有效性是指该保护层应按照设计的功能发挥作用，能够有效地防止或减轻潜在严重事故，如反应失控、泄漏、爆炸等的后果；独立性是指该保护层应独立于初始事件和任何其他已经被认为是同一场景的独立保护层的构成元素，与其他保护层的功能不重复，即能够独立于其他安全措施，既不受其他安全措施失效的影响，又不会引起其他安全措施失效；可审查性是指该保护层应能够有效阻止后果的发生，其失效概率必须能够以某种方式进行检测和验证，可以定期对其进行维修或维护。

如图 4-21 所示，保护层 IPL$_1$、IPL$_2$、IPL$_3$ 分别有效地降低了系统失效的概率（图中横向箭头逐渐变细）；三个保护层各自独立承担不同的保护作用，其对失效概率的降低可以量化衡量（后两项图中难以直接表达）。

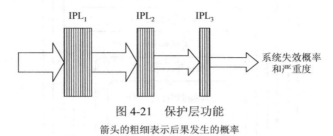

图 4-21　保护层功能

箭头的粗细表示后果发生的概率

2）保护层的分类

作为降低事故发生概率的各项预防和控制措施，保护层可分为主动型和被动型、阻止型和减缓型。

主动型保护层类似于主动屏障。其主要作用是在事故发生之前，控制各类可能诱发事故的危险因素，对可能发生的事故进行预报、预警，如泄漏、超压、烟感报警器等。

被动型保护层类似于被动屏障。其主要作用是在事故初发阶段，抑制事故的发展；在事故发展阶段，控制事故规模和影响、降低事故的损失，如泄压阀、防爆墙等。

阻止型保护层的作用是当系统出现各类失效、偏差、故障时，消除或抑制其演化为事故通道，使系统保持安全状态，如建筑防火系统中的防火门、自动喷淋装置等。

减缓型保护层的作用是当系统中的各类失效、偏差、故障引发事故时，缓解意外能量释放的规模、转移意外能量释放的方向，使系统处于可接受的危险状态，如降低系统压力超高的泄压膜、化工系统中的事故应急池等。

3）独立保护层的有效性

用独立保护层（independent protection layer，IPL）的失效概率（PFD）判断其降低事故频率的有效性。独立保护层的 PFD 越低，其正确运行和中断事件链的可能性就越大。PFD 的取值范围从最弱的独立保护层（1×10^{-1}）到最强的独立保护层（$1 \times 10^{-5} \sim 1 \times 10^{-4}$）。目前已有大量的工业数据库，如 OREDA、EureData 等可以使用，还可通过失效模式、影响和诊断分析（FMEDA）得到某一设备某一种失效模式的失效概率及安全失效和危险失效的比例。与工业数据库相比，FMEDA 的结果针对具体设备，具有更高的准确性。

选择 PFD 时应注意的是：在整个分析过程中，使用的所有失效概率数据的保守程度应一致；选择的失效概率数据应具有行业代表性或能代表操作条件。

每个 IPL 仅被考虑一次至关重要，因为在分析中要使用概率相乘。例如，当考虑容器的机械完整性时，确定机械完整性的 PFD 必须在释放装置未防止事故发生的情形下进行。因此，必须考虑容器在低于释放阀阈值时因为振动而失效的概率，或容器由于释放阀在高压情况下没有合理作用而失效的概率，否则会对整体的失效概率 PFD 做出偏低的估计。每个保护层在 LOPA 中是排序的，必须确保在排在某一保护层之前的保护层失效的情况下也能进行评估。

2. 典型的独立保护层

典型的独立保护层应呈"洋葱"形分布，通常从内到外一般为 8 层，如图 4-22 所示。

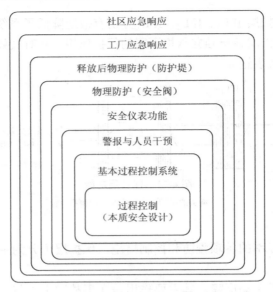

图 4-22　典型的独立保护层

（1）本质安全设计层。如果工艺设计具备防止系统发生某种失效的功能，则这种使系统本质上更安全的设计功能可视为独立保护层。例如，一个泵的叶轮设计得非常小，以至对下游容器产生高压的可能性很小，这时该独立保护层存在并具有非零的 PFD。有时，还可采取消除失效场景的设计，如整个系统设计为常压状态，则这时独立保护层不存在，且 PFD 为零。

（2）基本过程控制系统（BPCS）层。基本过程控制系统的设计经常具有安全保护作用，并且在安全仪表系统（SIS）之前做出反应。作为独立保护层 IPL，应符合以下标准：

a. BPCS 与 SIS 是在物理上分离的装置，包括传感器、逻辑控制器和最终执行器。

b. BPCS 故障不是造成初始事件的原因。

c. BPCS 有可用的、合适的传感器和执行器来执行与 SIS 相似的功能。

（3）警报与人员干预层。它是指操作人员或其他工作人员对报警响应或在系统常规检查后，采取防止不良后果的行动。总体而言，与工程控制相比，通常认为人员响应的可靠性较低，因此必须慎重考虑人员行动作为 IPL 的有效性。该层应满足以下要求：

a. 必须能够检测到要求操作人员采取行动的指示或信号。

b. 操作人员必须有足够的时间采取行动。

c. 不应期望操作人员在执行 IPL 要求的行动的同时执行其他任务，并且操作人员正常的工作量必须允许操作人员可以作为一个 IPL 有效采取行动。

d. 在所有合理的情况下，操作人员都能采取所要求的行动。

e. 定期进行培训并记录，使操作人员训练有素，能够完成特定报警所触发的要求任务。

f. 指示和行动通常应独立于其他任何已经作为 IPL 或初始事件序列中的报警、仪表或其他系统。

（4）安全仪表功能层。安全仪表功能（SIF）通过检测超限或异常条件，控制过程进入功能安全状态。SIF 在功能上独立于 BPCS，通常被视为一种 IPL。SIF 系统的设计、冗余水平、测试频率和类型将决定 SIF 的 PFD。

（5）物理防护层。物理防护如安全阀、爆破片等设施，如能够正确设计和维护，则可以视为 IPL，它们能够提供较高程度的超压保护。压力容器规范要求系统的安全阀应针对所有可能的场景进行设计（如火灾、冷却失效、控制阀失效等），并且不能赋予其他任何要求，这意味着安全阀作为 IPL 仅提供超压保护作用。

保护层分析人员应对每个安全阀的工作环境进行评估，以确定适当的 PFD。例如，当安全阀处于污染、腐蚀、两相流或释放管汇处物质易发生冻结的情形时，系统将无法实现安全泄放，其 PFD 就可能增加。

（6）释放后物理防护层。它是指危险物质释放后，用来降低事故后果的保护设施，如防火堤、防爆墙、防爆舱、耐火涂层、阻火器、防爆器、自动水幕系统等。如果这些保护设施的设计、建造、安装和维护正确，具有降低潜在严重后果事件概率的功能，就可作为 IPL。

（7）工厂和社区应急响应层。消防队、人工喷水系统、工厂撤离、社区撤离、避难所和应急预案等应急响应措施也可以作为 IPL，但通常认为它们是在事故发生之后被激活，并且有太多因素（时间延迟）影响它们的整体有效性，因此它们比工程控制的可靠性低，要慎重考虑。

4.4.3　安全系统层级保障的工程化

实现安全系统的层级保障需要开展一系列工作，如图 4-23 所示。

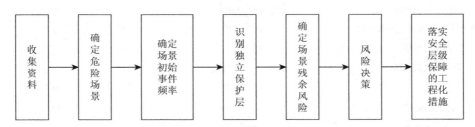

图 4-23　安全系统层级保障的流程

1. 确定危险场景

分析人员提出的一系列可导致不良后果的事件，包括初始事件和独立保护层失效事件。除了初始事件和后果，每个场景还可能包括在初始事件能导致后果前发生或出现的触发事件或条件，防护措施失效等，如图 4-24 所示。

图 4-24　事故场景简图

2. 确定场景初始事件频率

由于在实际工程中受统计样本数量的限制，通常以每年发生的次数表示初始事件频率，一般分为外部事件、设备故障、人的失效。

外部事件包括自然现象，如地震、龙卷风、洪水、临近设备火灾或爆炸引起的"链锁"事件，以及第三方破坏如机械设备、机动车辆或建筑设备的破坏。

设备故障可以分为控制系统失效和机械故障。其中，控制系统失效主要包括基本过程控制系统（BPCS）元件失效；软件失效或崩溃；控制支持系统失效（如电力系统、仪表风系统）；

机械故障主要包括磨损、疲劳或腐蚀造成的容器或管道失效；设计、技术规程或制造缺陷造成的容器或管道失效；超压造成的容器或管道失效（如热膨胀、清管、吹扫）或低压（真空导致崩塌）；振动导致的失效（如转动设备）；维护、维修不完善（包括使用不合适的替代材料）所造成的失效；高温（如火灾暴露、冷却失效）或低温，以及脆性断裂（如自冷）引起的失效；湍流或水击引起的失效；内部爆炸、分解或其他失控反应造成的失效。

人的失效主要包括未能按正确的顺序执行任务步骤，或遗漏了一些步骤（有些行动没有执行）；未能正确观察或响应过程或系统给出的条件或其他提示（有些行动错误执行）。虽然无效的管理系统往往是人员失误的根本原因，但是管理系统通常不作为潜在的初始事件。

在化工行业，LOPA 分析的典型初始事件概率见表 4-15。

表 4-15　初始事件典型概率值 f^I

初始事件	来自文献的概率范围/a^{-1}	某公司进行 LOPA 时的选择值/a^{-1}
压力容器疲劳损失	$10^{-7} \sim 10^{-5}$	10^{-6}
管道疲劳失效-100m 全部断裂	$10^{-6} \sim 10^{-5}$	10^{-5}
管线泄漏（10%截面积）-100m	$10^{-4} \sim 10^{-3}$	10^{-3}
常压储罐失效	$10^{-5} \sim 10^{-3}$	10^{-3}
垫片/填料爆裂	$10^{-6} \sim 10^{-2}$	10^{-2}
涡轮/柴油发动机超速，外套破裂	$10^{-4} \sim 10^{-3}$	10^{-4}
第三方破坏	$10^{-4} \sim 10^{-2}$	10^{-2}
起重机载荷掉落	$10^{-4} \sim 10^{-3}$/起吊	10^{-4}/起吊
雷击	$10^{-4} \sim 10^{-3}$	10^{-3}
安全阀误开启	$10^{-4} \sim 10^{-2}$	10^{-2}
冷却水失效	$10^{-2} \sim 1$	10^{-1}
泵密封失效	$10^{-2} \sim 1$	10^{-1}
装载/卸载软管失效	$10^{-2} \sim 1$	10^{-1}
BPCS 仪表控制回路失效	$10^{-2} \sim 1$	10^{-1}
调节器失效	$10^{-1} \sim 1$	10^{-1}
小的外部火灾（多因素）	$10^{-2} \sim 10^{-1}$	10^{-1}
大的外部火灾（多因素）	$10^{-3} \sim 10^{-2}$	10^{-2}
LOTO 程序失效	$10^{-4} \sim 10^{-3}$/次	10^{-3}/次
操作员失效	$10^{-3} \sim 10^{-1}$/次	10^{-2}/次

注：在具体选值时，应考虑系统实际状态，并保持统一的保障程度。

3. 识别独立保护层

（1）有效性识别。需要考虑的因素包括：防护措施是否能对其启动的条件参数充分检测到；防护措施采取的行动是否能够防止不良后果的发生。所需的时间必须包括检测到条件的时间、处理信息和做出决策的时间、采取必要行动的时间、行动生效的时间；在有效范围内，独立保护层是否有足够的能力采取所要求的行动，如果需要一个具体的规格要求，那么安装的防护措施是否符合这些要求。对于所要求的行动，独立保护层的强度是否充足。这些强度包括物理强度，如特定场景条件下阀门关闭能力；人员强度，如所要求的任务是否在操作人员的能力范围内。

（2）独立性识别。保护层的独立性要求其功能有效且应独立于初始事件的发生及其后果；同一场景中其他已确信的独立保护层的任何构成元件失效。

（3）可审查性识别。元件、系统及其功能必须经审查，表明其符合独立保护层减缓风险的要求，确认如果该保护层按照设计发生作用，它会有效阻止后果；确认保护层的设计、安装、功能测试和维护系统的合适性，以取得其特定的失效概率 PFDs 的降低；功能测试必须确认保护层所有的构成元件运行良好且满足使用要求；审查过程中，应记录发现的独立保护层条件、上次审查以来的任何修改、跟踪所要求的任何修改及改进措施的执行情况。

4. 确定场景残余风险

1）公式法

特定后果场景频率由初始事件频率乘以 IPLs 要求时的失效概率，即

$$f_i^C = f_i^1 \cdot \prod_{j=1}^{J} \text{PFD}_{ij} \tag{4-3}$$

式中，f_i^C 为初始事件 i 造成 C 后果的频率；f_i^1 为初始事件 i 的初始事件频率；PFD_{ij} 为初始事件 i 中第 j 个后果 C 的独立保护层要求时的失效概率。

事故场景风险指标值的大小取决于事件频率和后果严重度两方面，即

$$R_k^C = f_k^C \cdot C_k \tag{4-4}$$

式中，R_k^C 为事故第 k 个结果的风险；f_k^C 为事件中第 k 个结果发生的频率；C_k 为事故中第 k 个结果的后果大小。由于每个场景具有不同的保护层 IPLs，同样后果的不同场景要单独计算，然后对多个场景的频率求和。

2）经验法

采用表 4-16 确定事件发生的频率，采用表 4-17 确定当前残余危险场景的后果严重等级。

表 4-16　频率等级

频率等级	每年发生次数
1	$1.0 \times 10^{-7} \sim 1.0 \times 10^{-6}$
2	$1.0 \times 10^{-6} \sim 1.0 \times 10^{-5}$
3	$1.0 \times 10^{-5} \sim 1.0 \times 10^{-4}$
4	$1.0 \times 10^{-4} \sim 1.0 \times 10^{-3}$
5	$1.0 \times 10^{-3} \sim 1.0 \times 10^{-2}$
6	$1.0 \times 10^{-2} \sim 1.0 \times 10^{-1}$
7	$1.0 \times 10^{-1} \sim 1.0$（或更高）

表 4-17　后果严重等级

后果严重等级	描述	注解			
		个人	社会	环境	设备
1	低	无伤害	无伤害、危害或公众有所反感	允许少量排放	少量设备破坏，无产品损失
2	较低	较轻伤害或无伤害	无伤害、危害或公众有所反感	允许少量排放	少量设备破坏，无产品损失

续表

后果严重等级	描述	注解			
		个人	社会	环境	设备
3	中	单体伤害，不严重	公众抱怨	泄漏受到关注，允许少量排放	一些设备破坏，少量产品损失
4	高	至少一个人员受到严重伤害	至少一个人员受到伤害	大量泄漏产生重大影响	重大破坏，一些产品损失
5	非常高	致命伤害	至少一个人员受到严重伤害	大量泄漏产生重大影响，造成长时间健康危害	重大或毁灭性破坏，大量产品损失

5. 风险决策

根据后果的严重程度及发生概率，得到残余风险矩阵（图 4-25），并依此做出风险决策（表 4-18）。

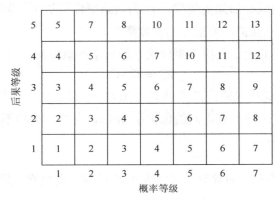

图 4-25　残余风险矩阵

表 4-18　风险等级划分

风险等级	描述
1~5	无需采取安全措施
6~8	非强制性的，在允许时应采取安全措施
9~11	计划内采取安全措施（如生产装置、设施进行检修时）
12~13	立即采取安全措施

6. 安全系统层级保障示例

例 4-2：以某石油化工储运有限公司的储罐溢流引发火灾事故为例进行分析研究。重大危险源为环氧丙烷储罐，事故场景是环氧丙烷储罐液体溢流，并流出防火堤。

1）安全系统独立保护层的确认

第一层：重大危险源安全设计保护层（IPL1）。储罐 BPCS 的 LIC 显示液位，以确保储罐有足够空间容纳槽车内的物料，储罐液位监控装置失效导致储罐溢流。该保护层作为独立保护层有：有效性——若检测能正确执行，液位指示数能正确读出，检测到高液位，操作人员不会进行卸载活动，则溢流将不会发生；独立性——它独立于其他任何行动、操作人员行动或初始时间，因为失效发生在库存订购系统中；可审查性——仪表和操作人员的执行状况可被观察、测试和记录。

第二层：监控预警保护层（IPL2）。监测罐体发生溢流并预警，干预人员可以及时利用防火堤控制溢流物质以预防火灾事故。合适的防火堤可以包容这些溢流物。防火堤满足独立保护层的要求：如果按照设计运行，防火堤可有效地包容储罐的溢流；防火堤独立于任何其他独立保护层和初始事件；可以审查防火堤的设计、建造和目前的状况。

第三层：固定装置自动消防系统安全防护保护层（IPL3）。如果防火堤失效，将发生大规模扩散，从而发生潜在的火灾、伤害和死亡。监测预警后固定消防设置自动喷淋灭火系统可以有效降低具有潜在严重后果的事件频率。自动喷淋灭火系统满足独立保护层所有的要求，包括：按照设计自动喷淋灭火系统能够及时检测到喷淋启动的条件；自动喷淋消防设置独立于初始事件和防护堤保护层；可以确认设计、安装、功能测试和维护系统的合适性，确认独立保护层所有的构成元件运行良好且满足使用要求，系统运行良好等。

第四层：企业事故应急响应安全保护层（IPL4）。火灾蔓延后，企业消防小组、可调动的固定和移动消防器材与设施、企业事故应急组织、应急设施、应急预案等应急响应措施被激活。

第五层：园区事故应急处置与区域事故隔离防护层（IPL5）。火灾事故超出企业防护能力之后，园区消防队、工厂撤离、事故区域分析与隔离等应急响应措施被激活。

第六层：周围社区事故应急处置与区域事故隔离防护层（IPL6）。事故冲破前五重防护层后，社区消防队、社区撤离、事故隔离与警戒区域、避难所和应急预案等应急响应措施被激活。满足独立保护层的要求，包括：应急响应在火灾报警后能及时检测到行动条件，有消防力量和应急预案能在可用时间内有能力采取所要求的行动；独立于起始事件和其他独立保护层，分别设置于企业、园区和社区不同层级；消防队、应急预案、工厂撤离、社区撤离、避难所和应急预案等应急响应措施可以定期检查和演练以确保运行良好。

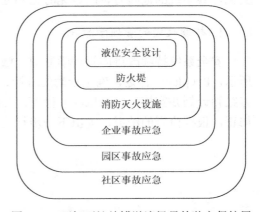

综上所述，对于环氧丙烷储罐溢流场景，以上六层可作为独立保护层，如图 4-26 所示。

图 4-26　环氧丙烷储罐溢流场景的独立保护层

2）风险计算

环氧丙烷储罐溢流最初是由库存量控制系统失效所造成，库存量控制失效每年发生一次。因此，库存量控制失误的初始频率为 $f^1 = 1a^{-1}$。

由于库存量控制单元系统失效（IPL1），引起防火堤外释放（IPL2），并在点火情况下启动自动喷淋消防设施（IPL3），随着事故规模的扩展，分别激活企业、园区和社区的应急响应（IPL4、IPL5、IPL6），查表得到 PFD1 为 1×10^{-1}，PFD2 为 1×10^{-2}，PFD3 为 1×10^{-1}，PFD4 为 1×10^{-1}，PFD5 为 1×10^{-1}，PFD6 为 1×10^{-1}。

库存量控制系统失效导致储罐溢流，溢流物未被防火堤包容，溢出物接着被点燃，自动喷淋和企业消防启动，企业计算该场景导致死亡的概率为

$$f_a^{\text{fire\_injury}} = f_a^I \times \text{PFD}_1 \times \text{PFD}_2 \times P^{\text{ig}} \times \text{PFD}_3 \times \text{PFD}_4 \times P^{\text{ex}} \times P^{\text{S}}$$
$$= (1a^{-1}) \times (1 \times 10^{-1}) \times (1 \times 10^{-2}) \times 1.0 \times (1 \times 10^{-1}) \times (1 \times 10^{-1}) \times 0.5 \times 0.5 = 2.5 \times 10^{-6} a^{-1}$$

其中，P^{ig} 为对于可燃物释放的点火概率，P^{ex} 为人员出现在影响区域内的概率，P^S 为受伤或死亡等伤害发生的概率。

对于以上场景，企业下一步需要将已存在的风险与公司风险容忍标准相比较。例如，严重火灾最大风险容忍标准为 $1 \times 10^{-6} a^{-1}$，致死伤害最大风险容忍标准为 $1 \times 10^{-6} a^{-1}$。

该场景不满足致死伤害的风险容忍标准，要求增加减缓措施。经分析建议借助园区消防以减少该场景的风险，事故场景导致死亡的概率为

$$f_a^{\text{fire\_injury}} = (1a^{-1}) \times (1 \times 10^{-1}) \times (1 \times 10^{-2}) \times 1.0 \times (1 \times 10^{-1}) \times (1 \times 10^{-1}) \times (1 \times 10^{-1}) \times 0.5 \times 0.5$$
$$= 2.5 \times 10^{-7} a^{-1}$$

满足了严重火灾最大风险和致死伤害最大风险的容忍标准。因此，以现有的安全系统层级结构，系统对环氧丙烷储罐液体溢流事故场景的保护，风险处于可接受水平。

4.5　安全系统持续改进

4.5.1　安全系统持续改进的基本认识

安全系统持续改进，既是安全需求不断提高、安全理论不断充实、安全技术不断加强的客观要求，也是被安全系统服务的"特定领域"系统中人、机、环境因素无时无刻在运动和变化，其系统的危险有害因素无时无刻处于动态变化的客观要求。

1. 持续改进的管理学原理

安全系统持续改进的管理学原理是戴明循环（Deming cycle，又称 PDCA 循环），如图 4-27 所示，P（plan）计划，确定行动的方针、目标及活动规划；D（do）执行，设计具体的方法、方案和计划并实施；C（check）检查，总结执行计划的结果，明确效果、找出问题；A（act）修正，根据检查的结果，提出下一步行动方案。

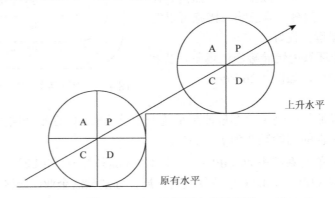

图 4-27　PDCA 循环上升示意图

戴明认为，无论质量管理的水平多低，只要周而复始地进行 PDCA 这个科学化的程序，就能够实现质量管理水平的提升，循环不止地进行下去，就能够达到期望的质量管理高度。

PDCA 循环为任何一项管理、技术工作的持续改进提供了所应遵循的科学程序。无论这项工作基础如何薄弱，只要持续推行 PDCA 循环并不停顿地、周而复始地运转，总会使其在不断改进中得到发展和完善。

安全工程和安全系统没有最好，只有更好，需要持续改进。质量工程（Q）、健康工程（H）、环境工程（E）等也都有与此类似的特征，因此很多企业将 QHSE 放在一个部门统一管理，有利于这些工作在统一协调下持续改进。

2. 持续改进的系统安全工程原则

前面提到，系统安全工程强调危险源辨识、危险性评价、危险源控制这三项基本内容既是一个有机整体，又是一个循序渐进发展的过程；强调通过持续的努力，实现系统安全水平的不断提升。从这个意义上说，安全系统的持续改进工程就是一项系统安全工程。

在实施系统安全工程的过程中，应始终坚持以下原则：

（1）工程目标的整体化。系统安全工程的研究方法是从整体观念出发的，它不仅把研究对象视为一个整体，还可以把系统分解为若干个子系统，对每个子系统的安全性要求，要与实现整个系统的安全性指标相符。安全系统的持续改进工程目标的整体化，就是要抓住系统中主要危险源和主要危险因素，协调各子系统、要素的关系，改进系统的机构和功能，实现系统整体安全功能的提升。

（2）技术应用的综合化。系统安全工程综合应用多种学科技术，使其相互配合，使系统实现安全化，即系统工程的最优化。安全系统的持续改进技术应用的综合化就是从系统观点出发，采用逻辑、概率论、数理统计、模型和模拟技术、最优化技术等数学方法，将系统内部要素间的关系和不安全状态，用简明的语言、数据、曲线、图表清楚地描述出来或把所研究的问题量化表示，使人们能深刻、全面地了解和掌握所研究的对象，做出最优决策，保证整个系统能按预定计划达到安全目标。

（3）安全管理的科学化。系统安全工程的六个主要任务，即寻找、发现系统事故隐患；预测由故障引起的危险；选择、制定和调整安全措施方案和安全决策；组织安全措施和对策的实施；对实施的效果进行全面的评价；持续改进，以求得最佳效果，体现了安全管理科学化的主要特征，也是安全系统的持续改进必须坚持的重要原则。

3. 持续改进的工程化措施

为了实现持续改进的工程化目标，需要持续采取的工程措施包括以下四条：

（1）持续开展系统安全分析，落实工程化安全措施。通过系统安全分析，全面、实时地识别系统中存在的薄弱环节和可能导致事故发生的条件，在此基础上，采取工程化的安全手段预防和控制事故，其中的关键是要"打破相互独立、自我封闭的界限"。例如，为了预防有害气体泄漏，不仅要提出加装报警仪的要求，还要进一步要求其应布置在最易泄漏点的位置，否则就是形同虚设；为了灭火的需要，不仅要规定消防用水出水口的压力和流量，还要考虑用过的、被污染的消防水的收集和处理，避免造成二次污染。

（2）要不断深化对系统安全的认识，提升工程化安全措施的有效性。要从人机关系、人和环境、人和物的关系等诸种关系中寻找深层次的危险因素和事故原因，避免仅以事故的"表层"原因为控制对象。例如，2017 年 8 月 10 日 23 时，京昆高速公路安康段秦岭 1 号隧道发生的客车碰撞隧道口事故，造成车内 36 人死亡、13 人受伤，不能将事故原因仅归结为司机夜行、疲劳驾驶，而忽视标线施工中将行车线直接画向隧道口的边墙这样一个重要原因，否则就不能从根本上防止同类事故的发生。

（3）要不断充实安全工程数据，发展和完善安全工程标准。标准化是实现工程的兼容性、互操作性、可重复性，以达到其安全或质量要求的重要手段。安全工程首先必须是一项标准化的工程，其中涉及的许可安全值、故障率、人机工程标准及安全设计标准等，都必须满足相关规范的要求；安全工程同时是一项不断发展的工程，随着服务环境、安全需求的变化，其本质安全化要加强，工程安全化要提升，要不断修订相关规范。

（4）在实现安全效果的同时，要兼顾被保护系统的其他功能，加深系统的协同性。安全系统与生产系统的功能是矛盾的，从"最安全的生产系统就是停止生产的系统"这个公理出发，绝对安全的系统是不存在的，有时为了生产系统的可靠性，不得不在可接受的范围内牺牲一些非关键的安全功能。例如，为了防止生产系统误停车，就要在安全系统可靠性不断提升的前提下，适当减少误停车的安全裕度。

4. 安全系统的工程化目标

为了适应被服务系统危险有害因素的变化，不断完善和提高系统安全功能，安全特别重视通过该工程化手段实现两个方面的安全目标。

（1）本质化安全。系统的本质安全具有两个基本含义：一是系统正常运行条件下本身是安全的，即系统在其生命周期中不依赖保护与修正的安全设施也能安全运行；二是系统的故障安全，也就是当系统处于内外故障或操作失误时，不会导致事故发生或能够自动阻止误操作，系统仍能保持稳定状态。

安全系统持续改进工程的本质化安全，就是要求安全系统在其初步决策阶段（决定项目"做不做"的阶段）、设计准备阶段（决定项目"怎么做"的阶段）、工程设计阶段、工程施工阶段、工程投用前准备阶段、工程保修责任期阶段都始终将危险源的减量化、无害化，以及系统的替代化（用相对安全的系统替代危险系统）、简单化（用容易控制的简单系统取代相对复杂的系统）融入系统，不断提升系统内在的能够从根本上防止事故发生的功能。

（2）工程化安全。工程化安全思想是对本质安全的补充，其主导思想通过可靠性相对较高的工程化手段，取代可靠性相对较低的人工作业，不断提高安全系统的可靠性、安全性。其关键是：

a. 在系统设计阶段，通过分析认为危险程度较高、安全要求较严的作业环节，实施工程化安全措施。

b. 在系统运行过程中，根据安全管理经验和事故教训实践，不断扩大工程化安全措施。

c. 对采用的工程化安全措施（安全检测设备、安全保护设施、安全控制方式等），要加强其运行过程中的可靠性，同时必须确保这些工程化的安全措施自身不发生故障，或发生故障时不至于引起事故。

4.5.2　安全系统持续改进的实施程序

为了保障安全系统持续改进的工程目标，需要将系统安全工程的危险源辨识、危险性评价、危险源控制三项基本内容和相互关系细化为图 4-28。

1. 危险源辨识

（1）确定危险源的类别和性质。危险源的类别和性质的辨识程序如图 4-29 所示。

a. 危险源的调查。这是指确定所要分析系统中危险源的状态，包括系统危险源现状、系统安全防护措施现状、安全措施情况等。

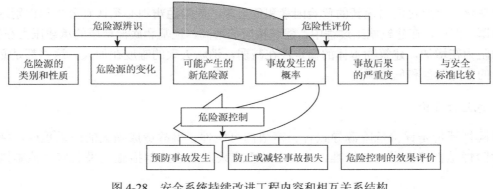

图 4-28 安全系统持续改进工程内容和相互关系结构

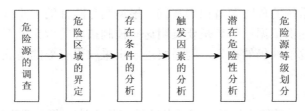

图 4-29 危险源的类别和性质的辨识程序

b. 危险区域的界定。即需要防护的范围，可以根据系统中所存在的危险源的性质和等级确定。

c. 危险源存在条件及触发因素的分析。这是对第二类危险源的分析，应围绕人、机、环境、管理等因素展开。

d. 潜在危险性分析。可用意外能量释放的强度和危险物质的量来衡量确定潜在危险性强度。

e. 危险源等级划分。根据可能引发事故的大小可将危险源分为一般危险源、重大危险源、特大危险源等。我国对于贮罐区（贮罐）、库区（库）、生产场所、压力管道、锅炉、压力容器、煤矿（井工开采）、金属与非金属矿山（井工开采）、尾矿库等分别制定了区别危险源大小的标准。国家标准《危险化学品重大危险源辨识》（GB 18218—2009）还专门规定了判定危险化学品重大危险源的标准。也可按单项指标划分危险源等级。例如，高处作业根据高度差指标将坠落事故危险源划分为四级（一级 2～5m，二级 5～15m，三级 15～30m，特级 30m 以上）。

（2）危险源的变化。任何系统都是动态的，系统中的危险源也不可能一成不变，危险源的变化是事故发生的重要原因。例如，高速铁路的发展，使列车在行驶中的动能大大增加，发生事故的严重程度也大大增加；城市人口密度的增加，使公共安全影响因素增加，发生群体事故的危险性增加。

系统两类危险源的变化具有不同的特征。在具体的生产系统中，因生产规模相对确定，能量或危险物质相对固定，第一类危险源变化主要表现为在此固定值上下波动；而导致能量或危险物质屏蔽作用失效的第二类危险源主要表现为劣化。波动通常是系统的某些异常或故障引起的，而劣化通常是磨损和腐蚀造成的，认识两类危险源变化的特征，就可以有效地辨识危险源的变化。

（3）可能产生的新危险源。系统在运行过程中，其状态、载荷、功能、目标、环境等可能发生变化，因此可能出现新的危险因素和危险源，危险源辨识必须认真分析和识别这些新的危险源。例如，在建筑施工过程中，随着楼层的增高，地基和底部楼层的承载压力在提高，迎风的阻力在增加，建筑物本体的稳定性在减弱，消防灭火的难度在加大，这些都是必须考虑的新的危险因素和危险源。

2. 危险性评价

危险性评价是评价危险源导致各类事故的可能性、事故造成损失的严重程度，判断系统的危险性是否超出了安全标准，以决定是否应采取危险控制措施及采取何种控制措施的工作。

危险性评价可分自身危险性评价（又称系统固有危险性）和危险源控制措施效果评价两种。前者是以对原有系统的危险源辨识为基础，根据其危险性的大小分类排队，为确定采取控制措施的优先次序提供依据；后者是要查明这些控制措施的效果是否达到了预定的要求，如果采取控制措施后危险性仍然很高，则需要进一步采取更有效的措施，使危险性降低以符合安全标准的要求。

1）概率评价法

概率评价法（PRA）是较为简单实用的危险性评价方法。其主要程序包括：

（1）危险分析。其包括标出并列出危险，引起危险的事故顺序的定义，危险概率的计算，用表 4-19 所示的短语分类方法确定危险概率等级。

表 4-19　危险概率等级

说明	定义	说明	定义
难以置信	假定危险不出现	偶然	可能出现几次
不太可能	假定危险可能在异常情况下出现	很可能	可能经常出现
远期	危险可能合理地在预期情况下出现	频繁	可能频繁出现

（2）危险评价。其包括定义引起危险并导致事故的事件顺序，确定事故严重程度，用表 4-20 所示的短语分类方法确定危险严重程度等级，再结合危险概率与严重程度计算危险。

表 4-20　危险严重程度等级

说明	对人的结果	维修结果	说明	对人的结果	维修结果
灾难	多个灾祸或多个严重伤害		边缘	小的伤害	系统严重损伤
紧急	单个灾祸或严重伤害	主要系统失效	无关紧要	可能有单个小的伤害	系统损伤

（3）危险比较。对每一个危险确定可接受的危险，可接受危险的级别应得到行业管理部门授权，特别是新系统可接受的危险应不高于已存在的常规系统。

（4）计算要降低的危险 ΔR，即 ΔR=计算危险–可接受危险。

（5）确定固有危险级别。表 4-21 为建议的危险等级和分类表。

表 4-21　危险等级和分类表

危险概率等级		危险分类			
定量/a^{-1}	定性				
$y\times10^{-2}$	频繁	无法容忍			
$y\times10^{-3}$	很可能				
$y\times10^{-4}$	偶然				
$y\times10^{-5}$	远期	不合需要			
$y\times10^{-6}$	不太可能				
$y\times10^{-7}$	难以置信	可以容忍			可以忽略
x、y 系数可根据应用需要调整		灾难	紧急	边缘	无关紧要
		$x\times10^{-1}$	$x\times10^{-2}$	$x\times10^{-3}$	$x\times10^{-4}$
		危险严重程度等级			

（6）确定需要达到的安全等级。对于 IEC 61508 标准定义的四个安全完整性等级及相应于每个等级的两个定量安全要求（表 4-4），可以采取定性描述，如表 4-22 所示。

表 4-22　安全完整性等级及其定性描述

安全完整性等级 SIL	低要求操作模式	高要求或连续操作模式	定性的安全完整性等级
	PFD_{avg}/h^{-1}	$PFD_{perhour}/h^{-1}$	
4	$10^{-9}<PFD_{avg}\leqslant10^{-8}$	$10^{-9}<PFD_{perhour}\leqslant10^{-8}$	非常高
3	$10^{-8}<PFD_{avg}\leqslant10^{-7}$	$10^{-8}<PFD_{perhour}\leqslant10^{-7}$	高
2	$10^{-7}<PFD_{avg}\leqslant10^{-6}$	$10^{-7}<PFD_{perhour}\leqslant10^{-6}$	中
1	$10^{-6}<PFD_{avg}\leqslant10^{-5}$	$10^{-6}<PFD_{perhour}\leqslant10^{-5}$	低

通常，对于要求对财产和物品有一般保护时，选用低安全等级；对于要求对财产和物品有较好保护时，选用中安全等级；对于可能有人员伤害的状态进行保护时，选用高安全等级；对于可能出现灾难性伤害或事故的状态进行保护时，选用非常高安全等级。

2）概率危险评价示例

例 4-3：对某石化企业催化裂化装置发生火灾事故的概率统计为 7.008×10^{-6}，发生火灾爆炸事故的概率统计为 5.387×10^{-6}。系统的总和安全等级为"低"。为了提高系统的安全等级，配置安全保护系统，并与原系统形成串联逻辑，即当安全保护系统发现事故隐患时，使生产装置进入安全运行或停车状态。安全保护系统发生漏报的故障率不同，系统的总和安全等级也不同（表 4-23）。可见，若要生产装置的安全等级达到"非常高"，安全保护系统漏报的故障率要小于 0.0001。

表 4-23　　安全保护系统故障对生产装置安全完整性等级的影响

安全保护系统故障概率	火灾爆炸事故概率			总和的安全完整性等级
	火灾概率	爆炸概率	总和	
1	7.008×10^{-6}	5.387×10^{-6}	1.2395×10^{-5}	低
0.1	7.008×10^{-7}	5.387×10^{-7}	1.2395×10^{-6}	低
0.01	7.008×10^{-8}	5.387×10^{-8}	1.2395×10^{-7}	中
0.001	7.008×10^{-9}	5.387×10^{-9}	1.2395×10^{-8}	高
0.0001	7.008×10^{-10}	5.387×10^{-10}	1.2395×10^{-9}	非常高

3. 危险源控制

系统危险源控制是安全系统的基本功能，主要是通过改善生产工艺、改进生产设备、设置安全预测和预警系统来降低系统危险性，实现系统安全。危险源控制的主要理论依据是能量意外释放及其控制理论。危险源控制可以划分为预防事故发生的危险源控制、防止或减轻事故损失的危险源控制及系统危险源控制的效果评价。

具体的危险源控制技术措施将在第 5 章论述。

4. 危险源辨识、评价、控制的关联

安全系统持续改进需要在危险源辨识的基础上进行危险性评价，根据危险源危险性评价的结果采取危险源控制措施。实际工作中，这三项工作并非严格地按这样的程序分阶段独立进行，而是相互交叉、相互重叠进行的。

安全系统的持续改进需要考虑的因素有：在辨识危险源的过程中进行危险性评价以判别其是否达到不可忽略、必须控制的程度；在危险评价的过程中，要比较采取控制措施前后的危险程度，以确定最有效的控制措施；在对危险进行控制时，要顾及控制措施本身是否可能带来新的危险源，仍然需要进行危险源辨识和危险评价工作。

4.6　安全系统可靠性工程

4.6.1　安全系统的可靠性

1. 可靠性与安全性

可靠性（reliability）是指无故障工作的能力，也是判断、评价系统性能的一个重要指标。它表明系统在规定条件下、规定时间内完成规定功能的性能。

安全性是指不发生事故的能力，是判断、评价系统性能的一个重要指标。它表明系统在规定条件下、规定时间内不发生事故的情况下，完成规定功能的性能。

可靠性与安全性的着眼点不同。可靠性着眼于维持系统功能的发挥，实现系统目标；安全性着眼于防止事故发生，避免人员伤亡和财产损失。可靠性研究故障发生以前直到故障发生为止的系统状态，安全性则侧重于故障发生后此故障对系统的影响。

但是，在防止故障发生这一点上，可靠性和安全性是一致的。故障是可靠性和安全性的联结点。在许多情况下，系统不可靠会导致系统不安全。当系统发生故障时，不仅影响系统功能的实现，而且有时会导致事故，造成人员伤亡或财产损失。例如，飞机的发动机发生故

障时，不仅影响飞机正常飞行，而且可能使飞机失去动力而坠落，造成机毁人亡的后果。因此，采取提高系统可靠性的措施，既可以保证实现系统的功能，又可以提高系统的安全性。

2. 安全系统可靠性工程问题

安全系统的可靠性是实现安全系统功能的重要指标。安全系统具有杜绝和减少被服务特定领域的危险、有害因素，预防和控制相关事故及其后果的重要功能，因此安全系统的不可靠与系统不安全是统一的，安全系统必须达到较高的可靠性（4.2.2 的安全完整性等级，见表 4-4）。

安全系统的可靠性工程是提高安全系统（或产品或元器件）在整个生命周期内可靠性的一门有关设计、分析、试验的工程技术。由于系统可靠性与系统安全性在理论基础、技术手段所具有的一致性，在系统安全性工程的研究中广泛利用、借鉴了可靠性研究中的一些理论和方法。

关于安全系统设计方面的可靠性工程，即系统安全功能的设计已在 4.2.3 中介绍。以下说明安全系统使用中的可靠性工程问题，即结构可靠性、自检测可靠性、运行可靠性、可靠性评估。

4.6.2　安全系统结构的可靠性

安全系统结构可靠性工程是以可靠性理论为指导，分析安全系统检测单元、评价单元、执行单元的故障和失效模式，以及这种故障和失效模式在系统逻辑结构下的表现，通过提高单元的可靠性，改进系统结构，实现单元、单元组合及系统整体可靠性的工程技术。

1. 安全系统单元的可靠性

1）安全系统单元失效模式

安全系统的检测、评价单元可能出现隐性故障和显性故障两种失效模式。前者是当被服务领域处于危险状态时，安全系统检测和评价为安全状态的故障，表现为拒动作模式，仅在被服务领域发生危险状态时才能表现出来，因此是隐性的；后者是当被服务领域处于安全状态时，系统检测和评价为危险状态的故障，表现为误动作模式，由于在被服务的特定领域处于正常状态就可以直接感受到，因此是显性的。

从系统安全的功能需要上看，隐性故障可能因安全系统丧失功能而导致发生人员和财产的损伤事故，属于"故障-危险"（failed-dangerous，又称为危险失效），是必须严格控制和杜绝的故障；显性故障一般不可能因安全系统丧失功能而导致发生人员和财产的损伤事故，属于"故障-安全"（failed-safe，又称为安全失效），虽无事故，但会造成被服务的特定领域运行的无故中断，以至于损失获利机会，也是不能容忍的。

安全系统的执行单元也可能出现两种不可靠（故障）模式：执行欠缺或执行过度。前者是指所执行的安全措施并没有完全限制和消除被服务的特定领域的危险因素或事故隐患；后者是指所执行的安全措施在有效地限制和消除被服务的特定领域的危险因素或事故隐患的同时，也限制和消除了特定领域某些正常的因素或功能的运行。

从系统安全的功能需要上看，执行欠缺不利于实现其功能，属于"矫枉不足"，执行过度虽有利于实现其功能，但有碍被服务特定领域的正常运行，属于"矫枉过正"。保证安全系统的执行单元恰到好处地实现其功能，防止这两类故障，不仅需要提高危险源辨识、危险性评价的水平，也需要提高危险控制的能力。

2）安全系统的可靠度函数

如前所述，安全系统是检测单元、评价单元、执行单元串联的系统，其可靠度函数 R（可靠度函数是可靠性的数值表达式）应为

$$R = R_d R_p R_c \tag{4-5}$$

式中，R_d 为检测单元的可靠度函数；R_p 为评价单元的可靠度函数；R_c 为执行单元的可靠度函数。

设 f_{d1}、f_{d2} 与 f_{p1}、f_{p2} 分别表示检测、评价单元发生显性故障、隐性故障的故障率，f_{c1}、f_{c2} 分别表示执行单元发生过度故障、欠缺故障的故障率，则根据可靠性理论可知，安全系统的不可靠度（故障率）为

$$F = [1-(1-f_{d1})(1-f_{d2})][1-(1-f_{p1})(1-f_{p2})][1-(1-f_{c1})(1-f_{c2})] \tag{4-6}$$

2. 安全系统单元组合的可靠性

为了提高安全系统组合结构的可靠性，通常采取单元冗余的结构模式。

1）2 中选 1 结构

如图 4-30 为两个安全系统呈并联结构，其中任何一个系统认为被保护系统超出可接受的危险度，即采取危险控制措施。2 中选 1（又称 1oo2）结构误动作可能性较大而拒动作可能性较小，因此显性故障率较高，隐性故障率较低，适用于安全需求较高的服务领域。

2）3 中选 2 结构

如图 4-31 为 2/3G（3 中选 2，又称 2oo3）结构，即三个安全系统呈表决结构，其中任何两个系统认为被保护系统超出可接受的危险度，即采取危险控制措施。3 中选 2 结构误动作的可能性与拒动作可能性相同，因此显性故障率与隐性故障率相当，适用于安全需求与运行稳定需求同样重要的服务领域。

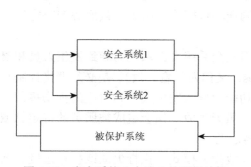

图 4-30　安全系统 2 中选 1 的逻辑结构

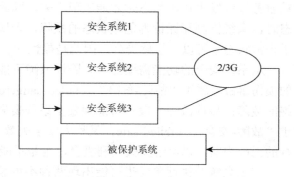

图 4-31　安全系统 3 中选 2 的逻辑结构

3）三重冗余结构

如图 4-32 所示的 3 中选 2 结构中，对各安全系统中的检测单元、判断单元、执行单元均实现在线的互为备用逻辑的系统。三重冗余的系统比 3 中选 2 结构具有更高的运行可靠性、稳定性和环境适应性，其隐性故障率、显性故障率均极低，因此常用于对系统的安全性要求较高的特定领域（如大型石化生产流程、核电站生产流程等）。

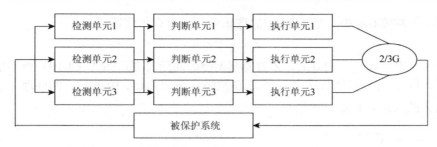

图 4-32　三重冗余安全系统的逻辑结构

4.6.3　安全系统自检测的可靠性

安全系统自检测可靠性工程是以可靠性理论为指导，对内检测安全系统内部故障的可辨识性，对外检测安全系统识别被保护系统危险信息的可靠性，通过改进安全系统信息采集的逻辑模式，保证安全系统能够检测其内部故障，提高安全系统检测外部危险的可信度。

1. 安全系统自身故障的可辨识性

安全系统内在的可靠性即系统自身故障的可辨识性，又称自诊断性，是安全系统对其内部故障的自检能力性。由于安全系统通常采用组合逻辑单元结构，为了判断安全系统能否辨识自身故障，通常用测试码来检测组合逻辑单元是否处于"误测"或"漏测"的故障状态。如果对于一个确定的组合逻辑单元，可以找到这样的测试码，则此系统的故障是可以辨识的，否则就是不可辨识的。

1）布尔差分法

求组合逻辑单元测试码与输出码之间的关系采用布尔差分法。它以严格的数学运算为基础，方便而正确地求出所需要的输入测试码。

阿凯思方法的根据是布尔差分的两个基本性质：

性质 1　如果 $f(x_1, x_2, \cdots, x_{i-1}, 0, x_{i+1}, \cdots, x_n) = f(x_1, x_2, \cdots, x_{i-1}, 1, x_{i+1}, \cdots, x_n)$，则有

$$\frac{\mathrm{d}f(X)}{\mathrm{d}x_i} = 0 \tag{4-7}$$

即 x_i 处不管发生何种故障，对输出都无影响，也即 x_i 处的故障是不可测的。

性质 2　如果 $f(x_1, x_2, \cdots, x_{i-1}, 0, x_{i+1}, \cdots, x_n) \ne f(x_1, x_2, \cdots, x_{i-1}, 1, x_{i+1}, \cdots, x_n)$，则有

$$\frac{\mathrm{d}f(X)}{\mathrm{d}x_i} = 1 \tag{4-8}$$

即 x_i 处不管发生何种故障，对输出都有影响，也即 x_i 处的故障是可测的。

2）组合逻辑单元的故障模式

（1）固定 1 故障 (s-a-1)。图 4-33 中的逻辑单元，有布尔代数式：

$$Z = x_1 x_2 x_3 \tag{4-9}$$

其中任何一个元素（如 x_1）取 1 时，Z 的值都不会因此而改变，即式（4-9）查不出固定数 1 的故障，因此称 x_1 是布尔代数式 Z 的固定 1 故障，简记为 (s-a-1) 故障。同样地，x_2、x_3 也是布尔代数式 Z 的固定 1 故障。

（2）固定 0 故障 (s-a-0)。图 4-34 中的逻辑单元，有布尔代数式：

$$Z = x_1 + x_2 + x_3 \tag{4-10}$$

其中任何一个元素（如 x_1）取 0 时，Z 的值都不会因此而改变，即式（4-10）查不出固定数 0 的故障，因此称 x_1 是布尔代数式 Z 的固定 0 故障，简记为 (s-a-0) 故障。同样地，x_2、x_3 也是布尔代数式 Z 的固定 0 故障。

图 4-33　固定 1 故障 (s-a-1)　　　　　　图 4-34　固定 0 故障 (s-a-0)

3）单故障测试码的计算

如果 $T(a_1, a_2, \cdots, a_n)$ 是被测通路 $X_i(x_1, x_2, \cdots, x_n)$ 上的固定 0 故障的测试码，则式（4-11）

$$X_i(x_1, x_2, \cdots, x_n) \times \frac{\mathrm{d}f(X)}{\mathrm{d}x_i}\bigg|_{T(a_1, a_2, \cdots, a_n)} = 1 \tag{4-11}$$

成立。式中，$a_i = 0$ 或 1。

如果 $T(a_1, a_2, \cdots, a_n)$ 是被测通路 $X_i(x_1, x_2, \cdots, x_n)$ 上的固定 1 故障的测试码，则式（4-12）

$$\overline{X_i}(x_1, x_2, \cdots, x_n) \times \frac{\mathrm{d}f(X)}{\mathrm{d}x_i}\bigg|_{T(a_1, a_2, \cdots, a_n)} = 1 \tag{4-12}$$

成立。式中，$a_i = 0$ 或 1。

应用布尔差分的性质 1 和性质 2，可以判定被测通路 X_i 上的 (s-a-0) 和 (s-a-1) 故障是否可以检测。

应用式（4-11）可以求出被测单元 $X_i(x_1, x_2, \cdots, x_n)$ 上同类型单故障 (s-a-0) 的测试码。将求得的测试码 $T(a_1, a_2, \cdots, a_n)$ 加到被测单元的标准输入端，如果被测单元的输出端 $Z = 1$，说明 $X_i(x_1, x_2, \cdots, x_n)$ 上无 (s-a-0) 故障，反之则有 (s-a-0) 故障。

应用式（4-12）可以求出被测单元 $X_i(x_1, x_2, \cdots, x_n)$ 上同类型单故障 (s-a-1) 的测试码。将求得的测试码 $T(a_1, a_2, \cdots, a_n)$ 加到被测单元的标准输入端，如果被测单元的输出端 $Z = 1$，说明 $X_i(x_1, x_2, \cdots, x_n)$ 上有 (s-a-1) 故障，反之则无 (s-a-1) 故障。

4）多重故障测试码的计算

如果 $T(a_1, a_2, \cdots, a_n)$ 是被测单元的几个串联线 $i, j, k, \cdots, m$ 上固定 0 多重故障的测试码，则

$$\prod_{i=1}^{m} X_i(x_1, x_2, \cdots, x_i, \cdots, x_n) \times \frac{\mathrm{d}f(X)}{\mathrm{d}x_i}\bigg|_{T(a_1, a_2, \cdots, a_n)} = 1 \tag{4-13}$$

成立。

如果 $T(a_1, a_2, \cdots, a_n)$ 是被测单元的几个串联线 $i, j, k, \cdots, m$ 上固定 1 多重故障的测试码，则

$$\prod_{i=1}^{m} \overline{X_i}(x_1, x_2, \cdots, x_i, \cdots, x_n) \times \frac{\mathrm{d}f(X)}{\mathrm{d}x_i}\bigg|_{T(a_1, a_2, \cdots, a_n)} = 1 \tag{4-14}$$

成立。

式中，$f(X) = f(x_1, x_2, \cdots, x_n)$ 为被测单元的输出布尔函数；$X_i(x_1, x_2, \cdots, x_n)$ 为对应于被测线 i 的布尔函数；$i, j, k, \cdots, m$ 为被测线的不同线号；$a_i = 0$ 或 1。

如果在单通路 S 的任何一条串联线 $i,j,k,\cdots,m$ 上的固定 0 或固定 1 的故障分别有下列等式:

$$\prod_{i=1}^{m} X_p(x_1,x_2,\cdots,x_i,\cdots,x_n) \times \frac{\mathrm{d}f(X)}{\mathrm{d}x_i}\bigg|_{T(a_1,a_2,\cdots,a_n)} = 1 \tag{4-15}$$

$$\prod_{i=1}^{m} \overline{X_p}(x_1,x_2,\cdots,x_i,\cdots,x_n) \times \frac{\mathrm{d}f(X)}{\mathrm{d}x_i}\bigg|_{T(a_1,a_2,\cdots,a_n)} = 1 \tag{4-16}$$

则在单通路 S 上的同类型多重故障是不可检测的。式中,　$p=i,j,k,\cdots,m$。

应用式 (4-15) 可以求出单通路同类型多重故障 (s-a-0) 的检测码。将求出的检测码加到被测单元的输入端,如果被测单元的输出端 $Z=1$,说明在此单元没有同类型多重故障 (s-a-0),反之则有。

应用式 (4-16) 可以求出单通路同类型多重故障 (s-a-1) 的检测码。将求出的检测码加到被测单元的输入端,如果被测单元的输出端 $Z=1$,说明在此单元上至少有一处有 (s-a-1) 故障,反之则无。

5) 基本逻辑单元故障的可辨识性示例

例 4-4: 某石化公司 Ⅱ 套催化裂化装置采用 ESD 安全系统进行安全监控。图 4-35 为其核心部件的主要组合逻辑图。现考查其安全系统故障的可辨识性,图中

表示 $x=a\bar{b}$。

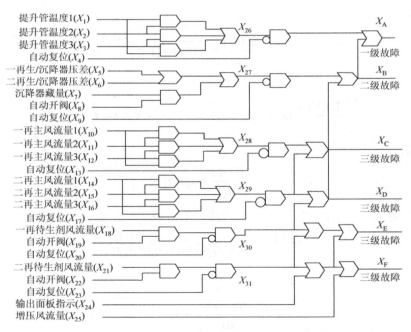

图 4-35　催化裂化核心部件的主要组合逻辑图

在图 4-35 中,共有三种基本逻辑单元 (图 4-36)。

对于图 4-36 (a),有 $f(X)=x_1x_2+x_1x_3+x_2x_3$,其对 x_1 的布尔差分为

$$\frac{\mathrm{d}f(X)}{\mathrm{d}x_1} = (x_1x_2+x_1x_3+x_2x_3) \oplus (\overline{x_1}x_2+\overline{x_1}x_3+x_2x_3)$$

$$= (x_1x_2+x_1x_3+x_2x_3)(\overline{\overline{x_1}x_2})(\overline{\overline{x_1}x_3})(\overline{x_2x_3}) + (\overline{x_1x_2+\overline{x_1}x_3+x_2x_3})(\overline{x_1}x_2)(\overline{x_1}x_3)(x_2x_3)$$

$$= \overline{x_2}+\overline{x_3}+\overline{x_2x_3}$$

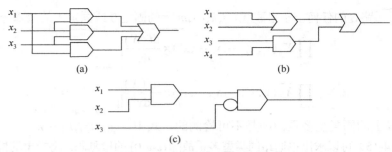

图 4-36　典型的组合逻辑单元

由对称性可得

$$\frac{\mathrm{d}f(X)}{\mathrm{d}x_2} = \overline{x_1} + \overline{x_3} + \overline{x_1 x_3}$$

$$\frac{\mathrm{d}f(X)}{\mathrm{d}x_3} = \overline{x_1} + \overline{x_2} + \overline{x_1 x_2}$$

对于图 4-36（b），有 $f(X) = x_1 + x_2 + x_3 x_4$，因此对于 x_1 有

$$\frac{\mathrm{d}f(X)}{\mathrm{d}x_1} = (x_1 + x_2 + x_3 x_4) \oplus (\overline{x_1} + x_2 + x_3 x_4) = \overline{x_2}(\overline{x_3} + \overline{x_4})$$

由对称性可得

$$\frac{\mathrm{d}f(X)}{\mathrm{d}x_2} = \overline{x_1}(\overline{x_3} + \overline{x_4})$$

对于 x_3 有

$$\frac{\mathrm{d}f(X)}{\mathrm{d}x_3} = (x_1 + x_2 + x_3 x_4) \oplus (x_1 + x_2 + \overline{x_3} x_4) = \overline{x_1 x_2} x_4$$

由对称性可得

$$\frac{\mathrm{d}f(X)}{\mathrm{d}x_4} = \overline{x_1 x_2} x_3$$

对于图 4-36（c），有 $f(X) = x_1 x_2 \overline{x_3}$，因此对于 x_1 有

$$\frac{\mathrm{d}f(X)}{\mathrm{d}x_1} = (x_1 x_2 \overline{x_3}) \oplus (\overline{x_1} x_2 \overline{x_3}) = x_2 \overline{x_3}$$

由对称性可得

$$\frac{\mathrm{d}f(X)}{\mathrm{d}x_2} = x_1 \overline{x_3}$$

对于 x_3 有

$$\frac{\mathrm{d}f(X)}{\mathrm{d}x_3} = (x_1 x_2 \overline{x_3}) \oplus (x_1 x_2 x_3) = 1$$

从以上的运算可见，对于图 4-36（a）～（c）的三种组合逻辑方式，其对各输入变量在不同的条件下是可以辨识的。表 4-24 为根据以上运算列出的各输入变量的故障识别码。

以上考查了安全系统基本逻辑单元故障的可辨识性，关于基本逻辑单元组合后故障的可辨识性，可参考相关文献。

表 4-24　催化裂化典型组合逻辑单元输入变量的故障识别码

图序		x_1	x_2	x_3	x_4
图4-36（a）	s-a-0 故障	{0, 1, 0}, {0, 0, 0}, {0, 0, 1}	{1, 0, 0}, {0, 0, 1}, {0, 0, 0}	{1, 0, 0}, {0, 1, 0}, {0, 0, 0}	
	s-a-1 故障	{1, 1, 0}, {1, 0, 0}, {1, 0, 1}	{1, 1, 0}, {0, 1, 1}, {0, 1, 0}	{1, 0, 1}, {0, 1, 1}, {0, 0, 1}	
图4-36（b）	s-a-0 故障	{0, 0, 0, 1}, {0, 0, 1, 0}, {0, 0, 0, 0}	{0, 0, 0, 1}, {0, 0, 1, 0}, {0, 0, 0, 0}	{0, 0, 0, 1}	{0, 0, 1, 0}
图4-36（b）	s-a-1 故障	{1, 0, 0, 1}, {1, 0, 1, 0}, {1, 0, 0, 0}	{0, 1, 0, 1}, {0, 1, 1, 0}, {0, 1, 0, 0}	{0, 0, 1, 1}	{0, 0, 1, 1}
图4-36（c）	s-a-0 故障	{0, 1, 0}	{1, 0, 0}	{0, 1, 0}, {0, 0, 0}, {1, 0, 0}, {1, 1, 0}	
	s-a-1 故障	{1, 1, 0}	{1, 1, 0}	{0, 1, 1}, {0, 0, 1}, {1, 0, 1}, {1, 1, 1}	

2. 安全系统外部检测的可靠性

1）安全系统对外部危险的检测方式

安全系统对外部危险的检测方式有两种类型，即危险检出型和安全确认型。这里以防止人员进入危险区域的安全监控系统为例说明其可靠性特征。

（1）危险检出型（fault warning，FW）系统。当安全监控系统检测出危险区域有人体或人体的一部分时将停止设备运转，以防止发生伤害事故，即安全监控系统检测到"危险"时，使设备停止；没有检测出"危险"时，设备正常运转。如果安全监控系统发生漏报型故障，没有检测出危险区域中有人体或人体的一部分，则因设备继续运转而发生伤害事故。

危险检出型安全监控系统是在判定检测对象处于危险状态时发出危险报警信号，但不危险并不意味着安全，因此没发出报警信号不意味着一定安全，图 4-37 为其功能逻辑图。

（2）安全确认型（safety preservation，SP）系统。安全监控系统只有确认危险区域中没有人体或人体的一部分，即确认监控对象是"安全"的情况下设备才能运转，在没有确认"安全"之前设备不能运转。

安全确认型安全监控系统是在确认检测对象处于安全状态时发出安全提示信号，但不安全并不等于危险，因此如没发出安全信号并不意味着一定有现实的危险，图 4-38 为其功能逻辑图。

图 4-37　危险检出型安全监控系统　　　　　图 4-38　安全确认型安全监控系统

2）安全系统对外部危险的检测方式的组合

为了保证对外部危险的检测的可靠性，安全系统对实际生产过程的安全检测往往采用组合方式，其安全监控系统逻辑如图 4-39 所示。

从图 4-39 可以看出，由于安全提示信号和危险报警信号的临界点并不在同一位置，即使检测系统自身完全可靠，在既无安全提示信号又无危险报警信号时，也难以判断检测对象处于何种状态，即检测系统的失效危险（FD）和失效安全（FS）故障不仅取决于其自身的故障，还取决于两个临界点中间范围的大小。人们将此范围称为不确定区域。

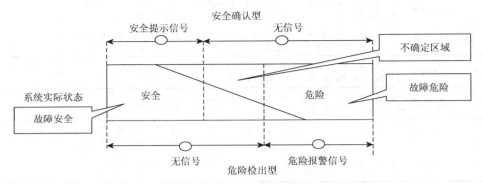

图 4-39　两类检测系统组合方式及工作范围

减少被检测对象的不确定区域，使由两类检测方式构成的检测系统达到较高的可靠性，就是要使检测中 FD 和 FS 故障的期望损失总和的期望值 I 最小化：

$$I=E[Z|系统发生误报警]+E[Z|系统发生漏报警] \qquad (4-17)$$

式中，Z 为系统损失的随机变量。

如何构造检测系统，减少被检测对象的不确定区域，是考虑不确定区域时检测系统可靠性要研究的问题。

3）两类检测单元的组合可靠性

考查具有两个检测单元的组合问题。图 4-40（a）～（c）分别为两个 SP 检测单元、两个 FW 检测单元、一个 SP 检测单元和一个 FW 检测单元组合方式的输出模式。

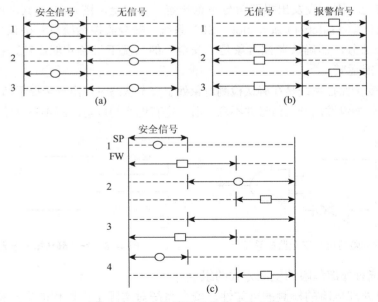

图 4-40　两个检测单元的组合输出模式

（1）两个 SP 检测单元具有三种输出状态［图 4-40（a）］。当两个相互独立的检测单元提供相同的判断（如状态 1 或状态 2）时，检测系统输出正确的可能性是相当高的。状态 3 时，从两个检测单元获得的信息完全相反。如此时系统发出安全提示信号，则系统的逻辑结构应是 2 中选 1 型，否则系统的逻辑结构就是 2 中选 2 型。采取何种逻辑结构取决于 FD/FS 的条件概率及损失值等因素。

两个 FW 检测单元 [图 4-40 (b)] 时情况类似，不予赘述。

（2）一个 SP 检测单元和一个 FW 检测单元的系统具有四种输出状态 [图 4-40 (c)]。状态 1 是 SP 检测单元确认检测对象处于安全状态，FW 检测单元否认检测对象处于危险状态，这是一种标准的安全状态。状态 2 与状态 1 相似但反映了相反的情况。状态 3 是 SP 检测单元否认检测对象的安全性，而 FW 检测单元也不认为检测对象是危险的，这意味着系统处于不确定区域，难以判定检测对象是否安全或危险。发生这种情况时，应根据其他附加信息判断系统的状态。状态 4 难以判定生产系统处于何种状态，但是可以断定至少有一个检测单元发生了故障。

4.6.4 安全系统运行的可靠性

在安全系统运行过程中，既可能是被保护系统及环境原因引起，也可能是自身原因引起出现各种故障或错误。安全系统运行的可靠性是指在安全系统运行过程中，对其内部、被服务的特定领域不可避免地要出现各种故障、偏差、错误，安全系统应对此具有纠偏、调整、承受误操作的能力，对于运行中某些部分发生故障、破坏等各种错误情况，在一定时间内仍应能够保证其安全功能。

1. 避错和容错

避错（fault-avoidance）是减少系统故障率的方法，是保证安全系统可靠运行的根本途径。主要包括环境防护技术、质量控制技术及元件的集成度和可靠性提升技术等。由于避错技术在各章节介绍较多，此处不再赘述。

容错（fault-tolerance）是提高系统对故障的容许能力和自测试能力的方法，是对避错技术的补充。通常需要外加资源换取冗余技术，即利用系统的并联模型提高系统可靠性。由于资源的不同，冗余技术分为硬件冗余、时间冗余、信息冗余和软件冗余。

（1）硬件冗余。它是指通过外加硬件的方式达到系统容错目的的容错方式。硬件冗余的部件可以是并行工作的，也可以只有一个模块工作，而其他模块处于待命状态。一旦工作模块出现故障，立即切换到备份的模块之一。这种系统必须具备检错和切换能力。

（2）时间冗余。它是指通过消耗时间来达到容错目的的容错方式。时间冗余的典型应用是重复监测技术。通过比较对系统中某项数据、某种状态前后不同的监测结果，发现系统故障。

（3）信息冗余。它是靠增加信息的多余度来提高可靠性。这些附加信息对确认系统是否处于故障状态提供多角度的支撑。

（4）软件冗余。它是指开发容错软件的适宜环境和系统方法，其主要目的是提供足够的冗余信息与算法程序，使安全系统在实际运行过程中能够及时发现错误，采取补救措施，保证其正确运行。

2. 避免误报和漏报

（1）漏报。它是指在监控对象出现故障或异常时，安全系统没有做出恰当的反应（如报警或紧急停车等）。漏报型故障使安全监控系统丧失安全功能，不能阻止事故的发生，其结果可能带来巨大损失。因此，漏报属于"危险故障"型故障。为了防止漏报型故障，应该选用高灵敏度的传感元件，设定较低的规定参数值，以及保证驱动机构动作可靠等。

（2）误报。它是指在监控对象没有出现故障或异常的情况下，安全监控系统误动作（如误报警或误停车等）。误报不会导致事故发生，故属于"安全故障"型故障。但是，误报可能带来不必要的生产停顿或经济损失，最严重的是会因此而失去人们的信任。在现实生产、生活中，安全监控系统往往频繁地上演"狼来了"的故事，导致人们废弃使用安全监控系统，结果酿成了重大事故的悲剧。为了防止误报型故障，安全监控系统应该有较强的抗干扰能力。

据资料，误报型故障发生率远远高于漏报型故障发生率。例如，英国对火灾报警系统的调查结果表明，每年发生漏报的频率为 4.04×10^{-3}，发生误报的频率为 201.5×10^{-3}，后者约为前者的 50 倍。据日本东京消防厅的统计，在一些种类的建筑物中误报 1000 次以上才有一次真正的火灾（表 4-25）。

表 4-25　火灾监控系统应用情况

建筑物种类	建筑物栋数	检测器设置数		年均误报次数	年均起火率 $\times 10^{-3}$ 次/栋	报警准确率 $\times 10^{-3}$
		感温式	感烟式			
百货商店	166	7415	15660	659	6.6	1.70
旅馆	89	11068	10135	1428	7.9	0.49
饮食店	62	3095	1262	140	10.6	4.70
医院	92	16917	8083	445	4.6	0.95
学校	80	3861	777	65	7.4	9.10
工厂	146	16469	1368	110	9.1	12.10
办公楼	161	18528	22300	685	4.1	0.96
地下街	9	2180	1047	234	71.4	2.75

安全监控系统的漏报和误报是性质完全相反的两种故障。提高检知部分的灵敏度虽然可以防止漏报型故障，却容易受外界干扰而发生误报型故障；反之，抗干扰能力强时虽然可以防止误报型故障，却容易发生漏报型故障。因此，提高安全监控系统可靠性是一件困难的工作。

3. 安全系统运行的可靠性分析

采用多传感元件的冗余系统，是减少安全系统的误报和漏报的重要途径。以下分别讨论由一、二、三个传感元件组成的安全监控系统检知部分的可靠性。设每个传感元件漏报的概率为 α_i，误报的概率为 β_i，监测对象发生故障或异常的概率为 p。

1）单一传感元件的系统

系统发生漏报的概率 α_s、发生误报的概率 β_s 分别等于元件漏报的概率 α_i、误报的概率 β_i，即 $\alpha_s = \alpha_i$，$\beta_s = \beta_i$，系统的可靠度 R_s 为

$$R_s = 1 - p\alpha_s - (1-p)\beta_s = 1 - p\alpha_i - (1-p)\beta_i \tag{4-18}$$

2）两个传感元件的系统

（1）串联系统。两个传感元件都检测到故障或异常才发出信号。

系统发生漏报的概率 α_s 为 $\alpha_s = \alpha_1 + \alpha_2 - \alpha_1\alpha_2 > \alpha_i$

系统发生误报的概率 β_s 为 $\beta_s = \beta_1\beta_2 < \beta_i$

系统的可靠度 R_s 为 $R_s = 1 - p(\alpha_1 + \alpha_2 - \alpha_1\alpha_2) - (1-p)\beta_1\beta_2$ $\tag{4-19}$

与单一传感元件的系统相比，发生漏报的概率增大，发生误报的概率减小。

（2）并联系统。两个传感元件中有一个检测到故障或异常就发出信号。

系统发生漏报的概率 α_s 为 $\alpha_s = \alpha_1\alpha_2 < \alpha_i$

系统发生误报的概率 β_s 为 $\beta_s = \beta_1 + \beta_2 - \beta_1\beta_2 > \beta_i$

系统的可靠度 R_s 为 $R_s = 1 - p\alpha_1\alpha_2 - (1-p)(\beta_1 + \beta_2 - \beta_1\beta_2)$ （4-20）

与单一传感元件的系统相比，发生漏报的概率减小，发生误报的概率增大。

如果两个传感元件为同批产品，即 $\alpha_1 = \alpha_2 = \alpha$，$\beta_1 = \beta_2 = \beta$，则当

$$\alpha < \frac{p - \sqrt{p^2 - 4p(1-p)\beta(1-\beta)}}{2p}$$ （4-21）

时，串联系统的可靠性高于并联系统的可靠性；而当

$$\alpha \geqslant \frac{p - \sqrt{p^2 - 4p(1-p)\beta(1-\beta)}}{2p}$$ （4-22）

时，并联系统的可靠性高于或等于串联系统的可靠性。

3）三个传感元件的系统

有五种构成方式：三个传感元件串联；两个传感元件并联后与第三个传感元件串联；三中取二表决；两个传感元件串联后与第三个传感元件并联；三个传感元件并联。其中，三个传感元件串联的系统抗干扰能力最好；三个传感元件并联的系统灵敏度最高；三中取二表决系统性能处于它们中间。当三个传感元件为同批产品时：

三中取二表决系统发生漏报的概率 α_s 为 $\alpha_s = 3\alpha^2 - 2\alpha^3 < \alpha$

系统发生误报的概率 β_s 为 $\beta_s = 3\beta^2 - 2\beta^3 < \beta$

系统的可靠度 R_s 为 $R_s = 1 - p(3\alpha^2 - 2\alpha^3) - (1-p)(3\beta^2 - 2\beta^3)$ （4-23）

可见，一般三中取二表决系统既可提高防止漏报型故障的能力，又可以提高防止误报型故障的能力，因而得到了广泛应用。

4.6.5　安全系统的可靠性评估

安全系统可靠性就是系统的安全性，评估安全系统可靠性即将其需要解决的安全性问题以可靠性指标来表达，评估其失效的概率。

安全系统最基本的可靠性指标是安全完整性水平。清华大学郭海涛根据安全系统的特点，分析了影响安全系统可靠性的因素，并将它们包含在 Markov 模型中，从而提出了利用 Markov 链评估系统安全完整性水平——平均失效概率 PFD_{avg} 的技术。以下示例说明该技术的要点。

1. 系统可靠性评估指标

（1）状态转移矩阵 P。P 为 n 维方阵，n 表示状态个数。

（2）时间间隔 Δt。因失效概率单位为每小时失效次数，故取 Δt 为 1h。

（3）功能测试状态转移矩阵 W。

（4）功能测试间隔 T，单位为 d。

（5）系统运行年限 L，单位为 a。

2. 平均失效概率 PFD_{avg}

为了减少计算量，先求月的状态转移矩阵：

$$P_m = P^{744} \tag{4-24}$$

式中，744 为一个月 31 天（d）的小时（h）数。

系统初始一切正常，即初始状态的 n 维向量为 $S_0 = [1, 0, \cdots, 0]$。若第 $n-1$ 和 n 个状态分别是检测到的和未检测到的危险失效，则 n 维失效向量为 $V = [0, 0, \cdots, 1, 1]^T$。第 i 个功能测试周期内系统各月的状态 S_i 和要求时失效概率 P_i 分别为

$$S_i = S_0 P_m^i, \qquad i = 1, 2, \cdots, T$$

$$P_i = S_0 P_m^i V, \qquad i = 1, 2, \cdots, T$$

式中，T 为功能测试间隔时间；i 为功能测试间隔时间内的某次失效状态；V 为 n 维失效向量。

功能测试状态转移矩阵 W 为

$$W = \begin{bmatrix} 1 & 0 & \cdots & 0 & 0 \\ 1 & 0 & \cdots & 0 & 0 \\ \vdots & \vdots & & \vdots & \vdots \\ 1 & 0 & \cdots & 0 & 0 \\ C & 0 & \cdots & 0 & 1-C \end{bmatrix}$$

第 2 个功能测试周期内各月状态 S_{T+i} 和 P_{T+i} 分别为

$$S_{T+i} = (S_T W) P_m^i, \qquad i = 1, 2, \cdots, T$$

$$P_{T+i} = (S_T W) P_m^i V, \qquad i = 1, 2, \cdots, T$$

第 $j+1$ 个功能测试周期内，系统状态 $S_{j, T+1}$ 和 $P_{j, T+1}$ 分别为

$$S_{j, T+1} = (S_T W)^j P_m^i, \qquad i = 1, 2, \cdots, T$$

$$P_{j, T+1} = (S_T W)^j P_m^i V, \qquad i = 1, 2, \cdots, T$$

功能测试周期总数为

$$N = \text{round}(12L / T) \tag{4-25}$$

式中，函数 round 表示四舍五入。系统平均要求时失效概率 PFD_{avg} 为

$$\text{PFD}_{\text{avg}} = \frac{1}{12L} \sum_{j=0}^{N-1} \sum_{i=1}^{T} S_0 (P_m^T W)^j P_m^i V \tag{4-26}$$

式（4-26）是以月状态转移代替单位时间（每小时）的状态转移得到的。同理，若以任意 m 小时上的状态转移矩阵代替 P，再通过变形可得

$$\text{PFD}_{\text{avg}} = \frac{1}{KN} S_0 \left[\sum_{j=0}^{N-1} (P_m^K W)^j \left(\sum_{i=1}^{K} P_m^i \right) \right] V \tag{4-27}$$

其中，$P_m = P^m$，$K = \text{round}(744T/m)$。式（4-27）中的迭代 P_m 有 m 次，方括号两项分别有 K 和 m 次，故总迭代次数为 m、K、N 之和。N 与 m 无关，故使总迭代次数最小的 m 为

$$m = \text{round}(\sqrt{744T}) \tag{4-28}$$

3. 平均误动作时间

平均误动作时间（mean time to fail spuriously，MTTFS）是指安全系统两次误动作之间的平均时间间隔。计算 MTTFS 时首先对 Markov 状态转移图进行修改：将指向危险失效的弧线重新定位指向其经过维修后所到达的状态；消除上一步中产生的自闭环。进而得到修改后的状态转移矩阵 P'。将 P' 中安全失效状态所在的行和列消去，得到矩阵 Q'。MTTFS 按下面的步骤计算：

（1）计算 $Z = [1 - Q']^{-1}$。

（2）根据系统初始状态 S_0，MTTFS 等于 Z 的第一行所有元素之和，计算结果单位为 h。

4. 表决逻辑模型

1）1 中选 1（1oo1）结构的 Markov 模型

1oo1 结构有一个分支，四种状态：正常（OK）、安全失效（FS）、检测到的危险失效（FDD）和未检测到的危险失效（FDU）。计算 PFD_{avg} 的 Markov 状态转移如图 4-41 所示。其中，λ_S 为安全失效率，是检测到的失效率 λ_{SD} 和未检测到的失效率 λ_{SU} 之和，即 $\lambda_S = \lambda_{SD} + \lambda_{SU}$；$\lambda_D$ 为危险失效，是检测到的失效率 λ_{DD} 和未检测到的失效率 λ_{DU} 之和，即 $\lambda_D = \lambda_{DD} + \lambda_{DU}$；$\mu_0$ 为分支平均维修时间（MTTR）的倒数，μ_{SD} 为误动作后平均重启时间的倒数。相应状态转移矩阵为

$$P = \begin{bmatrix} 1 - (\lambda_S + \lambda_D) & \lambda_{SD} + \lambda_{SU} & \lambda_{DD} & \lambda_{DU} \\ \mu_{SD} & 1 - \mu_{SD} & 0 & 0 \\ \mu_0 & 0 & 1 - \mu_0 & 0 \\ 0 & 0 & 0 & 1 \end{bmatrix}$$

计算 MTTFS 的 Markov 状态转移图如图 4-42 所示。相应的 Q' 矩阵为 $1 - (\lambda_{SD} + \lambda_{SU})$。

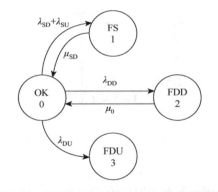

图 4-41　计算 1oo1 结构 PFD_{avg} 状态转移图

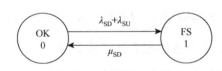

图 4-42　计算 1oo1 结构 MTTFS 状态转移图

2）2 中选 1（1oo2）结构的 Markov 模型

1oo2 结构有两个分支。每个分支有四种状态 OK、FS、FDD、FDU，而整个结构有八种状态。计算 PFD_{avg} 的状态转移图如图 4-43 所示。0 为正常状态，1、2、3 和 4 为降阶工作状态，其余为故障状态。状态转移矩阵为

$$P = \begin{bmatrix} 1 - \sum & \lambda_{1DD} & \lambda_{2DD} & \lambda_{1DU} & \lambda_{2DU} & \lambda_{1S} + \lambda_{2S} & 0 & 0 \\ \mu_0 & 1 - \sum & 0 & 0 & 0 & \lambda_{2S} & \lambda_{2D} & 0 \\ \mu_0 & 0 & 1 - \sum & 0 & 0 & \lambda_{1S} & \lambda_{1D} & 0 \\ 0 & 0 & 0 & 1 - \sum & 0 & \lambda_{2S} & \lambda_{2DD} & \lambda_{2DU} \\ 0 & 0 & 0 & 0 & 1 - \sum & \lambda_{1S} & \lambda_{1DD} & \lambda_{1DU} \\ \mu_{SD} & 0 & 0 & 0 & 0 & 1 - \mu_{SD} & 0 & 0 \\ \mu_0 & 0 & 0 & 0 & 0 & 0 & 1 - \mu_0 & 0 \\ 0 & 0 & 0 & 0 & 0 & 0 & 0 & 1 \end{bmatrix}$$

$\sum$ 为元素所在行除该元素外其他元素之和。其中，μ_0、μ_{SD} 意义同 1oo1 结构。

计算 MTTFS 的 Markov 状态转移图如图 4-44 所示，相应的 Q' 矩阵为

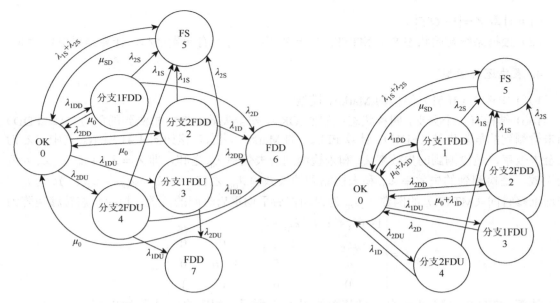

图 4-43　计算 1oo2 结构 PFD$_{avg}$ 状态转移图　　　图 4-44　计算 1oo2 结构 MTTFS 状态转移图

$$Q' = \begin{bmatrix} 1-\sum-A_1 & \lambda_{1DD} & \lambda_{2DD} & \lambda_{1DU} & \lambda_{2DU} \\ \mu_0+\lambda_{2D} & 1-\sum-A_2 & 0 & 0 & 0 \\ \mu_0+\lambda_{1D} & 0 & 1-\sum-A_3 & 0 & 0 \\ \lambda_{2D} & 0 & 0 & 1-\sum-A_4 & 0 \\ \lambda_{1D} & 0 & 0 & 0 & 1-\sum-A_5 \end{bmatrix}$$

式中，$A_1=A_{1S}+A_{2S}$，$A_2=A_4=A_{2S}$，$A_3=A_5=A_{1S}$。

5. 安全系统可靠性评估示例

例 4-5：为了说明问题，以计算 1oo1 结构可靠性为例，各参数取值为 C=90%，μ_0=0.125h^{-1}，μ_{SD}=0.0417h^{-1}，λ_{SD}=1×10^{-5}h^{-1}，λ_{SU}=9.8×10^{-7}h^{-1}，T=12d，λ_{DD}=5.96×10^{-6}h^{-1}，λ_{DU}=1.12×10^{-6}h^{-1}，L=10a。计算结果见表 4-26，其中 l_{SIL} 为 PFD$_{avg}$ 对应的安全完整性水平，分别取小时（h）、天（d）、周、月及最优值 [式（4-27）]。随着 m 的增大，PFD$_{avg}$ 总体趋势也在增大，实际系统的 PFD$_{avg}$ 比计算结果要小，说明结果是保守而又安全的。

表 4-26　1oo1 结构可靠性指标计算结果

m	PFD$_{avg}$×10^3	t_{MTTFS}/h	l_{SIL}
1	5.96	91074.68	2
24	5.98	91074.68	2
94	6.02	91074.68	2
168	6.04	91074.68	2
744	6.37	91074.68	2

m=94 时与 m=1 时相比，PFD$_{avg}$ 增大了仅 1%。由式（4-28）可知，当功能测试间隔 T=36 个月，

m 取 164 可使迭代总数最小，而 m 尚比一周的小时数小。这说明即使在功能测试间隔很大时，根据式（4-28）得到的 m，依然能够在保证计算量最小的前提下得到较高的计算精度。

当功能测试周期间隔从 12 个月增大为 24 个月后，$PFD_{avg}(m=1)$ 将从 5.96×10^{-3} 增大为 1.16×10^{-2}，即系统的整体安全性水平 SIL 由 2 降为 1。由此可见周期性功能测试的重要性，但这在生产实践中常被忽视。

第5章 安全系统技术概要

5.1 概　　述

5.1.1 安全系统技术结构

安全系统技术是以安全系统相关理论和研究为基础，以实现安全系统工程的功能、状态为目的而创造和发展起来的手段、方法和技能的总和。

安全系统技术的实施过程就是使一般系统具备安全系统功能的构造过程。具体地说，安全系统技术是以风险评估为基础，综合运用安全系统技术，实现由一般的、零散的、互不联系的安全技术措施向安全系统化措施的升华，实现安全系统自身的功能和被保护系统的本质安全。安全系统技术的逻辑结构如图5-1所示。

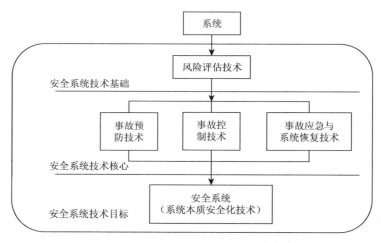

图 5-1　安全系统技术的逻辑结构

（1）风险评估是安全系统技术的基础。风险评估技术就是按照一定的评估指标体系和方法对系统危险性进行定量化描述、系统化分析，确定其危险源的性质、危险程度的技术。安全系统技术不同于传统安全技术的关键是，通过定量化描述使危险因素的认识更准确，通过系统化的分析使其对危险因素理解更全面、更深刻。

（2）事故管理是安全系统技术的核心。限制事故系统，追求本质安全的目标，是安全系统最基本的功能要求。事故管理就是依据风险分析评估结果，通过采用技术和管理的手段依次开展事故预防、事故控制和应急恢复技术，消除或减少系统中的风险和有害因素，消除或减少事故发生概率和后果的严重度，形成安全的系统。

（3）系统本质安全化是安全系统技术的目标。在上述基础上，随着风险评估的深入和安全技术的提升，主要从人的系统（作为组织的人群）、物的系统（广义的机的系统）及作为整体的系统等方面不断改进和完善安全系统，提高系统本质安全化水平。

5.1.2　风险及其定量化描述

1. 风险

风险（risk）与危险都是安全的对立状态。与危险相比，风险还含有风险事件的发生、发展不稳定、不确定的意思，内涵更宽泛，视野更广阔。

针对人们对系统的可知性和可控性程度，风险被理解为：

（1）对于可知性和可控性较强，且风险事件只有不幸后果的系统，风险是描述系统危险性的客观量。工业生产系统是人造系统，具有较强可知性和可控性，其事故发生及其后果是可以预见的，根据国际标准化组织的定义（ISO 13702—1999），风险是衡量危险性的指标，是某一有害事故发生的可能性与事故后果的组合。

（2）对于可知性或可控性较弱，且风险事件只有不幸后果的系统，风险是不幸事件发生不确定、发生后出现何种损失事先难以预知的状态。社会动乱、自然灾害是可知性或可控性较弱的自在系统，其风险难以量化。

以上两种风险概念的共同点在于：都将风险看成是可能发生且可能造成损失后果的状态。对于这种只可能带来损失而不可能从中获利的风险称为纯粹风险（pure risks）。

（3）与纯粹风险相对应的是投机风险（speculative risk）。投机风险是指可知性或可控性较弱，但风险事件的后果可能是不幸的，也可能是有利的。经济系统的某些风险，其结果可能是危险和机遇并存，如投资、炒股、购买期货等，属于投机风险。

安全生产领域的风险通常属于第一类风险。这是因为：一方面，生产系统是人为设计的，其危险性可以通过理论和实践的辨识、分析定量描述；另一方面，生产系统的危险性只可能引起事故损失的结果，通常只能是纯粹风险。

在生产实践中，一方面，面对系统多维性、动态性、复杂性的影响及自身能力的限制，人们必须不断提高风险的认知能力和定量化程度，以更加准确地认识、控制系统的危险性；另一方面，还要避免风险由纯粹型向投机型的转化，以防止人们因利益驱动，铤而走险。例如，节省安全投资导致事故概率增加，但不见得一定出事故，却有实实在在的经济利益；违章操作带来了作业便捷，有可能有惊无险。为了必须防止和杜绝这种诱惑，应该完善安全投入相关法律法规，加强企业安全设施的审查，提高系统本质安全条件，提高违章成本等。

2. 风险描述

为了定量化描述系统的风险，除了确定系统安全完整性等级所采用的各种方法（详见4.2 节）之外，还常用个人风险法和社会风险法。

1）个人风险法

任何风险都与时间、地点有关。个人风险又称为地理风险，是指某一特定时间风险对某一固定位置人员的影响程度，通常以年死亡概率（a^{-1}）表示。即处于此位置人员在一年内发生死亡事故的概率。年死亡概率随危险源距离的增大而减小，因此可以在地理图上绘出个人风险等值线（individual contour），如图 5-2 所示。

（1）个人风险是空间位置坐标的函数。某一点的风险值是所有影响这一点的危险源叠加的结果，具有同值风险的点可以连成闭环曲线。

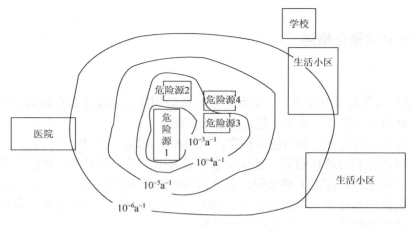

图 5-2　个人风险等值线

（2）个人风险值给出了给定条件下位置的风险信息，而不考虑此处是否存在人员。个人风险不是针对任何人员，而是针对距特定风险以外某一被计算的具体位置。

2）社会风险法

社会风险又称群体风险，是对个人风险的补充，指在个人风险确定的基础上，考虑危险源周边区域的人口密度，以免发生群死群伤事故的概率超过社会公众的可接受范围。通常用累积频率和死亡人数之间的关系曲线（FN 曲线）图表示，如图 5-3 所示。

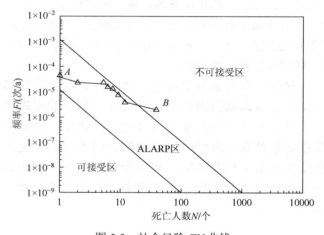

图 5-3　社会风险 FN 曲线

在图 5-3 中，纵轴 F 表示事故的概率（在统计样本不足够大时用频率表示），以每年发生事故的次数表示；横轴 N 通常是对数坐标，表示事故的严重程度，用因事故可能造成的累计死亡人数表示。

对于一个特定的风险，根据其危险源的性质、事故影响范围内人员密集程度等可以推断事故可能死亡人数所对应的概率值，且死亡人数不同，概率值也不同。一般来说，死亡人数越多，概率值越低。将这些值连接起来，可以得到沿右下延展的折线，如图 5-3 中 AB。同时，也可以用向下的折线在图中划分出风险的不可接受区、合理可接受（ALARP）区、可接受区。

与个人风险相比，社会风险的特征是：

（1）社会风险是与周围人口密度相结合的危险活动的风险量度，因此如果没有人员出现在危险活动的现场，则社会风险为零，而个人风险值可能较高。

（2）个人风险关注的是点，社会风险关注的是面，反映的是公众所面临的风险，是为保护社会公众而设置的。

5.1.3 事故预防和控制原理

事故预防和控制原理是以事故致因理论为基础，分析和控制事故的根源和条件，辨识和消除事故的征兆和诱因；针对已经发生的事故，遏制和阻断其发展进程、降低和消灭其严重程度的具有普遍意义的基本规律。

1. 事故预防和控制的系统观

事故的系统观（详见第 1 章中对事故系统的论述）是事故预防和控制技术的认识论基础。除此以外，在事故预防和控制技术运用中，还需要注意的是：

（1）事故预防和控制技术依赖于系统安全理论的发展。事故是系统运动的一种状态，发生于系统的运动中，不是孤立的事件，也不是孤立的运动。事故原因，如人的不安全行为或物的不安全状态，是系统组分（元素或子系统）或结构（组分之间的联系和作用）的一种变化状态。原因和事故之间的因果关系，是由系统的运动规律决定的，要完整地认识事故发生的机理并有效地预防事故，应当用系统论的观点和理论研究事故。

（2）事故预防和控制技术依赖于安全系统技术的进步。改善生产工艺和生产设备、生产条件，落实和改进各项安全系统技术措施，使事故得到有效预防。由于生产工艺和设备种类繁多，相应地，系统安全技术的种类也相当多。随着科学技术的不断发展，已经形成了较完善的系统安全技术体系，先进的科学技术手段逐渐取代人的感官和经验，可以灵敏、可靠地发现不安全因素，从而使人们可以及早地采取控制措施，把事故消灭在萌芽状态。

2. 系统危险源原理

危险源（hazard a source of danger）即危险的根源。哈默（Willie Hammer）认为，危险源是可能导致人员伤害或财物损失事故的、潜在的不安全因素。按此定义，生产、生活中的许多不安全因素都是危险源。在系统安全研究中，认为危险源的存在是事故发生的根本原因，防止事故就是消除、控制系统中的危险源。

根据危险源在事故发生、发展中的作用，把危险源划分为以下两大类。

1）第一类危险源

根据能量意外释放论，把系统中存在的、可能发生意外释放的能量或危险物质称作第一类危险源，如产生、供给能量的装置、设备；使人体或物体具有较高势能的装置、设备、场所等。一般地，能量被解释为物体做功的本领。做功的本领是无形的，只有在做功时才显现出来。因此，实际工作中往往把产生能量的能量源或拥有能量的能量载体作为第一类危险源处理，如带电的导体、奔驰的车辆等。

第一类危险源具有的能量越多，一旦发生事故其后果越严重。相反，第一类危险源处于低能量状态时比较安全。同样，第一类危险源包含的危险物质的量越多，干扰人的新陈代谢越严重，其危险性越大。

2）第二类危险源

系统中导致约束、限制能量措施失效或破坏的各种不安全因素称作第二类危险源，主要包括人失误、物的故障及环境不良三个方面的问题。

人失误是指人行为的结果偏离了预定的标准，是非故意的人的不安全行为。人失误可能直接破坏对第一类危险源的控制，造成能量或危险物质的意外释放，如合错开关使检修中的线路带电；误开阀门使有害气体泄放等。人失误也可能造成物的故障，物的故障进而导致事故。例如，超载起吊重物造成钢丝绳断裂，发生重物坠落事故。

物的故障是指由于性能低下不能实现预定功能的现象，可能直接使约束、限制能量或危险物质的措施失效而发生事故，如电线绝缘损坏发生漏电；管路破裂使其中的有毒有害介质泄漏等。有时，一种物的故障可能导致另一种物的故障，最终造成能量或危险物质的意外释放。例如，压力容器的泄压装置故障，使容器内部介质压力上升，最终导致容器破裂。有时，物的故障会诱发人失误，而人失误也会造成物的故障。

环境不良是指系统运行中可能引起物的故障或人失误的不良环境，包括温度、湿度、照明、粉尘、通风换气、噪声和振动等物理环境，以及企业和社会的软环境等。例如，潮湿的环境会加速金属腐蚀而降低结构或容器的强度；工作场所强烈的噪声影响人的情绪，分散人的注意力而发生人失误。企业的管理制度、人际关系或社会环境影响人的心理，可能引起人失误。

第二类危险源往往是一些围绕第一类危险源随机发生的现象，它们出现的情况决定事故发生的可能性。第二类危险源出现得越频繁，发生事故的可能性越大。

3）两类危险源与事故

一起事故的发生是两类危险源共同起作用的结果。第一类危险源的存在是事故发生的前提，没有第一类危险源就谈不上能量或危险物质的意外释放，也就无所谓事故。另外，如果没有第二类危险源破坏对第一类危险源的控制，也不会发生能量或危险物质的意外释放。第二类危险源的出现是第一类危险源导致事故的必要条件。

在事故的发生、发展过程中，两类危险源相互依存、相辅相成。第一类危险源在事故时释放出的能量是导致人员伤害或财物损坏的能量主体，决定事故后果的严重程度；第二类危险源出现的难易决定事故发生的可能性的大小。两类危险源共同决定危险源的危险性。图 5-4 为两类危险源的事故因果连锁模型。

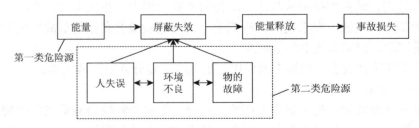

图 5-4　两类危险源的事故因果连锁模型

在企业的实际事故预防工作中，第一类危险源客观上已经存在，并且在设计、建造时已经采取了必要的控制措施，因此事故预防工作的重点是第二类危险源的控制问题。

3. 能量意外释放理论

能量意外释放理论是 20 世纪 60 年代由美国人吉布森（Gibson）提出、哈登（Haddon）

修改，在发展中逐渐完善的。该理论认为，人类在生产过程中利用能量且必须采取措施控制能量，使能量按照人们的意图产生、转换和做功。如果由于某种原因失去了对能量的控制，超越了人们设置的约束或限制，就会发生违背人类意愿的意外的能量释放，生产活动中止而发生事故。如果意外释放的能量作用于人体，且超过人体的承受能力，则将造成人员伤害；如果意外释放的能量作用于设备、建筑物、物体等，且超过它们的抵抗能力，则将造成设备、建筑物、物体的损坏。表 5-1 说明了能量的类型及其对人体的伤害。

表 5-1　能量类型与对人体的伤害

能量类型	产生的伤害	事故类型
机械能（包括势能、动能）	割伤、挤压、骨折、内伤等	物体打击、坠落、爆炸、冒顶等
热能	皮肤烧伤、烧焦	灼烫、火灾
电能	干扰神经、电伤	触电
化学能	烧伤、致癌、致畸形、遗传突变	中毒、窒息、火灾

美国矿山局的札别塔基斯（Michael Zabetakis）根据能量意外释放理论，建立了事故因果连锁模型（图 5-5）。该模型描述了事故发生的逻辑过程（图 5-5 中的实线）及事故预防的逻辑过程（图 5-5 中的虚线）。

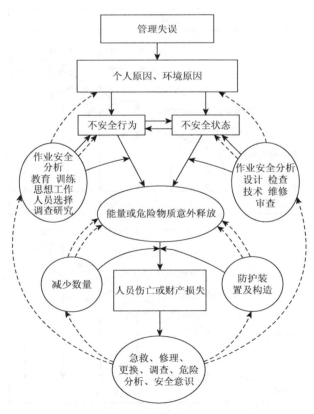

图 5-5　能量意外释放的事故连锁模型

1）事故发生的逻辑过程

管理失误、个人原因、环境原因是事故的间接原因，人的不安全行为、物的不安全状态及其相互作用是事故的直接原因，这些原因造成系统中的能量或危险物质的意外释放，从而导致人员伤亡和财产损失。事故发生之后，需要采取应急处置等措施消除事故影响，同时需要开展事故调查、危险分析，找到事故原因、汲取事故教训、提高安全意识。

2）事故预防的逻辑过程

为了预防能量的意外释放，可以按照图 5-5 中的虚线，从降低能量或危险物质数量、加强防护设施两方面入手；为了避免人的不安全行为和物的不安全状态及管理缺欠，可以从教育、训练、人员选择等管理方面和设计、检查、维修等工程技术方面入手。

4. 人的认知过程失误原理

人是安全系统中最重要、最活跃的因素，常常也是导致事故发生的主要因素。1969 年美国人瑟利（J. Surry）提出从人的认知过程分析事故致因的模型。

该模型把事故的发生过程分为危险出现和危险释放两个阶段。在危险出现阶段，如果人的信息处理的每个环节都正确，危险就能被消除或得到控制，反之，就会使操作者直接面临危险；在危险释放阶段，如果人的信息处理过程的各个环节都正确，则虽然面临着已经显现出来的危险，但仍然可以避免危险的释放，不会带来伤害或损害，反之，危险就会转化成伤害或损害，如图 5-6 所示。

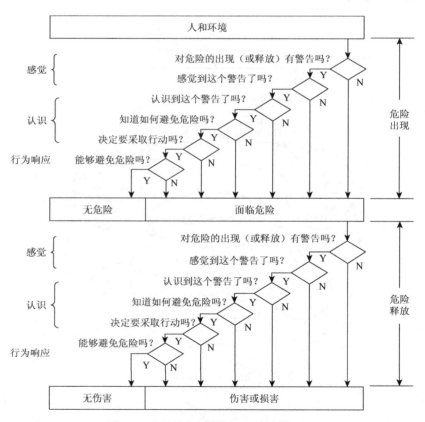

图 5-6　人的认知过程原理（瑟利模型）

由图中可以看出，两个阶段具有相类似的信息处理过程，即三个部分，六个问题：

（1）对危险的出现（或释放）有警告吗？这里警告的意思是指工作环境中对安全状态与

危险状态之间的差异的指示。任何危险的出现或释放都伴随着某种变化，只是有些变化易于察觉，有些则不然。而只有使人感觉到这种变化或差异，才有避免或控制事故的可能。

（2）感觉到这个警告了吗？这包括两方面：一是人的感觉能力问题，包括操作者本身的感觉能力，如视力、听力等较差，或过度集中注意力于工作或其他方面；二是工作环境对人的感觉能力的影响问题。

（3）认识到这个警告了吗？这主要指操作者在感觉到警告信息之后，是否正确理解了该警告所包含的意义，进而较为准确地判断出危险的可能后果及其发生的可能性。

（4）知道如何避免危险吗？这主要指操作者是否具备为避免危险或控制危险、做出正确的行为响应所需要的知识和技能。

（5）决定要采取行动吗？这应主要考虑两方面的问题：一是该危险立即造成损失的可能性；二是现有的措施和条件控制该危险的可能性，包括操作者本人避免和控制危险的技能。当然，这种决策也与经济效益、工作效率紧密相关。

（6）能够避免危险吗？在操作者决定采取行动的情况下，能否避免危险则取决于人采取行动的迅速、正确、敏捷与否和是否有足够的时间等其他条件使人能做出行为响应。

上述六个问题中，前两个问题都是与人对信息的感觉有关，第三至五个问题是与人的认识有关，最后一个问题与人的行为响应有关。这六个问题涵盖了人的信息处理全过程，也反映了因信息处理失误而导致事故的情形。

瑟利模型不仅分析了危险出现、释放直至导致事故的原因，而且还为预防因人失误而发生的各类事故提供了一个良好的思路：可以通过提高人们对上述六个问题的认知的正确性防止事故发生。

5.1.4　系统本质安全化

1. 本质安全化的含义

本质安全化是以本质安全为目标，不断提升安全水平的努力和进程。本质安全化具有相对的、发展的含义。

（1）本质安全化概念是相对的。不同的技术经济条件有不同的本质安全化水平，当代本质安全化并不是未来的本质安全化。本质安全化概念会随着技术进步、管理理论创新及人类对安全系统认识的深化而演化，不断逼近对事故可预防、可控制的终极目标。

（2）本质安全化的程度是相对的。生产系统是一个动态过程，许多情况事先难以预料。人的作业还会因为健康或心理因素引起某种失误，机械及设备也会因为日常检查时未能发现的缺陷产生临时性故障，环境条件也会由于自然的或人为的原因而发生变化，本质安全化并不表明系统绝对不会发生安全事故，而是要根据系统的动态变化持续改进其安全化程度。

（3）本质安全化是不断改进的过程。系统安全工程认为任何具体的安全工作都包含危险源辨识、危险性评价、危险控制三项基本活动，而这三项基本活动既是一个有机的整体，也是一个循环发展持续改进的过程。本质安全化就是循环发展持续改进的过程的具体体现（图 5-7）。

2. 安全系统的本质安全化

安全系统本质安全化是指安全系统在整个生命周期内不断提升安全水平的努力和进程。具有本质安全化的安全系统应具有如下特征。

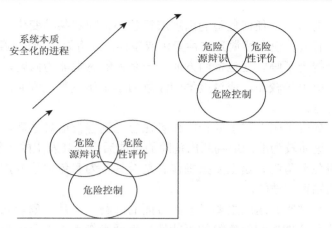

图 5-7　系统本质安全化进程

（1）系统必须具备内在可靠性，即要达到内在安全性，能够抵抗一定的系统性扰动，也就是说能够应付系统内部交互作用波动引起的系统内部不和谐性。

（2）系统能够适应环境变化引起的环境性扰动，即要具备抵御系统与外部交互作用不和谐的能力。

（3）系统必须能够合理配置其内外部要素交互作用的耦合关系，实现系统和谐，这涉及系统功能结构完善、系统技术更新及时、系统运行体制机制高效等方方面面。

（4）系统具有抵御事故系统发生发展的内在机制，能够从系统整体入手有效地预防和控制事故机制，实现全方位的系统安全。

安全系统的本质安全化依赖于人、机（物）基本要素的本质安全化，从系统论的观点出发，为了实现具体人的本质安全，要以组织的本质安全化为保障；为了实现具体机（物）的本质安全，要以机（物）系统的本质安全化为保障。

5.2　风险评估技术

5.2.1　风险评估技术的选择

风险评估技术（risk assessment）是用系统科学的理论和方法对系统内存在的危险性进行定性和定量分析，确定系统风险值的大小，为决策者进行危险控制提供决策依据，以寻求最低事故率、最少的损失和最优的安全效果。

风险评估是由风险识别、风险分析及风险评价构成的一个完整过程（图 5-8）。该过程的开展方式不仅取决于风险管理过程的背景，还取决于开展风险评估工作所使用的方法与技术。

风险评估的过程类似于"安全系统持续改进"一节中提到的危险源辨识、危险性评价，都是确定系统危险性的工作，可以同称为"系统分析"，但风险评估技术侧重于对危险性的"定量化"。

1. 风险评估技术选择的原则

选择合适的风险评估技术和方法，有助于及时高效地获取准确的评估结果。在实践中，主要考虑评估技术的适应性、评估内容与需求的一致性。

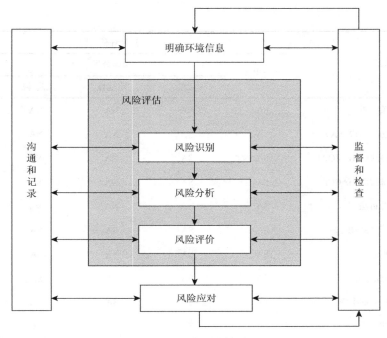

图 5-8　风险评估的过程

　　评估技术的适应性是选择评估技术的基础。需要考虑的因素有：评估技术应适应相关的情况或组织；评估的结果应加深人们对风险性质及风险应对策略的认识；评估过程应能追溯、重复及验证等。

　　评估内容与需求的一致性要考虑的因素有：评估的目标对评估方法的影响；决策者的需要（某些情况下做出有效的决策需要充分的细节，而某些情况下可能只需要对总体进行大致了解）；所分析风险的类型及范围；结果的潜在严重程度；修改/更新风险评估的必要性；法律法规及合同要求等。

　　此外，还要考虑现有资源及能力、不确定性因素的性质与程度，以及风险的复杂性与潜在后果等因素。

2. 根据评估阶段选择评估技术

　　在风险识别、风险分析、风险评价等阶段，适用不同的评估技术，参见表 5-2。

表 5-2　风险评估技术在安全系统各阶段的适用性

工具及技术	风险评估过程				
	风险识别	风险分析			风险评价
		后果	可能性	风险等级	
头脑风暴法	SA	A	A	A	A
结构化/半结构化访谈	SA	A	A	A	A
德尔菲法	SA	A	A	A	A
情景分析	SA	SA	A	A	A
安全检查表	SA	NA	NA	NA	NA

续表

工具及技术	风险评估过程				
	风险识别	风险分析			风险评价
		后果	可能性	风险等级	
预先危险分析	SA	NA	NA	NA	NA
故障类型和影响分析（FMEA）	SA	NA	NA	NA	NA
危险性和可操作性分析（HAZOP）	SA	SA	NA	NA	SA
危险分析与关键控制点（HACCP）	SA	SA	NA	NA	NA
保护层分析法	SA	NA	NA	NA	NA
结构化假设分析（SWIFT）	SA	SA	SA	SA	SA
风险矩阵	SA	SA	SA	SA	A
人因可靠性分析	SA	SA	SA	SA	A
以可靠性为中心的维修	SA	SA	SA	SA	SA
业务影响分析	A	SA	A	A	A
根原因分析	A	NA	SA	SA	NA
潜在通路分析	A	NA	NA	NA	NA
因果分析	A	SA	NA	A	A
风险指数	A	SA	SA	A	SA
故障树分析	NA	A	A	A	A
事件树分析	NA	SA	SA	A	NA
决策树分析	NA	SA	SA	A	A
蝶形图（Bow-tie）法	NA	A	SA	SA	A
层次分析法（AHP）	NA	SA	SA	SA	SA
在险值（VaR）法	NA	SA	SA	SA	SA
均值-方差模型	NA	A	A	A	SA
资本资产定价模型	NA	NA	NA	NA	SA
FN 曲线	A	SA	SA	A	SA
马尔可夫分析法	A	NA	NA	NA	NA
蒙特卡罗模拟法	NA	SA	SA	SA	SA
贝叶斯分析	NA	NA	SA	NA	SA

注：SA 表示非常适用；A 表示适用；NA 表示不适用。

3. 按影响因素选择评估技术

考虑资源与能力、不确定性的性质与程度、复杂性、定量化要求等因素选择风险评估技术，参见表 5-3。

表 5-3　风险评估技术的特征和影响因素

风险评估方法及技术	说明	影响因素			能否提供定量结果
		资源与能力	不确定性的性质与程度	复杂性	
头脑风暴法及结构化访谈	一种收集各种观点及评价并将其在团队内进行评级的方法。头脑风暴法可由提示、一对一及一对多的访谈技术所激发	低	低	低	否
德尔菲法	一种综合各类专家观点并促使其一致的方法,这些观点有利于支持危险源及影响的识别、可能性与后果分析及风险评价。需要独立分析和专家投票	中	中	中	否
情景分析	在想象和推测的基础上,对可能发生的未来情景加以描述。可以通过正式或非正式的、定性或定量的手段进行情景分析	中	高	中	否
安全检查表（SCL）	SCL 是一种简单的风险识别技术,提供了一系列典型的需要考虑的不确定性因素。使用者可参照以前的风险清单、规定或标准	低	低	低	否
预先危险分析（PHA）	PHA 是一种简单的归纳分析方法,其目标是识别风险及可能危害特定活动、设备或系统的危险性情况及事项	低	高	中	否
故障类型和影响分析（FMEA）	FMEA 是一种识别故障类型、机制及其影响的技术。FMEA 可分为:设计(或产品)FMEA,用于部件及产品;系统 FMEA;过程 FMEA,用于加工及组装过程;服务 FMEA 及软件 FMEA	中	中	中	是
危险性和可操作性分析（HAZOP）	HAZOP 是一种综合性的风险识别过程,用于明确可能偏离预期绩效的偏差,并可评估偏离的危害度。它使用一种基于引导词的系统	中	高	高	否
危险分析与关键控制点（HACCP）	HACCP 是一种系统的、前瞻性及预防性的技术,通过测量并监控那些应处于规定限值内的具体特征确保产品质量、可靠性及过程的安全性	中	中	中	否
保护层分析法（LOPA）	LOPA 也被称作障碍分析,它可以对控制及其效果进行评价	中	中	中	是
结构化假设分析（SWIFT）	一种激发团队识别风险的技术,通常在引导式研讨班上使用,并可用于风险分析及评价	中	中	任何	否
风险矩阵（RM）	风险矩阵是一种将后果分级与风险可能性相结合的方式	中	中	中	是
人因可靠性分析（HRA）	HRA 主要关注系统绩效中人为因素的作用,可用于评价人为错误对系统的影响	中	中	中	是
以可靠性为中心的维修（RCM）	RCM 是一种基于可靠性分析方法实现维修策略优化的技术,其目标是在满足安全性、环境技术要求和使用工作要求的同时,获得产品的最小维修资源消耗。通过这项工作,用户可以找出系统组成中对系统性能影响最大的零部件及其维修工作方式	中	中	中	是
业务影响分析	分析重要风险影响组织运营的方式,同时明确如何对这些风险进行管理	中	中	中	否
根原因分析	对发生的单项损失进行分析,以理解造成损失的原因及如何改进系统或过程以避免未来出现类似的损失。分析应考虑发生损失时可使用的风险控制方法及怎样改进风险控制方法	中	低	中	否
潜在通路分析	潜在分析（SA）是一种用于识别设计错误的技术。潜在通路是指能够导致出现非期望的功能或抑制期望功能的状态,这些不良状态的特点具有随意性,在最严格的标准化系统检查中也不一定检测到	中	中	中	否
因果分析	综合运用故障树分析和事件树分析,并允许时间延误。初始事件的原因和后果都要予以考虑	高	中	高	是
风险指数	风险指数可以提供一种有效划分风险等级的工具	中	低	中	是

续表

风险评估方法及技术	说明	影响因素			能否提供定量结果
		资源与能力	不确定性的性质与程度	复杂性	
故障树分析（FTA）	始于不良事项（顶事件）的分析并确定该事件可能发生的所有方式，并以逻辑树形图的形式进行展示。在建立起故障树后，就应考虑如何减轻或消除潜在的危险源	高	高	中	是
事件树分析（ETA）	运用归纳推理方法将各类初始事件的可能性转化成可能发生的结果	中	中	中	是
决策树分析	对于决策问题的细节提供了一种清楚的图解说明	高	中	中	是
蝶形图（Bow-tie）法	一种简单的图形描述方式，分析了风险从危险发展到后果的各类路径，并可审核风险控制措施。可将其视为分析事项起因（由蝶形图的结代表）的故障树和分析后果的事件树这两种方法的结合体	中	高	中	是
层次分析法（AHP）	定性与定量分析相结合，适合多目标、多层次、多因素的复杂系统的决策	中	任何	任何	是
在险值（VaR）法	基于统计分析基础上的风险度量技术，可有效描述资产组合的整体市场风险状况	中	低	高	是
均值-方差模型	将收益和风险相平衡，可应用于投资和资产组合选择	中	低	高	是
资本资产定价模型	清晰地阐明了资本市场中风险与收益的关系	高	低	高	是
FN 曲线	FN 曲线通过区域块表示风险，并可进行风险比较，可用于系统或过程设计及现有系统的管理	高	中	中	是
马尔可夫分析法	马尔可夫分析通常用于对那些存在多种状态（包括各种降级使用状态）的可维修复杂系统进行分析	高	低	高	是
蒙特卡罗模拟法	蒙特卡罗模拟用于确定系统内的综合变化，该变化产生于多个输入数据的变化，其中每个输入数据都有确定的分布，而且输入数据与输出结果有着明确的关系。该方法能用于那些可将不同输入数据之间相互作用计算确定的具体模型。根据输入数据所代表的不确定性的特征，输入数据可以基于各种分布类型。风险评估中常用的是三角或贝塔分布	高	低	高	是
贝叶斯分析	贝叶斯分析是一种统计程序，利用先验分布数据评估结果的可能性，其推断的准确程度依赖于先验分布的准确性。贝叶斯信念网通过捕捉那些能产生一定结果的各种输入数据之间的概率关系来对原因及效果进行模拟	高	低	高	是

5.2.2　典型风险评估技术

1. 基于故障和失效的风险评估

该技术的基本原理是将系统分割为子系统和元件，然后逐个分析每个元件可能发生的故障和故障类型，并分析故障类型对子系统及整个系统的影响，采取措施加以防止或消除其影响。最常用的方法是故障类型和影响分析（failure modes and effects analysis，FMEA），使用这种方法可以查明系统中发生的各种故障所带来的危险性，该方法既可以进行定性分析，又可以进行定量分析。

1）基本概念和术语

（1）失效。针对系统的具体情况，以设计文件或相关标准、规范为依据，从功能、工况条件、工作时间、结构等确定系统失效的定义及表征失效的主要参数。

（2）失效模式。依据具体内容，考虑系统中各部件可能存在的隐患，确定失效模式。

（3）失效机理。根据所确定的失效模式，进行失效机理分析，并确定失效或危险发生的主要控制因素。

（4）失效后果。结合任务目标，考虑对全系统工作、功能、状态产生的总后果。

在进行失效模式和后果分析时，应按照上述内容编制 FMEA 表格。常用的故障类型和影响分析表见表 5-4。

表 5-4　故障类型和影响分析表

系统_____　分析者_____　日期_____

子系统	元件	故障类型	故障影响			故障概率	故障等级	严重度	修正措施
			对人	对子系统	对系统				

其中，故障概率是指在一定时间内故障类型出现的次数。可以用定性或定量方法确定某个故障类型的概率，分类见表 5-5。故障等级分为四级，分级标准见表 5-6。将故障类型对系统功能的影响程度及故障是否容易排除称为严重度，共分为四级，分级标准见表 5-7。

表 5-5　故障概率分类

故障概率分类	定性分类	定量分类
Ⅰ级	很低（不太可能）	单个故障类型的概率小于全部故障概率的1%
Ⅱ级	低（很可能）	单个故障类型的概率大于全部故障概率的1%且小于10%
Ⅲ级	中等（相当可能）	单个故障类型的概率大于全部故障概率的10%且小于20%
Ⅳ级	高（极可能）	单个故障类型的概率大于全部故障概率的20%

表 5-6　故障等级分级表

故障等级	影响程度	可能造成的后果
一级	灾难性的	死亡或系统损失
二级	危险性的	严重伤害、严重职业病或主系统损失
三级	临界性的	轻伤、轻职业病或次要系统损失
四级	可忽略的	不会造成伤害和职业病，系统不受损害

表 5-7　严重度的分级标准

严重度等级	内容	相当故障类型等级
Ⅰ. 有影响	对整个系统无影响，对子系统的影响可忽略，通过调整易于消除	一
Ⅱ. 主要的	对整个系统有影响，但可忽略，子系统功能下降，故障能立即修复	二
Ⅲ. 关键的	整个系统功能有所下降，子系统功能严重下降，故障不易通过检修修复	三
Ⅳ. 灾难性的	整个系统功能严重下降，子系统功能全部丧失，故障需彻底修理才能修复	四

对于特别危险的故障类型，即可能导致人员伤亡或系统损坏的事故类型，还可采用致命度做进一步的分析。致命度分析（criticality analysis）与事故类型和影响分析结合，构成故障类型、影响和危险度分析（FMECA），从而定量地描述故障的影响。致命度分类等级见表 5-8。

表 5-8　致命度分类等级

等级	内容
I	有丧失生命的危险
II	有损害系统的危险
III	有推迟运行、造成损失的危险
IV	造成可能需要计划外维修的危险

2）故障类型和影响分析示例

例 5-1： 对起重机的两种主要故障（钢丝绳过卷和切断）进行的分析见表 5-9。

表 5-9　起重机的故障类型和影响、危险度分析（部分）

项目	构成因素	故障模式	故障影响	危险严重度	故障发生概率	检查方法	校正措施和注意事项
防止过卷装置	电气零件	动作不可靠	误动作	III	10^{-2}	通电检查	立即修理
	机械部分	变形生锈	破损	II	10^{-4}	观察	警戒
	安装螺栓	松动	误报、漏报	I	10^{-3}	观察	立即修理
钢丝绳	绳	变形、扭结	切断	II	10^{-4}	观察	立即更换
	单根钢丝	15%切断	切断	III	10^{-1}	观察	立即更换

2. 基于偏差的风险评估

该技术的基本原理是表征系统状态的工艺参数发生偏离是导致系统危险的原因。这些工艺参数需要定量化，而偏差往往发生在故障和失效之前，因此与基于故障和失效的评估方法相比，该项技术具有定量化、先兆化的优点，但同时评估工作的复杂性增加。最常用的方法是危险性和可操作性研究，由英国化学工程师 T. 克莱兹发明，其主要特点是由各相关领域的专家组成的小组，针对生产系统中某些可能发生偏差的节点，采用头脑风暴法（brainstorming）发现或预见其原因及不利后果，提出预防和控制措施的系统风险评估技术。

1）基本概念和术语

（1）意图。工艺某一部分完成的功能，一般情况下用流程图表示。

（2）偏离。与设计意图的情况不一致，在分析中运用引导词系统地审查工艺参数发现偏离。

（3）原因。产生偏离的原因通常是物的故障、人失误、意外的工艺状态（如成分的变化）或外界破坏等原因引起。

（4）后果。偏离设计意图所造成的后果（如有毒物质泄漏等）。

（5）引导词。为了启发人的思维，对设计意图定性或定量描述的简单词语，常用的危险性与可操作性研究的引导词见表 5-10。

表 5-10　危险性与可操作性研究的引导词

引导词	意义	注释
没有或不	完全否定	意图全部没有实现，也没有其他事情发生
较大	量的增加	量正增长，或活动增加
较小	量的减少	量负增长，或活动减少
也，又	量的增加	与某些附加活动一起，实现全部设计或操作意图
部分	量的减少	只实现一些意图，没实现另一些意图
反向	意图相反	与意图相反的活动或物质
非	完全替代	与意图无关

（6）工艺参数。表达生产工艺的物理或化学特性的参数。

运用引导词与工艺参数相结合可详细地分析出偏离的可能原因，以及可能造成的后果，从而采取相应措施防止产生偏离。

危险性与可操作性研究程序如图 5-9 所示。

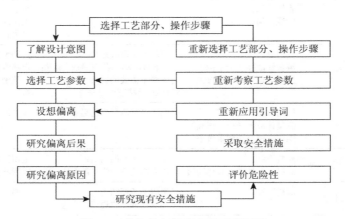

图 5-9　危险性与可操作性研究程序

2）危险性和可操作性研究示例

例 5-2：考察图 5-10 所示的工艺系统。DAP 是磷酸氢二铵（diammonium phosphate）的英文缩写，由氨水与磷酸反应生成。生产过程中调节氨水储罐与反应釜之间管线上的阀门 A，磷酸储罐与反应釜之间管线上的阀门 B，分别控制进入反应釜的氨和磷酸的速率。

当磷酸进入反应釜速率相对于氨进入速率高时，会生成另一种不需要的物质，但没有危险。当磷酸和氨两者进入反应釜速率都高于额定速率时，反应释放能量增加，反应釜可能承受不了温度和压力的迅速增加。当氨进入反应釜速率相对磷酸进入速率高时，过剩的氨可能随产物进入敞口的储罐，挥发的氨可能伤害人员。

这里选择磷酸储罐与反应釜之间的管线部分为分析对象，则该部分的设计意图是向反应釜输送一定量的磷酸，其工艺参数是流量。把七个引导词与工艺参数"流量"相结合，设想各种可能出现的偏离。表 5-11 为该工艺部分危险性与可操作性研究的结果。

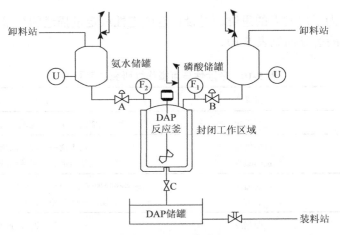

图 5-10　DAP 工艺系统图

表 5-11　DAP 工艺危险性与可操作性研究（部分）

引导词	偏离	可能原因	后果	措施
没有	没有流量	磷酸储罐中无料； 流量计故障（指示偏离）； 操作和调节磷酸量为零； 阀门 B 故障而关闭； 管线堵塞； 管线泄漏或破裂	反应釜中氨过量而进入 DAP 储罐并挥发到工作区域	定期维修和检查阀门 B； 定期维护流量计； 安装氨检测器和报警器； 安装流量监控报警、紧急停车系统； 工作区域通风； 采用封闭式储罐
多	流量大	阀门 B 故障； 流量计故障（指示偏低）； 操作者或调节磷酸量过大	反应釜中磷酸过量； 若氨量也大，则反应释放大量热； 生成不需要的物质； DAP 储罐液位过高	定期维护和检查阀门 B； 安装液位监控报警、紧急停车系统
少	流量小	阀门 B 故障； 流量计故障（指示偏高）； 操作者调节磷酸量过小	同"没有流量"的后果	同"没有流量"的措施
也，又	输送磷酸和其他物质	原料不纯； 原料入口处混入其他物质	生成不需要的物质； 混入物或生成物可能有害	定期检查原料成分； 定期维护和检查管路系统
部分	磷酸含量不足	原料不纯	生成不需要的物质； 混入物或生成物可能有害	定期维护和检查反应釜
反向	反向输送	反应釜泄放口堵塞	磷酸溢出	定期维护和检查反应釜
其他	送入的不是磷酸	磷酸储罐中物料不是磷酸	可能发生意外反应； 可能带来潜在危险； 可能使反应釜中氨过量	定期检查原料成分

3. 基于风险的检测技术

该技术在故障或偏差风险评估的基础上，进一步通过仪器、设备检测确定系统主要风险，因而摆脱了前两种方法中以主观和经验确定系统风险的弊端，使风险评估更加准确、实时、有效。20 世纪 90 年代初，美国石油协会（API）开始在石化设备开展基于风险的检验（risk based inspection，RBI），并提出了 RBI 技术的规范。该方法的重点是应用在对设备设施老化或失效风险的评估。

1）基本原理

RBI 首先用定性或半定量方法对该系统中所有的风险设备进行分析和评价，按照风险等级排序，制定初步的检修计划；其次对检修计划的实施效果检验、反馈和更新数据，再次进行风险评价；最终形成完整的设备安全管理闭循环，不断改进，完善设备的安全管理，如图 5-11 所示。

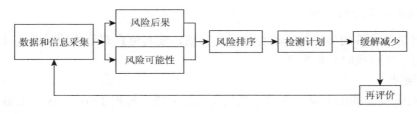

图 5-11　RBI 计划流程

（1）收集数据资料。要完整、可靠地收集主要包含设计参数、生产流程、工作参数、检验数据和维修信息及管理和财务方面的素材。

（2）初步审核。对装置或系统范围内所有设备进行预评价，确定需要重点分析的设备或组件。

（3）风险评价。通常采取定量分析分别得出各个评价对象的损坏后果和损坏概率，并分别计算出其风险值。

（4）风险分析。确定每个风险评价对象的风险等级。

（5）制定检测计划。根据每个对象的风险级别高低程度及本身可能存在的损坏形式制定检测计划。对于风险较高的对象，应提出减缓风险的措施，保证风险达到可接受的水平。

（6）检验实施及验证。按照编制的检验程序或计划，采用合适的检验检测手段对装置实施检验。

（7）动态改进。时间的变化会造成各种条件的变化，RBI 评价的结果应该进行不断调整和更新。检验的结果、工艺条件的改变、维修的进行等都会对风险有显著的影响，因而需要重新评价。

2）基于风险的检验示例

例 5-3：以 RBI 技术在某天然气净化厂的应用为例，了解 RBI 的具体实施过程。

（1）项目组。由设备、工艺、材料、焊接、检验、腐蚀、失效分析、计算机等 20 余位专业技术人员组成。经熟悉 RBI 方法的专家培训，使其认识各种数据的重要性、分析步骤和效益。

（2）采集基础数据。包括通用数据、工艺数据、设计数据、检验数据。通过查阅档案资料并填写相关表格，获得装置、设备与管道的设计、制造、安装与检验数据；通过工艺人员根据净化装置项目编制的工艺数据采集表，获得工艺数据。

（3）分析确认假设条件。包括确定设备重要程度、失效概率、设备运行环境条件等。

（4）评价管理系统。综合考虑管理系统的工作状态和水平。

（5）录入数据与 RBI 分析。对净化装置的 RBI 分析见表 5-12。

表 5-12　净化装置的定性风险分析

序号	名称	发生的可能性等级	发生的后果等级		风险等级
			设备风险后果	管道风险后果	
1	脱硫单元	4	D	C	中高风险
2	脱水单元	2	C	A	中风险
3	硫磺回收单元	2	B	A	低风险
4	公用工程	2	C	A	中风险

（6）专家审核。审核输入的数据和结果报告。分析使设备的运行处于高风险状态的影响因素，并提出控制风险的措施。

4. 基于综合性风险的评估

该技术将系统面临的多种风险进行综合性评估，使其更具有整体性、系统性。最典型的方法是基于可信性的风险分析方法。

1）基本原理

可信性（dependability）是一个非定量的集合性术语，根据 1994 年 ISO 9000 的定义，可信性是可靠性、维修性、保障性和测试性等内容的综合。可靠性是系统或装置在规定条件下和规定时间内完成规定功能的能力。维修性是在规定条件下和规定时间内，按照规定程序和方法对系统或装置进行维修时，保持或恢复系统或装置达到规定状态的能力。保障性是系统或装置的设计特性和计划的保障资源能够满足使用要求的能力。测试性是对系统或装置能及时准确地确定其状态（运行正常、故障或性能下降）的特性。

根据风险的定义，基于可信性的风险分析也是按照系统中危险可能发生的概率 P_f 及其后果严重度 C_f 度量。但是考虑可信性所涉及内容的综合性及其相互的关联性，将两者的关系由"乘积"改为"逻辑和"表示，即系统风险 r 为

$$r = P_f + C_f - P_f C_f \tag{5-1}$$

其中，对于危险可能发生的概率 P_f 要考虑的因素有：现代系统、装置中，除了硬件本身外，一般都使用了大量软件，许多功能由软件执行，风险分析时，必须考虑软件风险；新建系统、装置有无成熟经验和完整资料可以借鉴，结构和操作复杂程度不同，可能产生的故障程度也不同，风险分析时，还要考虑成熟因素、复杂因素和新建系统的依赖因素。

设硬件成熟程度的故障概率为 P_{hp}，硬件复杂程度的故障概率为 P_{hc}；软件成熟程度的故障概率为 P_{sp}，软件复杂程度的故障概率为 P_{sc}。新建系统或装置性能对现有系统或装置经验及施工单位依赖程度为 P_D，则

$$P_f = aP_{hp} + bP_{sp} + cP_{hc} + dP_{sc} + eP_D \tag{5-2}$$

式中，a、b、c、d、e 为加权系数，它们的和为 1。

对于后果严重度 C_f 要考虑的因素有：在设计、研制、建造过程中，由于上述原因产生的故障，系统、装置技术性能降低（用 C_r 表示），资金超过预算（用 C_l 表示）和延误工期（用 C_p 表示），则

$$C_f = fC_r + gC_l + hC_p \tag{5-3}$$

式中，f、g、h 为加权系数，它们的和为 1。

P_{hp}、P_{hc}、P_{sp}、P_{sc}、P_D、C_r、C_l、C_p 的取值可参考 Booz, Allen, Hamilton Inc. 所著《美国系统工程管理》一书提出的风险因素值（表 5-13 和表 5-14）。

表 5-13　危险可能发生的概率

数值	成熟因素		复杂因素		依赖因素 P_D
	硬件 P_{hp}	软件 P_{sp}	硬件 P_{hc}	软件 P_{sc}	
0.1	有可借鉴的硬件	有可借鉴的软件	简单设计	简单设计	性能不依赖于现有系统、设施或施工单位
0.3	少量的重新设计	少量的重新设计	复杂程度略有增加	复杂程度略有增加	对现有系统、设施或施工单位依赖性有所增加

续表

数值	成熟因素		复杂因素		依赖因素 P_D
	硬件 P_{hp}	软件 P_{sp}	硬件 P_{hc}	软件 P_{sc}	
0.5	可行性 有重大更改	可行性 有重大更改	复杂程度 适度地增加	复杂程度 适度地增加	性能依赖于现有系统、 设施或施工单位
0.7	有可利用的 复杂的设计	有与现有软件 类似的新软件	复杂程度 大大增加	模块复杂性 大大增加	性能依赖于新系统的进展、 设施或施工单位
0.9	需再进行试验 研究工作	未编制过这样 的软件	极其复杂	极其复杂	性能依赖于新系统本身 的条件、设施或施工单位

表 5-14　后果严重度

数值	技术因素 C_r	经费因素 C_l	工程进度因素 C_p
0.1（低）	对技术没有影响	不超过预算经费	没有影响
0.3（小）	技术性能略有降低	费用超过预算 1%～5%	工程进度少有推迟 （少于 1 个月）
0.5 （适当的）	技术性能降低有限	费用超过预算 5%～20%	工程进度有所推迟
0.7 （重大的）	技术性能明显降低	费用超过预算 20%～50%	工程进程推迟 超过 3 个月
0.9 （高的）	不能达到技术目标	费用超过预算 50%以上	工程进度大大推迟， 影响巨大

2）基于可信性的风险分析示例

例 5-4： 已知某新建系统成熟因素中，硬件少量的重新设计 P_{hp}=0.3，有可借鉴的软件 P_{sp}=0.1；复杂因素中硬件复杂程度适度地增加 P_{hc}=0.5，软件复杂程度适度地增加 P_{sc}=0.5；依赖因素对现有系统、设施或施工单位依赖性有所增加 P_D=0.3，设加权系数 a、b、c、d、e 均为 0.2，则由式（5-2）有

$$P_f = aP_{hp} + bP_{sp} + cP_{hc} + dP_{sc} + eP_D = 0.2 \times (0.3 + 0.1 + 0.5 + 0.5 + 0.3) = 0.34$$

又已知技术性能明显降低，C_r=0.7；费用超过预算 5%～20%，C_l=0.5；工程进程推迟超过 3 个月，C_p=0.7，设加权系数 f、g、h 分别为 0.3、0.3、0.4，则由式（5-3）有

$$C_f = fC_r + gC_l + hC_p = 0.3 \times 0.7 + 0.3 \times 0.5 + 0.4 \times 0.7 = 0.64$$

代入式（5-1），该新建系统风险 r 为

$$r = P_f + C_f - P_f C_f = 0.34 + 0.64 - 0.34 \times 0.64 = 0.7624$$

5. 基于可拓学的风险评估

在很多情况下，需要对信息不够全面、完整的系统进行风险评估，或者说，需要拓展已有的信息、经验、知识去认识和评估系统风险，因此提出了基于可拓学的风险评估技术。

可拓学（extenics）于 20 世纪 80 年代由蔡文研究员为首的中国学者创立，是用形式化模型研究事物拓展的可能性和开拓创新的规律与方法，并用于解决矛盾问题的科学。它的理论基础是物元理论和可拓集合理论。

1）物元理论

事物变化的可能性称为物元的可拓性。物元是指事物、特征及事物的特征值三者组成的

三元组，记作 R=(事物，特征，量值)=(N, c, V)。如果将特征值 c 及量值 V 构成二组，则称为特征元，记作 M=(c, V)；事物在物元理论中所指的是事物的名称，记作 $I(N)_c$。特征指的是性质、功能、状态等的事物特点，量值表示特征的量化值或量度，量值的取值范围称为量域，记为 $V(c)$ 或 V=(a, b)，其中 a、b 为取值范围。

多维物元的表示为

$$R = \begin{bmatrix} N, & c_1, & V_1 \\ & c_2, & V_2 \\ & \vdots & \vdots \\ & c_n, & V_n \end{bmatrix} = \begin{bmatrix} R_1 \\ R_2 \\ \vdots \\ R_n \end{bmatrix} \tag{5-4}$$

式中，$R_i = (N, c_i, V_i)$，$i = 1, 2, \cdots, n$，称为 R 的分物元。

物元理论包括物元模型、发散树、分合链、相关网等。

2）可拓集合理论

可拓集合主要内容是定量化描述事物的可变性，通过建立关联函数进行运算。"距"为点与区间的距离，设 x 为实域$(-\infty, +\infty)$上的任一点，X=(a, b) 为实域上的区间

$$\rho(x, X) = \left| x - \frac{a+b}{2} \right| - \frac{1}{2}(b - a) \tag{5-5}$$

称为 x 与区间 X 的距。x 与两个区间 X_0=(a, b) 和 X=(c, d) 的距离称位值，关系为

$$D(x, X_0, X) = \begin{cases} \rho(x, X) - \rho(x, X_0), & x \notin X_0 \\ -1, & x \in X_0 \end{cases} \tag{5-6}$$

设 X_0=(a, b)，X=(c, d)，$X_0 \subset X$，则它们之间的关联函数是

$$K(x) = \frac{\rho(x, X_0)}{D(x, X_0, X)} \tag{5-7}$$

3）基于可拓方法的风险分析步骤

（1）确定事故 N 的失效特征元集。设 N 可能产生的失效集为 $I = (I_1, I_2, \cdots, I_n)$，若其中 I_i 发生失效 $I_i(N)$，它的特征元集 $\{M_i\} = \{M_{ij}\}$，$i = 1, 2, \cdots, n$，$j = 1, 2, \cdots, k$，其中 $M_{ij} = (c_{ij}, V_{ij})$ 为特征元，$(V_{ij})_0 = (a_{ij}, b_{ij})$ 为 $I_i(N)$ 发生时规定的量域，$V_{ij} = (c_{ij}, d_{ij})$ 为 $I_i(N)$ 发生时的极限量域。

（2）建立事物 N 可能发生失效的物元：

$$R = \begin{bmatrix} I_i(N), & c_{i1}, & V_{i1} \\ & c_{i2}, & V_{i2} \\ & \vdots & \vdots \\ & c_{ik}, & V_{ik} \end{bmatrix} \tag{5-8}$$

（3）建立描述事物 N 现状的物元：

$$R = \begin{bmatrix} N, & c_1, & V_1 \\ & c_2, & V_2 \\ & \vdots & \vdots \\ & c_n, & V_n \end{bmatrix} \tag{5-9}$$

（4）计算关联函数：

$$K(V_{ij}) = \frac{\rho[V_{ij}, (V_{ij})_0]}{\rho(V_{ij}, V_{ij}) - \rho[V_{ij}, (V_{ij})_0]} \tag{5-10}$$

（5）计算各失效程度：

$$\lambda[I_i(N)] = \sum_{j=1}^{k} a_{ij} K_{ij} \qquad (i=1,2,\cdots,n; \quad j=1,2,\cdots,k) \qquad (5\text{-}11)$$

式中，a_{ij} 为加权系数，表示各物元的相对重要度，一般根据所分析对象的具体情况而定。

（6）确定失效：当 $\max\limits_{1\leqslant i\leqslant n}\{\lambda[I_i(N)]\} = \lambda[I_0(N)]$ 时，可以判断 $I_0(N)$ 发生失效。

4）基于可拓学的风险分析示例

例 5-5：烷烃反应加热炉有关参数设计值为，炉管内压力 p 为（0.4±1）MPa，炉管内温度 t 为（400±50）℃，介质流量 Q 为（60000±2000）kg/h，热负荷 H 为（2.68±0.5）×10⁷kJ/h。根据生产记录，下列四种不同工况（表 5-15）反应效果各不相同，其中一类收益最好，二类次之，三类更次，四类最差，属于失效工况。

表 5-15 不同工况类别

主要参数	一类	二类	三类	四类
炉管内压力/MPa	0.40～0.46	0.45～0.49	0.32～0.38	0.30～0.34
炉管内温度/℃	400～420	400～430	370～410	360～375
介质流量/(kg/h)	58000～60000	58000～60000	58800～59100	58000～60000
热负荷/(×10⁷kJ/h)	2.5～2.8	2.7～3.0	2.2～2.6	2.7～3.1

试判断工况条件为：炉管内压力 0.38MPa，炉管内温度 330℃，介质流量 63000kg/h，热负荷 3.10×10⁷kJ/h 时，反应是否正常。

解：可能失效的物元

$$R_1 = \begin{bmatrix} \text{一类}, c_1, & (0.40, 0.46) \\ c_2, & (400, 420) \\ c_3, & (58000, 60000) \\ c_4, & (2.5, 2.8) \end{bmatrix} \qquad R_2 = \begin{bmatrix} \text{二类}, c_1, & (0.45, 0.49) \\ c_2, & (400, 430) \\ c_3, & (58000, 60000) \\ c_4, & (2.7, 3.0) \end{bmatrix}$$

$$R_3 = \begin{bmatrix} \text{三类}, c_1, & (0.32, 0.38) \\ c_2, & (370, 410) \\ c_3, & (58800, 59100) \\ c_4, & (2.2, 2.6) \end{bmatrix} \qquad R_4 = \begin{bmatrix} \text{四类}, c_1, & (0.30, 0.34) \\ c_2, & (360, 375) \\ c_3, & (58000, 60000) \\ c_4, & (2.7, 3.1) \end{bmatrix}$$

特征物元

$$I = \begin{bmatrix} \text{烷烃反应}, c_1, & (0.30, 0.50) \\ \text{加热炉} \ c_2, & (350, 450) \\ c_3, & (58000, 62000) \\ c_4, & (2.18, 3.18) \end{bmatrix}$$

现状物元

$$R = \begin{bmatrix} N, c_1, & 0.38 \\ c_2, & 330 \\ c_3, & 63000 \\ c_4, & 3.10 \end{bmatrix}$$

计算关联函数，以一类为例。

P: $X=(0.30,0.50)$，　$X_0=(0.40,0.46)$，　$x=0.38$，　$\rho(x,X)=-0.08$，　$\rho(x,X_0)=0.02$，
$K_1(p)=-0.20$，同理，得表 5-16。

表 5-16　烷烃反应加热炉关联函数计算

一类关联函数	二类关联函数	三类关联函数	四类关联函数
$K_1(p)=-0.20$	$K_2(p)=-0.467$	$K_3(p)=0$	$K_4(p)=-0.333$
$K_1(t)=-1.4$	$K_2(t)=-1.4$	$K_3(t)=-2.0$	$K_4(t)=-3.0$
$K_1(Q)=-1.5$	$K_2(Q)=-1.5$	$K_3(Q)=-1.279$	$K_4(Q)=-1.5$
$K_1(H)=-0.789$	$K_2(H)=-0.556$	$K_3(H)=-0.862$	$K_4(H)=0$

根据反应加热炉的特点，设加权系数 $a=0.2$，$b=0.3$，$c=0.2$，$d=0.3$，由 $\lambda(I_i)=\sum a_i K_i$ 得：
$\lambda(I_1)=-0.997$，$\lambda(I_2)=-0.980$，$\lambda(I_3)=-1.115$，$\lambda(I_4)=-1.267$。

因此，$\max\limits_{1\leq i\leq 4}\{\lambda(I_i)\}=\lambda(I_4)=\left|-1.267\right|$，本题指定判断的工况为第四类，失效工况。

6. 基于作用连锁的风险评估

1）变化与作用连锁模型

日本的佐藤吉信从系统安全的观点出发，提出了一种称为作用-变化与作用连锁模型（action-change and action chain model）的系统风险评估方法。该模型认为，系统元素在其他元素或环境因素的作用下发生变化，这种变化源于人失误或物的故障，以某种形态作用于相邻元素，引起相邻元素的变化。于是，在系统元素之间产生一种作用连锁，使系统中人失误和物故障的风险在系统中传播，最终导致系统故障或事故。

通常，系统元素间的作用形式可以分成四类：能量传递型作用，用 a 表示；信息传递型作用，用 b 表示；物质传递型作用，用 c 表示；不履行功能型作用，即元素故障，用 f 表示。

为了表示元素间的作用，采用下面的特殊记号：

$X_a \rightarrow W$，作用 a 从元素 X 传递到 W；

$X_a \rightarrow W(\cdot)$，作用 a 从元素 X 传递到 W，并引起伤害或损坏（·）。

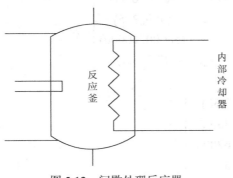

图 5-12　间歇处理反应器

这样，通过辨识系统中存在的故障作用连锁评估系统的风险。通过斩断这些作用连锁，控制事故的发生。

2）作用连锁分析示例

例 5-6：图 5-12 所示的间歇处理反应器，反应釜 R 内物质发生放热反应，釜内温度、压力上升，当釜内温度超过正常反应温度 θ_1 并达到 θ_2 时反应釜破裂，反应釜内的生成物泄漏将严重污染环境。该事故的原因可由下述作用连锁描述：

$$M(m)_a \xrightarrow{3} M(m')_a \xrightarrow{2} M(m'')_a \xrightarrow{1} R(\cdot)_c \xrightarrow{0} E(\cdot)$$

系统要素及其变化：M(m) 为反应物质 M 及其反应(m)；M(m') 为反应物质 M 及其温度上升到 θ_1 的状态(m')；M(m'') 为反应物质 M 及其温度上升到 θ_2 的状态(m'')；R(·) 为反应釜 R 及其破裂（·）；E(·) 为环境 E 及其污染（·）。式中箭头下面的数字为作用的编号，按从结果到原因的方向排序。

根据作用-变化与作用连锁模型，预防事故可以从以下四个方面采取措施：

（1）排除故障源。把可能对人或物产生不良作用的因素从系统中除去或隔离开来，或者使其能量状态或化学性质不会成为故障源。

（2）抑制变化。维持元素的功能，使其不发生向危险方面的变化。具体措施有采用冗余设计、质量管理、采用高可靠性元素、通过维修保养来保持可靠性、通过教育训练防止人失误、采用耐失误技术等。

（3）防止系统进入危险状态。发现、预测系统中的异常或故障，采取措施中断作用连锁。

（4）使系统脱离危险状态。通过应急措施控制系统状态返回到正常状态，防止伤害、损坏或污染发生。

因此，针对图 5-12 所示的间歇处理反应器，可以采取的本质安全技术措施如下：

（1）排除故障源。采用不生成污染性物质的工艺或原料；将装置隔离起来。

（2）抑制变化。采用虽能生成污染性物质却不发生放热反应的工艺或原料；增加反应釜等装置的结构强度或改善运行条件，增加安全系数；提高装置、系统元素的可靠性；教育、训练操作者防止发生人失误；采用人机学设计防止人失误；加强维修保养。

（3）防止系统进入危险状态。设置与工艺过程连锁的异常诊断装置，发现、预测异常；设置保持反应釜内温度 θ_1 低于 θ_2 的内部冷却系统。

（4）使系统脱离危险状态。设置应急反应控制系统；设置外部冷却系统。

采取这些预防事故措施后，间歇反应器及其安全措施形成图 5-13 所示的系统。

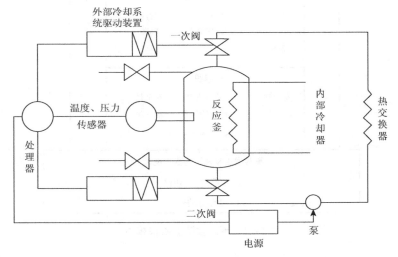

图 5-13　增加本质安全化措施后的间歇反应器

5.3　事故防控技术

5.3.1　事故预防和控制原则

事故预防和控制原则是人们在事故预防原理指导下从事事故预防的决策规范和行为准则。从安全系统观念出发，这些规范和准则主要有：事故预防工作五阶段原则、安全系统事故预防的 3E 原则、事故控制的综合决策原则及"2-4"事故链控制原则（详见 4.3 节）等。

1. 事故预防工作五阶段模型

海因里希定义事故预防是为了控制人的不安全行为、物的不安全状态而开展以某些知识、态度和能力为基础的综合性工作，一系列相互协调的活动。事故预防工作包括以下五个阶段，如图 5-14 所示。

图 5-14　事故预防五阶段模型

（1）建立健全事故预防工作组织，形成由企业领导牵头，包括安全管理人员和安全技术人员在内的事故预防工作体系，并切实发挥其效能。

（2）通过实地调查、检查、观察及对有关人员的询问，加以认真的判断、研究，以及对事故原始记录的反复研究，收集第一手资料，找出事故预防工作中存在的问题。

（3）分析事故及不安全问题产生的原因。它包括弄清伤亡事故发生的频率、严重程度、场所、工种、生产工序、有关的工具、设备及事故类型等。找出其直接原因和间接原因，主要原因和次要原因。

（4）针对分析事故和不安全问题得到的原因，选择恰当的改进措施。改进措施包括工程技术方面的改进、对人员说服教育、人员调整、制定及执行规章制度等。

（5）实施改进措施。通过工程技术措施实现机械设备、生产作业条件的安全，消除物的不安全状态；通过人员调整、教育、训练，消除人的不安全行为。

在预防工作中，如果有可能运用技术手段消除危险状态，实现本质安全或耐失误时，则不管是否存在人的不安全行为，都应该首先考虑采取工程技术方面的对策。

2. 事故预防的 3E 原则

海因里希把造成人的不安全行为和物的不安全状态的主要原因归结为四个方面，即不正确的态度、技术和知识不足、身体不适及不良的工作环境。针对这四个方面的原因，海因里希提出了众所周知的防止工业事故的 3E 原则。

（1）Engineering——工程技术。运用工程技术手段消除不安全因素，实现生产工艺、机械设备等生产条件的安全。

（2）Education——教育培训。利用各种形式的教育和训练，使职工树立"安全第一"的思想，掌握安全生产所必需的知识和技能。

（3）Enforcement——强制措施。借助于规章制度、法规等必要的行政乃至法律手段约束人们的行为。

实际工作中，为了防止事故发生，必须针对不安全行为和不安全状态产生的原因，综合、灵活地选择安全对策。通常应该首先考虑工程技术手段，然后是教育、培训和强制措施；同时应始终保持三者间的均衡，即使在采取了工程技术措施，减少、控制了不安全因素的情况下，仍然要通过教育、培训和强制措施规范人的行为，避免不安全行为的发生。

3. 事故控制的综合决策原则

事故控制决策时通常要考虑两方面的问题，首先是技术层面，即事故在当前的认知水平和技术手段下，能否被控制；其次是经济层面，即如果能控制，需要花费多少资金。可行的方案必须是技术可行、经济合理的方案。

这里介绍一种较为简单的控制事故的综合决策方法。表 5-17 为技术可控性的分级和描述，表 5-18 为经济可控性的分级和描述，两者的综合可以由二维矩阵（表 5-19）说明。

表 5-17　技术可控性分级表

级别	定义	描述
T1	容易控制	控制方法已经普及
T2	比较容易控制	控制方法大多数操作者都已掌握
T3	不易控制	控制方法为国内先进，只有少数人掌握
T4	很难控制	控制方法为国际领先，仅有极少数人掌握

表 5-18　经济可控性分级表

级别	定义	描述
E1	值得控制的	控制投入远低于替代系统价值
E2	基本值得控制的	控制投入低于替代系统价值
E3	值得考虑控制的	控制投入接近替代系统价值
E4	不值得控制的	控制投入达到或超过替代系统价值

表 5-19　可控性矩阵

技术可控性	经济可控性			
	值得控制的	基本值得控制的	值得考虑控制的	不值得控制的
容易控制	1	2	3	4
比较容易控制	5	6	7	8
不易控制	9	10	11	12
很难控制	13	14	15	16

为了更直观地表示可控性，将上述 16 个区域定性地分为四个级别，见表 5-20。

表 5-20　可控性分级表

级别	定义	包含区域	分级描述
一	高可控性的	1, 2, 5	技术易实现且投入很小
二	较高可控性的	3, 6, 7, 9	技术上有一定难度，或投入较大
三	一般可控性的	4, 8, 10, 11, 13	技术难度较大，或投入很大
四	低可控性的	12, 14, 15, 16	技术很难实现，且投入很大

5.3.2　事故预防和控制技术

1. 隐患排查技术

1）隐患

隐患是在某个条件、事物及事件中所存在的不稳定并且影响个人或他人安全利益的因素，它是一种潜藏的因素，"隐"字体现了潜藏、隐蔽，而"患"字则体现了祸患，不好的状况。

安全生产事故隐患（简称隐患、事故隐患或安全隐患）是指生产经营单位违反（不符合）安全生产法律、法规、规章、标准、规程和安全生产管理制度的规定，或者因其他因素在生产经营活动中存在可能导致事故发生的物的不安全状态、人的不安全行为和管理上的缺陷。

2）隐患的种类

（1）按照《企业职工伤亡事故分类》标准，事故隐患按照可能造成的事故类型可分为 20 类，包括物体打击、车辆伤害、机械伤害、起重伤害、触电、淹溺、灼烫、火灾、高处坠落、坍塌、冒顶片帮、透水、放炮、火药爆炸、瓦斯爆炸、锅炉爆炸、容器爆炸、其他爆炸、中毒和窒息、其他伤害。

（2）按照可能造成事故的原因分为三大类，即物的不安全状态、人的不安全行为和管理上的缺陷。

（3）按可能引发事故的严重程度，事故隐患分为一般事故隐患和重大事故隐患。一般事故隐患是指危害和整改难度较小，发现后能够立即整改排除的隐患；重大事故隐患是指危害和整改难度较大，应当全部或者局部停产停业，并经过一定时间整改治理方能排除的隐患，或者因外部因素影响致使生产经营单位自身难以排除的隐患。

3）隐患与事故

隐患是系统由正常态向事故态转化的过渡状态。在系统正常运行过程中，可能来自系统内部或外部的各种影响因素，以及这些因素的耦合作用导致系统中形成并孕育着各类事故隐患，如果这些隐患没能被及时、有效地发现和控制，任凭隐患发展，则可能引发事故。因此，隐患是引发安全事故的直接原因。

防止隐患发展成为事故，就要以隐患排查为基础，根据隐患危害程度有重点地进行成功的控制，使系统向正常态转化。隐患与事故的关系见图 5-15。

图 5-15　隐患与事故的关系

4）隐患排查

隐患排查是在系统可能存在隐患的部位和作业环节，进行逐个审查，以便在事故发生之前发现和排除隐患的过程。具体地说，就是对系统众多的问题、缺陷、故障、偏差等不安全因素中，是否可能蕴藏着激发潜能突然释放而发生与人的意志相反或客观规律相违背，会迫使生产和行动暂时地或永久地停止的事故条件，即是否有隐藏或潜伏在内部的祸患、危机或危险事件。

隐患排查是预防和减少事故的有效手段。问题、缺陷、故障、偏差等不安全因素都是外露性的，有现象表现出来；事故隐患则是内涵性的，要透过现象才能分析判定。隐患排查正是通过人的知识和经验、科学的评估和计算、可靠的检测仪器的探测和监视，揭示众多不安全因素及其内在本质的薄弱点（或称危险点、危险源），从而采取有效的对策措施予以整治和消除，把事故消灭于萌芽状态中。

隐患排查的具体工作因不同行业、不同企业而有所不同，但总的原则是：

（1）建立完善隐患排查治理制度，制定符合企业实际的隐患排查治理清单，明确和细化隐患排查的事项、内容和频次，并将责任逐一分解落实，推动全员参与自主排查隐患，尤其要强化对存在重大风险的场所、环节、部位的隐患排查。

（2）通过与政府部门互联互通的隐患排查治理信息系统，全过程记录报告隐患排查治理情况。对于排查发现的重大事故隐患，应当在向负有安全生产监督管理职责的部门报告的同时，制定并实施严格的隐患治理方案，做到责任、措施、资金、时限和预案"五落实"，实现隐患排查治理的闭环管理。

（3）事故隐患整治过程中无法保证安全的，应停产停业或者停止使用相关设施设备，及时撤出相关作业人员，必要时向当地政府提出申请，配合疏散可能受到影响的周边人员。

以危险化学品企业为例，隐患排查包括但不限于以下内容：

（1）安全基础管理。主要包括：安全生产管理机构建立健全情况、安全生产责任制和安全管理制度建立健全及落实情况；安全投入保障情况，参加工伤保险、安全生产责任险的情况；安全培训与教育情况；企业开展风险评价与隐患排查治理情况；事故管理、变更管理及承包商的管理情况；危险作业和检维修的管理情况；危险化学品事故的应急管理情况等。

（2）区域位置和总图布置。主要包括：危险化学品生产装置和重大危险源储存设施与《危险化学品安全管理条例》中规定的重要场所的安全距离；可能造成水域环境污染的危险化学品危险源的防范情况；企业周边或作业过程中存在的易由自然灾害引发事故灾难的危险点排查、防范和治理情况；企业内部重要设施的平面布置及安全距离等。

（3）工艺。主要包括：工艺的安全管理；工艺技术及工艺装置的安全控制；现场工艺安全状况等。

（4）设备。主要包括：设备管理制度与管理体系的建立与执行情况；设备现场的安全运行状况；特种设备运行状况等。

（5）电气系统。主要包括：电气系统的安全管理；供配电系统、电气设备及电气安全设施的设置是否符合相关规定、是否满足需求；重要场所事故应急照明；电气设施、供配电线路及临时用电的现场安全状况等。

（6）仪表系统。主要包括：仪表的综合管理；仪表系统配置；现场各类仪表完好有效，检验维护及现场标识情况等。

（7）危险化学品管理。主要包括：危险化学品分类、登记与档案的管理；化学品安全信息的编制、宣传、培训和应急管理等。

（8）储运系统。主要包括：储运系统的安全管理情况；储运系统的安全设计情况等。

（9）消防系统。主要包括：建设项目消防设施验收情况；消防设施与器材的设置情况；消防设施与器材的配置、管理情况等。

（10）公用工程。主要包括：给排水、循环水系统、污水处理系统的设置与能力能否满足各种状态下的需求；供热站及供热管道设备设施、安全设施是否存在隐患；空分装置、空压站位置的合理性及设备设施的安全隐患。

2. 防止事故发生技术

防止事故发生的安全技术的基本目的是采取措施约束、限制能量或危险物质的意外释放。按优先次序可选择：

（1）根除危险因素。只要生产条件允许，应尽可能完全消除系统中的危险因素，从根本上防止事故的发生。

（2）限制或减少危险因素。一般情况下，完全消除危险因素是不可能的。人们只能根据具体的技术条件、经济条件，限制或减少系统中的危险因素。

（3）隔离、屏蔽和连锁。隔离是从时间和空间上与危险源分离，防止两种或两种以上危险物质相遇，减少能量积聚或发生反应事故的可能。屏蔽是将可能发生事故的区域控制起来保护人或重要设备，减少事故损失。连锁是将可能引起事故后果的操作和系统状态与对系统故障事故征兆确认进行连锁设计，隔断或消除危险，确保系统故障和异常不导致事故。

（4）故障-安全措施。系统一旦出现故障，自动启动各种安全保护措施，部分或全部中断生产或使其进入低能的安全状态。故障-安全措施有以下三种方案：

故障-消极方案，故障发生后，使设备、系统处于最低能量的状态，采取措施前不能运转。

故障-积极方案，故障发生后，在采取措施前，使设备、系统处于安全能量状态下。

故障-正常方案，故障发生后，系统能够实现正常部件在线更换故障部分，设备、系统能够正常发挥效能。

（5）减少故障及失误。通过减少故障、隐患、偏差、失误等各种事故征兆，事故在萌芽阶段得到抑制。

（6）安全规程。制定或落实各种安全法律、法规和规章制度。

（7）矫正行动。人失误即人的行为结果偏离了规定的目标或超出了可接受的界限，并产生了不良后果。矫正行动即通过矫正人的不安全行为防止人失误。

在以上几种安全技术中，前两项应优先考虑。因为根除和限制危险因素可以实现"本质安全"。但是，在实际工作中，针对生产工艺或设备的具体情况，还要考虑生产效率、成本及可行性等问题，应该综合考虑，不能一概而论。例如，为防止手电钻机壳带电造成触电事故，对手电钻可以采取许多种技术措施，但各有优缺点，应根据实际情况采取具体措施（表 5-21）。

表 5-21 防止使用手电钻触电事故的技术措施

措施序号	类型	措施内容	优点	缺点
1	手摇钻	不用电，根除了触电的可能性	成本低	效率低，费力气，齿轮必须防护
2	电池式电钻	使用低电压，可以避免触电	灵活方便，便于携带	功率有限，被加工物受限制，要更换电池或充电
3	三芯线电钻	带接地线，实现故障-安全	在两芯电钻外壳接上地线即可，不必重新设计	必须保证接地良好，否则仍会触电
4	二芯线电钻	增加可靠性，减少事故发生	不必重新设计	提高可靠性，增加成本，可减少但不能避免事故，维护不当可能漏电
5	塑料壳两芯线电钻	采用塑料外壳可以避免触电	塑料壳较金属壳便宜	塑料壳不如金属壳结实
6	压气钻	用压气作动力，根除触电可能性	功率和可靠性都高于电钻	需要压气供应，较贵，不方便，压气系统有危险

3. 防止故障或失误传递技术

1）消除危险

消除危险主要是消除物的故障在事故中的传递。根据危险源或危险状态，从以下两方面着手：

（1）厂房和车间布置安全。厂房、工艺流程、设备、运输系统、动力系统和交通道路等的布置做到安全化。

（2）设备设施安全。它指设备运行安全，主要包括：

a. 结构安全，又称内建安全。使设备自身能达到保护人、物、环境和生产的性能。

b. 位置安全。做到设备内部的零部件和组件的位置布置合理，使设备在生产运行和检修中不致发生危险部件伤害人员的事故。

c. 电能安全。采用安全电源或安全电压。

d. 物质安全。采用无毒、无腐蚀、无火灾爆炸危险的物质。从设计中开始实施，在新建、扩建、改建设计和产品设计中实施，这是彻底解决问题的方法，但是往往受资金、效益和技术发展的限制，有时是技术上不可能，有时是经济上不合理。

2）控制危险

当事故危险不可能消除时，就要采取措施控制危险，以达到减少危险的目的，其分为直接控制和间接控制。

（1）直接控制。它的主要技术如下：

a. 熔断器。人们用不同规格的熔丝来限制过电流，保护电器设备的安全，如用快速熔断器保护可控硅、硅堆等电气元件的安全。

b. 限速器。用它控制车床转速和车辆行驶的速度。

c. 安全阀。用以防止高压气体和蒸气过压。

d. 爆破膜。装有爆破膜的金属压力容器或反应釜，当其中的压力超过一定值时，则爆破膜破裂泄压，以便防止该设备破坏，减少周围物品的损坏。

e. 轻质顶棚。采用石棉瓦等制作易燃易爆仓库或车间顶棚，可以减小事故的破坏程度。

（2）间接控制。它包括检测各类导致事故危险的工业参数，以便根据检测结果进行处理，如对温度、压力、含氧量及毒气含量的检测。

以上方法都不能消除危险，只能达到减少危害、控制危险的目的。这些方法简便易行，经济有效，因此得到了相当广泛的应用。

3）防护危险

防护危险分为设备防护和人体防护两类。

（1）设备防护。它主要包括：固定防护（如将放射性物质放在铅罐中，并设置贮井，把铅罐放在地下），自动防护（如自动断电、自动洒水、自动停气，故障停止、故障激活等），连锁防护（如将高电压设备的门与电气开关连锁，只要开门，设备就断电，可以保证人员免受伤害），快速制动防护（又称跳动防护，当发生事故时，装置紧急制动，起到防止发生和扩大事故的作用），遥控防护（对危险性较大的设备和装置实行远距离控制）。

（2）人体防护。此类局部的防护措施具有投资少的优点，对保护设备和人身安全起着重要的作用。它主要包括：安全带（防止高空坠落危险），安全鞋（绝缘鞋、防砸鞋等），护目镜（电焊眼镜、防红外眼镜、防金属屑护镜、防毒眼镜等），安全帽和头盔，呼吸护具（防尘口罩、呼吸器、自救器等），面罩。

4）隔离防护

隔离防护分为距离、偏向和遏制。这些技术可限制始发的不希望事件的后果对邻近人员的伤害和设备、设施的损伤。

（1）距离。涉及爆炸事故的一种常用的实物隔离方法是将可能发生事故的地点设置在远离人员、材料和建筑物之处。通常根据安全性数量——爆炸影响距离的标准确定与其他关键项目，如防护区、公路或建筑物的规定距离。该标准的目的是使爆炸事故的损失尽可能小，且不会导致连锁爆炸。

（2）偏向。用偏向装置作为爆炸与需防护的或其他关键建筑物之间的隔离墙是双重有效的，这是由于它们可吸收部分爆炸能量，并将其余的能量导向上方，因而不会造成伤害。

（3）遏制。遏制技术是用于控制损伤的另一种常用的隔离方法。

a. 遏制事故造成更多的危险。例如，要限制事故中镁材料失火的扩散，应在邻近的区域喷水冷却，以防止引燃其他材料，并尽量减少强热量所导致的损坏；可在液体毒剂或易燃物质的储存罐周围开沟壕，以抑制泄漏外流。

b. 事故可能导致操作失控，但可由限制其影响避免伤害和损伤。例如，车上的轮胎可能在试验中爆破，导致在试验人员附近的车辆失控。利用挡墙将车子限制在试验区内，这样就不至于造成人员的伤害或其他设备损坏。

c. 用作人员的防护。在某些系统中，某些区域或建筑物可被指定为"安全区域"，其中的人员是安全的，不会由于事故而产生危险。始发事故的影响被控制在事故最初涉及的建筑物或设备区域之内，所以未处于失事或损坏区域的人员可由"遏制"得到保护。

d. 可采用类似于保护人员的方法来保护材料。此外，发生事故时金属、塑料或由其他不会渗透或穿透材料制成的容器能尽量减少其中材料的损坏。例如，防水容器可防止事故中的漏水或大水对其中物质的损坏。

e. 可将上述方法类似地用于保护关键设备。例如，要求在应急情况下工作的水泵可做成密封的，使它可以在水下运转，水被限制在水泵外壳之外。

4. 控制事故损失技术

避免人身伤亡是控制事故损失的主要目标，其技术措施包括两个方面的内容，一是防止发生人身伤害，二是发生人身伤害时，采取相应的急救措施。

1）防止人员伤亡的技术措施

安全距离、个人防护、允许小的损失、避难、救助等是发生事故时防止和减少人员伤亡的必备技术。事故控制技术针对人的保护控制措施见表 5-22。

表 5-22　事故控制技术针对人的保护控制措施

项目	举例和说明
1. 安全距离	
（1）距离	如爆炸安全距离等
（2）能量吸收	如缓冲空间、汽车的缓冲器、底盘等
（3）隔离	如爆炸物与居住区的隔墙等
（4）封闭	
①危险	如森林火灾的防火带等
②控制	如危险场地的防护栅等
③人员	如安全岛、安全地带等
④材料	如防水箱、储存器等
⑤重要设备	如特殊用途电动机的密封等
2. 个人防护	
（1）用于预计到的危险作业	如用于罐、槽内作业的呼吸保护器等
（2）用于待调查和调整作业	如在不了解险情的场所，需要设置大范围的防护用品
（3）紧急用	如要求穿着容易、可靠性高、对大范围危险都有效果的防护用品
3. 允许小的损失	如泄压阀、防爆门等
4. 避难	
（1）避难和临时警报	如装测不到或失误不能恢复时的警报装置
（2）缓冲空间	如避难时的冲击安全带等
（3）避难和生存设备	
（4）避难和生存方式	如适当的演练
5. 救助	
（1）方法	
（2）设备	

2）避难区技术

为了满足事故发生时的应急需要，在厂区布置、建筑物设计和交通设施设计中，要充分考虑一旦发生事故时的人员避难和救援问题。

（1）采取隔离措施保护人员，如设置避难空间等。

（2）使人员能迅速撤离危险区域，如规定撤退路线、设置安全出口和应急输送等。

（3）如果危险区域里的人员无法逃脱的话，能够被援救人员搭救。

3）安全撤离技术

事故发生时，要及时撤离人员，避免人员伤亡。做好救护和工人自救准备工作，对降低事故严重度有十分重要的意义。安全撤退人员应采取的具体措施如下：

（1）通知和引导人员撤退。为了能及时通知灾区人员和受灾害威胁地区人员的安全撤退，应在人员集中地点装设急救电话；在某些事故发生后可能将电话破坏时，还需考虑用其他方式，如音响等。

（2）争时间、抢速度。争分夺秒、迅速撤离是应急自救的先决条件。例如，从火势和烟气发展规律可知，烟火的蔓延速度很快，而且烟气具有毒性，人在烟雾中停留时间过长，重者造成伤害以致死亡，轻者逃生也受到极大妨碍。在应急自救时经常出现有人因个人财物等贻误逃生的案例，甚至还有人逃生后为拿物品而返回现场，这是极其危险的。

（3）撤离路线的选择要心中有数。盲目跟从他人的慌乱逃窜，不但会贻误顺利撤离的时间，还容易感染别人引起骚乱。理想的逃生路线应是路程最短、障碍少而又能一次性抵达建筑物外地面的路线。

5. 人失误的预防技术

各类事故的致因因素中，人的因素占有特别重要的地位，几乎所有的事故都与人的不安全行为有关。按系统安全的观点，人作为系统元素发挥功能时会发生失误。人的不安全行为可以看作一种人失误。一般来讲，不安全行为是操作者在生产过程中直接导致事故的人失误，是人失误的特例。

1）人失误的致因分析

人失误的表现形式多种多样，产生的原因非常复杂。菲雷尔（R. Ferrell）认为，作为事故原因的人失误的发生可以归结为三个原因：超过人能力的过负荷；与外界刺激要求不一致的反应；由于不知道正确方法或故意采取不恰当的行为。

人失误的预防技术包括防止人失误的技术措施和管理措施两个方面。

2）防止人失误的技术措施

从预防事故角度，可以从以下三个阶段采取技术措施防止人失误：

（1）控制、减少可能引起人失误的各种因素，防止出现人失误。

（2）在一旦发生人失误的场合，使人失误无害化，不至于引起事故。

（3）在人失误引起事故的情况下，限制事故的发展，减少事故的损失。

具体技术措施包括：

（1）用机器代替人。机器的故障率一般在 $10^{-6}\sim10^{-4}$，而人的故障率在 $10^{-3}\sim10^{-2}$，机器的故障率远远小于人的故障率。因此，在人容易失误的地方用机器代替人操作，可以有效地防止人失误。

应该注意到，尽管用机器代替人可以有效地防止人失误，但是并非任何场合都适用，因为人具有机器无法比拟的优点。在进行人机功能分配时，应该考虑人的准确度、体力、动作的速度及知觉能力等四个方面的基本界限，以及机器的性能、维持能力、正常动作能力、判断能力及成本等四个方面的基本界限。人员适合从事要求智力、视力、听力、综合判断力、应变能力及反应能力的工作，机器适于承担功率大、速度快、重复性作业及持续作业的任务。应该注意，即使是高度自动化的机器，也需要人员来监视其运行情况。另外，在异常情况下需要由人员来操作，以保证安全。

（2）冗余系统。冗余系统是把若干元素附加于系统基本元素上提高系统可靠性的方法，附加上去的元素称为冗余元素，含有冗余元素的系统称为冗余系统。其方法主要有：

两人操作：即本来一个人的操作改由两个人来完成，一人操作，一人监视（旁站），组成核对系统（check system）。

人机并行：由人员和机器组成人机并联系统，由于机器的可靠性通常要高于人，这样的核对系统比两人操作系统的可靠性要高。

审查：在时间比较充裕的场合，通过方案论证、设计设施审查、安全评价报告、危险作业审批等审查（review）环节，可以及时发现失误的结果而采取措施加以纠正。

（3）耐失误设计。耐失误设计（foolproof）是通过精心的设计使人员不能发生失误或者发生了失误也不会带来事故等严重后果的设计。英文单词"foolproof"的原意是"耐傻瓜"，即傻瓜操作也不会出问题。一般采用如下几种方式：

利用不同的形状或尺寸防止安装、连接操作失误。例如，把三线电源的三只插脚设计成不同的直径或按不同的角度布置，如果与插座不一致就不能插入，可以防止因为插错插头而发生电气事故。

采用连锁装置防止人员误操作。在一旦发生人失误可能造成伤害或严重事故的场合，采用紧急停车装置可以使人失误无害化，如在危险区域设施的各种光电连锁、红外遥感等自动停车系统，就可以防止人员进入受到伤害；采取特殊措施强制使人失误不能发生，如对冲压机的制动采取双手按键操作，可以防止手被下落的冲头击伤；采取连锁装置使人失误无害化，如电气设施中安装漏电自动保护装置，可以避免人在误触电时被击伤。

（4）警告。警告是通过人的各种感官提醒人们注意的主要技术措施。根据所利用的感官不同，警告分为视觉警告、听觉警告、气味警告、触觉警告等。

a. 视觉警告。它是应用最广泛的警告方式。它的种类很多，常用的有：

亮度。让有危险因素的地方较没有危险因素的地方更明亮，使人员注意有危险的地方。

颜色。明亮、鲜艳的颜色容易引起人员的注意，如红色表示禁止、停止、消防和危险，黄色表示注意、警告，蓝色表示指令、必须遵守的规定，绿色表示通行、安全和提供信息，输送有毒、有害、可燃、腐蚀性气体和液体的管路按规定涂上特殊颜色，防止混淆。

信号灯。灯光可以吸引人的注意，闪动的灯光效果更好。不同颜色的信号灯可以表达不同的意义，如红灯表示危险，绿灯表示安全等。

旗。矿山爆破时挂上红旗，防止人员误入危险区，在电气开关上挂上小旗，表示由于某种原因不能合上开关。

标记和标志。在设备上或有危险的地方用标记提醒危险因素存在，或需要佩戴防护用品等。我国和国际上都对危险化学品规定了符号和标志，使得警告更加简单、醒目。

在一些情况下，视觉警告可能不足以引起人员的注意。例如，人员可能在看不见视觉警告的地方工作，或者在工作任务繁忙时，即使视觉警告很近也顾不上看等。这时，设计在听觉范围内的听觉警告更容易唤起人们的注意。

b. 听觉警告。喇叭、电铃、蜂鸣器等是常用的听觉警告器。主要适用于：在要求立即做出反应的场合，传达简短、暂时的信息；视觉警告受到限制的场合；唤起对某些视觉信息的注意。

c. 气味警告。它是利用某些带有特殊气味的气体进行警告。例如，矿内火灾时往压缩空气管路中加入芳香气体，把一种具有烂洋葱气味的气体送到井下工作面，通知井下工人采取措施。气味警告的优点在于气味可以在空气中迅速传播，特别是有风的时候可以顺风传播很远。它的缺点是人对气味会迅速地产生退敏作用，因而气味警告有时间方面的限制。

d. 触觉警告。它主要利用振动和温度来实现。

（5）人、机、环境匹配。主要包括人机动能的合理匹配、机器的人机学设计及生产作业环境的人机学要求等，即显示器的人机学设计，操纵器的人机学设计，生产环境的人机学要求。

3）防止人失误的管理措施

（1）职业适合性。它是指人员从事某种职业应具备的基本条件，着重于职业对人员的能力要求，包括以下三点：

a. 职业适合分析。职业适合分析即分析确定职业的特性，如工作条件、工作空间、物理环境、使用工具、操作特点、训练时间、判断难度、安全状况、作业姿势、体力消耗等特性。人员职业适合分析在职业特性分析的基础上确定从事该职业人员应该具备的条件，人员应具备的基本条件包括所负责任、知识水平、技术水平、创造性、灵活性、体力消耗、训练和经验等。

b. 职业适合性测试。职业适合性测试即在确定了适合职业之后，测试人员的能力是否符合该种职业的要求。

c. 职业适合性人员的选择。选择能力过高或过低的人员都不利于事故的预防。一个人的能力低于操作要求，可能由于其没有能力正确处理操作中出现的各种信息而不能胜任工作，还可能发生人失误；反之，当一个人的能力高于操作要求的水平时，不仅浪费人力资源，而且工作中会由于心理紧张度过低，产生厌倦情绪而发生人失误。

（2）安全教育与技能训练。它是为了防止职工不安全行为，是防止人失误的重要途径。安全教育、技能训练的重要性，首先在于它能提高企业领导和广大职工做好事故预防工作的责任感和自觉性。其次，安全技术知识的普及和安全技能的提高，能使广大职工掌握工伤事故发生发展的客观规律，提高安全操作水平，掌握安全检测技术水平和控制技术，做好事故预防，保护自身和他人的安全健康。

安全教育包括以下三个阶段：

a. 安全知识教育。目的是使人员掌握有关事故预防的基本知识。

b. 安全技能教育。通过受教育者培训及反复的实际操作训练，逐渐掌握安全技能。

c. 安全态度教育。目的是使操作者尽可能自觉地实行安全技能，搞好安全生产。

（3）其他管理措施。防止人失误的管理目标是构建一个"不伤害自己、不伤害别人、不被别人伤害"的安全氛围，具体包括：合理安排工作任务，防止发生疲劳和使人员的心理处于最优状态；树立良好的企业风气，建立和谐的人际关系，调动职工的安全生产积极性；落实安全检查制度，严格执行安全考核制度，加大对习惯性违章的处罚；进行专业技术培训，提高人员的安全操作技能；持证上岗，严格作业审批等。

6. 设备故障的预防技术

系统、设备、元件故障的发生，既有其自身的原因，也有其外部原因。前者来自设计、制造、安装等方面，后者包括工作条件方面的问题和时间因素。应该从这些方面入手采取措施防止故障。

良好的工程设计是防止故障的一种有效措施。在设计实践中经常采取如下措施来提高系统、设备、元件的可靠性，提高预防故障的能力。

1）安全系数

如前所述，在设计中采用安全系数是最早采用的防止结构（机构零部件、建筑结构、岩土工程结构等）故障的方法。采用安全系数的基本思想是，把结构、部件的强度设计得超出其可能承受应力的若干倍，这样就可以减少因设计计算误差、制造缺陷、老化及未知因素等原因造成的故障。按定义，安全系数等于最小强度与最大应力之比，因此可以通过减少所承受的应力或增加结构强度的方法增加安全系数。其中，增加强度的方法最常用。

一般地，安全系数越大，结构、部件的可靠性越高，故障率越低。但是，增加安全系数可能增加结构、部件尺寸，增加成本。合理地确定结构、部件的安全系数是个很重要的问题，目前主要根据经验选取。对于一旦发生故障可能导致事故、造成严重后果的结构、部件，应该选用较大的安全系数。例如，矿山安全规程规定，矿井专门用于升降人员的罐笼钢丝绳的安全系数不得小于 9，使用中安全系数降到 7 以下时必须更换。又如，汽车、飞机的发动机曲轴其安全系数要达到 40 以上。

2）降低额定值

与结构设计中采用安全系数的思想类似，在电气、电子设备或元件的设计中采用降低额定值（derating）的方法，防止故障发生。其具体做法是，选用功率较要求的功率大得多的设备或元件，或者采取冷却措施提高设备或元件的承载能力。例如，重要的警告信号灯采用低于灯泡额定电压的电压供电，可以减少故障、延长寿命。

3）冗余设计

采用冗余设计构成冗余系统可以大大提高可靠性，减少故障的发生。在各种冗余方式中，并联冗余和备用冗余最常用。

当采用并联冗余时，冗余元素与原有元素同时工作，冗余元素越多则可靠性越高。但是，并联系统的平均故障时间 θ 与元素平均故障时间有如下关系：

$$\theta = \theta_0\left(1 + \frac{1}{2} + \cdots + \frac{1}{n}\right) \qquad (5\text{-}12)$$

可见，并联元素越多，最后并联上去的元素所起的作用越小。再考虑体积和成本问题，实际设计中往往只将有限的元素并联起来构成冗余系统。

在采用备用冗余的场合，工作元素故障时把备用元素投入工作，增加平均故障时间，减少系统的故障率。许多重要的设施、设备采用备用冗余方式，如备用电源、备用电机、备用轮胎等。在设计备用冗余时应该考虑把备用元素投入工作的转换机构的可靠性问题。如果转换机构发生故障，则在工作元素故障时不能及时将备用元素投入运行，最终也会导致系统故障。

4）选用高质量的材料、元件、部件

设备、结构等是由若干元件、部件组成的系统。选用高质量的材料、元件、部件，可以保证系统元素有较高的可靠性。为此，一些重要的元件、部件要经过严格筛选后才能使用。由高可靠性的元素组成的系统，其可靠性也高。

5）故障-安全设计

为了实现系统的容错能力，应将"故障-安全"措施应用于安全系统，人员安全、环境保护、设备完好并防止安全系统功能的降低。

按系统、设备、结构在其一部分发生故障后所处的状态，故障-安全设计方案可分成以下三种：

（1）故障-正常方案。系统、设备、结构在其一部分发生故障后，采取校正措施前仍能够正常发挥作用。例如，消防供电系统采用独立供电方式，当所服务区域的供电系统发生故障时，消防系统的供电仍处于正常状态，保障消防安全功能，属于故障-正常方案。

（2）故障-消极方案。系统、设备、结构在其一部分发生故障或错误后，设备、系统处于最低能量状态，对故障或错误采取校正措施之前不能运转。例如，电力安全系统在所服务的领域发生过负荷故障时，保险丝熔断而断开电路，电路列车制动系统故障时闸瓦抱紧车轮使列车停止等属于故障-消极方案。

（3）故障-积极方案。故障发生后，在采取校正措施之前使设备、系统处于较低能量运行的、安全的状态下，或者维持其基本功能，但是性能（包括可靠性）下降。例如，铁路安全系统在所服务的区域前方发生交通故障时，后方几个区段均自动开启黄灯甚至红灯信号，提醒后方车辆减速慢行或停车，属于故障-积极方案。

故障-积极方案又称故障-缓和（fail-soft）方案，应用比较广泛。在结构设计中将 T 字钢用两根角钢代替，形成分割结构，如果其中一根角钢损坏，另一根角钢仍能承担载荷而不至于发生事故（图 5-16）。

图 5-16　分割结构

6）耐故障设计

耐故障（fault tolerance）设计又称容错设计，是在系统、设备、结构的一部分发生故障或破坏的情况下，仍能维持其功能的设计。可以认为耐故障设计是故障-安全设计的一种。耐故障设计在防止故障方面得到了广泛应用。

在飞机的结构设计中，为防止疲劳断裂而采用耐破坏（damage tolerance）设计，使得裂纹扩展结构的剩余强度也足以保证飞机安全地返回地面。

随着计算机在系统控制中的普及，计算机软件一旦发生故障而引起事故、造成损失的情况越来越受到重视。耐故障设计是防止计算机软件故障的重要措施之一。常用的方法是由两个不同版本的软件同时运行，如果其运行结果相同则有效，否则将发出警告，如图 5-17 所示。

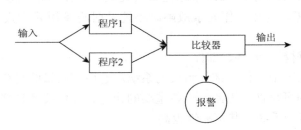

图 5-17　两版本软件并行技术

7. 良好作业环境技术

生产作业环境中，温度、湿度、照明、振动、噪声、粉尘、有毒有害物质等，不仅会影响人在作业中的工作情绪，不适度的、超过人的接受能力的环境条件，还会导致人的职业性伤害。应通过实施各种技术措施，达到基本作业环境要求，详见第 4 章，环境安全工程一节。

5.3.3　事故应急技术

1. 事故应急基本原理

范维澄院士基于对公共安全的概念体系、理论框架、防范学等方面的思考与观点，提出了由突发事件、承灾载体、应急管理三者构成的公共安全的"三角形"理论模型，如图 5-18 所示。这个模型及其相关的论述完整说明了事故应急的基本原理。

图 5-18　"三角形"理论模型

突发事件是灾害要素的状态发展演化到超出临界区造成破坏性作用的过程；承灾载体是承受突发事件破坏性作用的载体，同时其本身蕴含的灾害要素也可能在突发事件的作用下被意外释放进而造成次生灾害；应急管理的对象是灾害要素，既包括造成突发事件的灾害要素，也包括承灾载体蕴含的灾害要素。

应急管理的目的在于：认识在突发事件的孕育、发生、发展到突变成灾的过程中灾害要素的发展演化规律及其产生的作用；认识承灾载体在突发事件产生的能量、物质和信息等作用下的状态及其变化，可能产生的本体和（或）功能破坏，及其可能发生的次生、衍生事件；进而掌握在上述过程中如何施加人为干预，从而预防或减少突发事件的发生，弱化其作用；增强承灾载体的抵御能力，阻断次生事件的发生，减少损失。

应急管理的环节可以归纳为预防准备、监测监控、预测预警、救援处置、恢复重建等几个关键环节，对于每个环节，针对突发事件和承灾载体的应急管理都有其特定的内涵，同时应急管理本身在各个环节中也有其特定的内涵。

1）面向突发事件的应急管理环节及其内涵

（1）预防准备。通过分析识别灾害要素的早期形态、特征与规模，采用恰当的技术手段防止灾害要素被触发或达到其临界值，防止突发事件的发生；在突发事件发生后尽可能短的时间内启动恰当的防控技术，抑制突发事件发展的规模和程度。

（2）监测监控。一方面是对灾害要素的临界值和可能的触发要素进行监测监控；另一方面是对突发事件作用的类型、强度、时空特性进行监测监控。

（3）预测预警。基于对灾害要素引发突发事件的机理和规律的认识，结合相关监测信息，对事件发生的大致时间、地点、影响范围、程度等进行预测预警；基于对突发事件演化规律的认识，结合相关监测信息，在事件发生后尽可能短的时间内对事件发生的时间、地点、影响范围、程度、可能的发展趋势等进行预测预警。

（4）救援处置。基于对突发事件机理和规律的认识，采取恰当的手段阻止或减弱突发事件的作用，阻断或减少事件的次生衍生。其基本手段大致可以分为三类："进攻型"是在掌握事件的发展演化规律，具备阻断灾害要素演化路径的技术和能力的情况下，及时采取恰当的方式，对灾害要素加以控制，从而达到阻止或减弱事件发展的目的。"防御型"是在还没有完全掌握其演化规律、灾害要素作用强烈的情况下，通过采取"避"的办法减少伤亡。"进攻-防御混合型"是介于上述二者之间的方法，对于了解其部分发展演化规律但不全面，或者具有一定的技术和能力但还不足以将其完全控制的灾害要素，需要结合主动和被动两种方式灵活处理，随机应变。

（5）恢复重建。采用技术手段对突发事件的发生发展过程进行再现，进一步了解事件规律，提高应对能力。

2）面向承灾载体的应急管理环节及其内涵

（1）预防准备。采取适当的技术手段降低承灾载体的脆弱性，增强承灾载体的抗灾能力；在承灾载体受损初期阻止或减弱损伤发展趋势的临时应变措施。

（2）监测监控。对承灾载体在突发事件作用下的破坏方式和程度进行监测监控；对承灾载体蕴含的灾害要素被释放的可能性和释放强度进行监测监控。例如，各类危险化学品生产和储存设备及各种压力容器等的日常监测是避免事故的重要手段和环节，通过对运行参数的监测，可以及时发现相关参数，如压力、流量等是否已接近临界值，一旦监测参数达到临界值附近就立刻采取合理的控制措施，从而防止超出临界值导致的事故。

（3）预测预警。对承灾载体在突发事件作用下的响应特征和规律的认识，结合相关监测信息，预测承灾载体可能发生的失效或破坏的规模与程度，并进行预警；对承灾载体蕴含的灾害要素被释放的可能性及其影响程度和范围进行预测预警。例如，在油罐火灾的扑救中，能够准确判断其他油罐是否可能被引燃引爆，以及一旦被引燃引爆后火灾可能波及的范围和程度，是制订火灾扑救方案的重要依据。

（4）救援处置。基于对承灾载体在突发事件作用下的破坏形式和规模的认识，采用恰当的方法阻止或减弱承灾载体的破坏程度，阻断事件链。如果能够对承灾载体在突发事件作用下的响应特征和规律、破坏的形式和规模等有较深入的掌握，就有可能针对关键薄弱环节施加高强度的救援措施。例如，在火灾中重点保障关键梁柱不被烧毁，从而阻止或减弱承灾载体的被破坏程度。

（5）恢复重建。通过评估承灾载体的破坏程度，采用科学的方法进行重建，力图在最短时间内以最经济合理的方式恢复心理状态、自然和社会环境与秩序。

相当一部分经受过突发事件作用的承灾载体并没有被完全破坏，这时就需要对其破坏程度和可恢复程度进行合理评估，对于经过适当维修就可以恢复使用的进行维修，对于已经无法维修的则根据需要再建。

3）应急管理自身的环节及其内涵

应急管理自身的科学内涵主要体现为应急能力，透过预防准备、监测监控、预测预警、救援处置、恢复重建等环节保障和提升应急能力。

（1）应急管理的预防准备。针对可能的突发事件的特点和规律、承灾载体的特征和布局，分析应急管理的需求，从体制、机制、法制、预案和设施、资源、队伍、保障等方面进行科学有效的预防准备。

（2）应急管理的监测监控。基于对突发事件作用机理和规律、承灾载体脆弱性的认识，确定合理有效的监测监控源头、范围、方式、方法等；对应急管理的组织、流程、设施、资源、队伍、基础保障等进行全面翔实的数据统计并及时更新；对应急管理流程进行跟踪记录。

（3）应急管理的预测预警。基于对即将发生或已经发生的突发事件的当前态势的掌握和可能的发展趋势的分析，结合对承灾载体可能破坏和破坏程度的认识，对突发事件可能导致的综合性后果进行科学有效的分析预测和预警，对所需的应急管理组织机构、设施、资源、力量等方面进行预先分析，对所采取的应急措施的程度、规模等是否恰当有效进行判断；基于全面综合的风险评估和应急管理能力评估，对应急管理能力的冗余度进行预测预警。

（4）应急管理的救援处置。在应急过程中需要根据突发事件和承灾载体的综合灾情的实时发展与态势分析，及时调整应对方案和措施，从而使应急管理更加科学有效；应急过程中的机制、流程、设施、资源、队伍、基础保障等各方面的协同应对。

（5）应急管理的恢复重建。对突发事件应对过程进行总结评估，对损耗的应急设置、资源、队伍、基础保障等进行补充修整，恢复应急能力。

2. 事故应急措施

事故的应急是依据事故应急原理和事故预案，在事故发生后充分利用一切可能的力量，迅速控制事故的发展，保护现场和场外人员的安全，将事故损失降低到最低程度的各项应急对策。由于事故具有突发性、迅速扩散性及波及范围广的特点，事故应急措施必须迅速、准确、有序、有效。

1）事故应急处置的基本任务

（1）控制危险源。它是事故应急处置的首要任务，可以防止事故的进一步扩大和发展，及时有效地实施救援行动。

（2）抢救受害人员。抢救和安全转送伤员是事故应急救援的重要任务。

（3）指导群众防护，组织群众撤离。面对事故可能迅速扩散的特点，要及时指导和组织群众迅速撤离危险区域或可能发生危险的区域，并积极组织自救与互救。

（4）清理现场，消除危害后果。对事故造成的对人体、土壤、水源、空气的现实的危害和可能的危害，迅速采取封闭、隔离、洗消等措施。

（5）查清事故原因，评估危害程度。及时调查事故原因和性质，估算事故波及范围和危险程度，查明人员伤亡情况，做好事故调查。

2）应急处置的实施过程

（1）事故报警。事故报警的及时与准确是及时实施应急救援的关键。报警的内容应包括：事故单位，事故发生的时间、地点、事故原因，事故性质（外溢、爆炸、燃烧等）、危害程度和对救援的要求，以及报警人的联系电话等。

（2）救援行动。其基本步骤是：

a. 接报。接报对成功实施救援起到重要的作用。接报时应问清报告人姓名、联系电话；问明事故概况及可能波及范围；按救援程序派出救援队伍；向上级有关部门报告；保持与急救队伍的联系。

b. 设点。设置现场救援指挥部或救援、急救医疗点。设点应考虑：应选事故现场附近、上风向的非污染区域；各救援队伍应尽可能靠近并随时保持与指挥部的联系；应选择交通路口，利于救援人员或转送伤员的车辆通行；尽可能利用原有通信、水和电等资源，有利于救援工作的实施；指挥部或救援、急救医疗点，均应设置醒目的标志。

c. 报到。指挥各救援队伍进入救援现场后，向现场指挥部报到。接受任务，了解现场情况，便于统一实施救援工作。

d. 救援。进入现场的救援队伍要尽快按照各自的职责和任务开展工作。现场救援指挥部应尽快开通通信网络、迅速查明事故原因和危害程度、制定救援方案、组织指挥救援行动；侦检队应快速甄别危险源的性质及危害程度，测定出事故的危害区域，提供有关数据；工程救援队应尽快控制危险、将伤员救离危险区域、协助做好群众的组织撤离和疏散、做好毒物的清消工作；现场急救医疗队应尽快将伤员就地简易分类、按类急救和做好安全转送，同时应对救援人员进行医学监护，并为现场救援指挥部提供医学咨询。

e. 撤点。救援行动中需根据气象和事故发展的变化，向安全区转移。在转移过程中应注意安全，保持与救援指挥部和各救援队的联系。

f. 总结。每一次执行救援任务后都应做好救援小结，总结经验与教训，积累资料，以利再战。

3. 事故应急救援预案

事故应急救援预案是为了加强对重大事故的处置和控制能力，在对系统危险因素、可能发生的重大事故类型、事故应急条件和资源等进行调查、分析的基础上，所预先制定的事故应急对策。

1）事故应急救援预案的基本要求

（1）科学性。预案必须以全面调查研究、科学分析论证为基础，综合政府、企业、专家等各方意见，内容要严密、统一、完整。

（2）实用性。预案应明确事故指向，符合救援力量、物质等客观条件，便于操作，不能纸上谈兵。

（3）权威性。预案涉及管理体系和机构、救援行动的指挥权限和各级救援组织的职责等一系列的管理规定，必须经上级部门批准后实施，以确保预案的权威性和法律保障。

2）事故应急救援预案的分类

根据国家安全生产监督管理总局颁布的《生产安全事故应急预案管理办法》，生产经营单位应急预案分为综合应急预案、专项应急预案和现场处置方案。

（1）综合应急预案是指生产经营单位为应对各种生产安全事故而制定的综合性工作方案，是本单位应对生产安全事故的总体工作程序、措施和应急预案体系的总纲。

（2）专项应急预案是指生产经营单位为应对某一种或者多种类型生产安全事故，或者针对重要生产设施、重大危险源、重大活动，防止生产安全事故而制定的专项性工作方案。

（3）现场处置方案是指生产经营单位根据不同生产安全事故类型，针对具体场所、装置或者设施所制定的应急处置措施。

3）事故应急救援预案的基本要素

（1）组织机构及其职责。应明确应急反应组织机构、参加单位、人员及其职责；明确应急反应总负责人以及每一具体行动的负责人；列出本区域以外能提供援助的有关机构；明确政府和企业在事故应急中各自的职责。

（2）危害辨识与风险评价。确认可能发生的事故类型、地点；确定事故影响范围及可能影响的人数；按所需应急反应的级别，划分事故严重度。

（3）通告程序和报警系统。确定报警系统及程序；确定现场 24 小时的通告、报警方式，如电话、警报器等；确定 24 小时与政府主管部门的通信、联络方式，以便应急指挥和疏散居民；明确相互认可的通告、报警形式和内容（避免误解）；明确应急反应人员向外求援的方式；明确向公众报警的标准、方式、信号等；明确应急反应指挥中心怎样保证有关人员理解并对应急报警反应。

（4）应急设备与设施。明确可用于应急救援的设施，如办公室、通信设备、应急物资等；列出有关部门，如企业、武警消防、卫生防疫等部门可用的应急设备；描述与有关医疗机构的关系，如急救站、医院、救护队等；描述可用的危险监测设备；列出可用的个体防护装备（如呼吸器、防护服等）；列出与有关机构签订的互援协议。

（5）应急评价能力与资源。明确决定各项应急事件的危险程度的负责人；描述评价危险程度的程序；描述评估小组的能力；描述评价危险场所使用的监测设备；确定外援的专业人员。

（6）保护措施程序。明确可授权发布疏散居民指令的负责人；描述决定是否采取保护措施的程序；明确负责执行和核实疏散居民（包括通告、运输、交通管制、警戒）的机构；描述对特殊设施和人群的安全保护措施（如学校、幼儿园、残疾人等）；描述疏散居民的接收中心或避难场所；描述决定终止保护措施的方法。

（7）信息发布与公众教育。明确各应急小组在应急过程中对媒体和公众的发言人；描述向媒体和公众发布事故应急信息的决定方法；描述为确保公众了解如何面对应急情况所采取的周期性宣传及提高安全意识的措施。

（8）事故后的恢复程序。明确决定终止应急、恢复正常秩序的负责人；描述确保不会发生未授权而进入事故现场的措施；描述宣布应急取消的程序；描述恢复正常状态的程序；描述连续检测受影响区域的方法；描述调查、记录、评估应急反应的方法。

（9）培训与演练。对应急人员进行培训，并确保合格者上岗；描述每年培训、演练计划；描述定期检查应急预案的情况；描述通信系统检测频度和程度；描述进行公众通告测试的频度和程度并评价其效果；描述对现场应急人员进行培训和更新安全宣传材料的频度和程度。

（10）应急预案的维护。明确每项计划更新、维护的负责人；描述每年更新和修订应急预案的方法；根据演练、检测结果完善应急计划。

5.4　本质安全化技术

5.4.1　系统本质安全化技术

1. 系统本质安全化技术内涵

系统本质安全化技术是综合运用当代科学技术，特别是安全科学技术，使系统各要素和各组成部分之间达到最佳匹配和协调；系统具有可靠且稳定的安全品质特性、安全管理质量和完善的安全防护、救助功能；系统发生事故或灾害的风险率降低到最低限度或公认的安全指标以下；并使系统的安全状态始终处于动态的良性循环中。

系统本质安全化技术主要包括以下内容：

（1）设备本质安全化。对设备、设施、机具等进行系统、可靠的安全化设计，包括对材料的安全选择、使用，使设备本身具有较完善的安全防护功能和安全保护功能。

（2）人员本质安全化。对人员进行职业适应性选拔、职业培训，实现人与物的最佳匹配，使每个作业者都完全具有适应系统要求的生理、心理条件和控制系统及各个环节、各个阶段安全运行的知识和技能。在生产过程中，人员本质安全化必须依赖组织的协调和管理实现。

对于安全系统而言，设备本质安全化和组织本质安全化是系统本质安全化的核心，此部分将在下文中重点说明。

（3）工艺本质安全化。工艺的设计、选择和实施既要考虑生产的要求，也需满足生产过程中的安全、卫生要求。不断完善工艺规程，提高工艺本身的防灾能力和安全保障程度，使生产工艺无害化和安全化。

（4）作业环境本质安全化。它包括时空环境本质安全化（作业空间、距离等符合安全人机工程学的要求）、理化环境本质安全化（作业环境中的色彩、照明、空气温度、湿度、噪声、振动、空气中有毒有害物质的含量等均应符合当代先进的安全、卫生标准的要求）、厂区露天、野外作业环境本质安全化（主要是指电网、防雷接地、危险建筑、设施等与其他建筑物的间距及厂区交通、救援、疏散通道等，均应达到安全技术标准的要求）。

（5）系统管理本质安全化。设备、工艺、环境和人员的本质安全化只是为系统本质安全化提供了必备条件，其作用、效果发挥得如何取决于能否对其实施科学有效的系统化管理。也就是说，安全管理水平对系统的安全性起着决定性作用。只有建立起科学可靠的安全管理机制和安全管理技术体系，才能实现系统本质安全化。

2. 系统本质安全化控制风险技术

控制系统中的风险是实施系统本质安全化技术基本目标，是防止安全系统向事故系统转变的必要手段。生产系统风险控制的途径可以分成四大类，按照可靠性的降序排列依次为：

（1）本质安全（inherent）。使用没有危害或危害更小的化学品，或者通过改善工艺条件以消除或明显减少危害，使安全性成为工艺系统本身的一种属性。

（2）被动保护（passive）。依靠工艺或设备设计上的特征，降低事故发生的频率、减轻事故的后果，或者二者兼顾，这类保护在发挥作用时，不依赖任何人为的启动或控制元件的触发。例如，在设计反应器时，使它们本身能够承受工艺流程中可能存在的最高压力，即使反应器内压力出现波动，也总能保障安全，而且可以省掉复杂的压力连锁控制系统和超压泄放系统（如收集罐、洗涤器、火炬等）。

（3）主动保护（active）。它又称工程控制，即采用基本的工艺控制、联锁和紧急停车等手段，及时发现、纠正工艺系统的非正常工况。例如，在化学品储罐的压力升高到设定压力时，调节阀自动开启调压以防止储罐超压，就属于此类保护。

（4）程序运用（procedural）。它又称管理控制，即运用操作程序、维修程序、作业管理程序、应急反应程序或通过其他类似的管理途径预防事故，或者减轻事故所造成的后果。例如，在工厂生产区域焊接作业时，为了控制火源，需要严格执行动火作业许可证制度。人总是可能犯错误，而且可能出现判断上的失误，所以程序运用属于低层次的风险控制策略，但仍然是风险控制的一个重要环节。程序运用的另一个重要意义在于，它是被动保护装置和主动保护装置处于可靠、可工作状态的保障。例如，工厂依据维护检测程序确保各种关键连锁的正常工作。

图 5-19 反映了本质安全与风险控制的相互关系。本质安全是生产系统风险控制的基本途径和有机组成部分。在考虑生产系统风险控制时，宜优先考虑本质安全和被动保护两种途径，因为它们更加可靠，且不依赖于仪表控制、管理程序和人的努力等外部因素，仪表可能失灵、管理程序可能不完善或疏于落实，人则难免会犯错误。

上述四类风险控制途径主要是预防事故。为了在事故发生时保护操作人员，有必要采取必要的个人防护。个人防护是保护操作人员免受伤害的最后环节。

3. 系统本质安全化引导词技术

系统本质安全化引导词技术是通过预设的本质安全"引导词"，进行逐项对照，审查系统安全程度，落实安全功能的技术。如果说控制风险是防止安全系统向事故系统转变的必要手段，那么引导词技术就是保障安全系统持续提升安全功能的重要措施。

追求生产系统的本质安全是一种超越传统的事故预防思想，可以运用减量、替代、缓和和简化策略尽可能消除或减少生产系统本身的危害，从而省略或减少用于危害控制的保护层。

1991 年，英国克莱茨（T. Kletz）曾提出了一系列应用"本质安全"概念的引导词，见表 5-23。

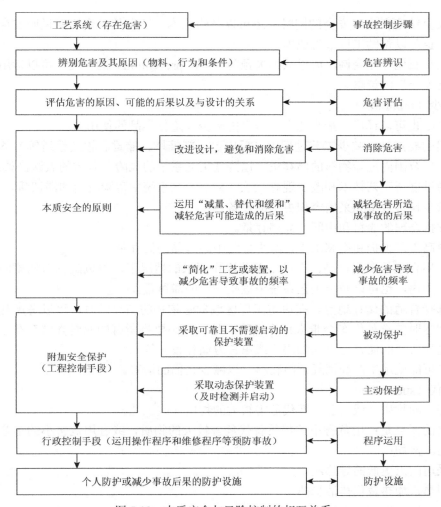

图 5-19　本质安全与风险控制的相互关系

表 5-23　T. Kletz 提出的"本质安全"引导词

序号	引导词	说明
1	减量（intensification）	减少系统中危险物质的数量
2	替代（substitution）	使用安全或危险性较小的物质或工艺替代危险的物质或工艺
3	缓和（attenuation）	采用危险物质的最小危害形态或危害最小的工艺
4	限制影响（limitation of effect）	改变系统的设计或操作条件，限制或减少事故可能的破坏程度
5	简化（simplification）	简化工艺系统及其操作，减少安全防护装置的使用，进而减少人失误的可能性
6	容错（error tolerance）	系统能够容忍某些操作错误，保证设备能够经受扰动，反应过程能承受非正常反应

　　本质安全的概念可以应用于正常生命周期的各个阶段，即使在已经投入运营的工厂也可以从中受益。本质安全策略的应用是工艺风险控制的一个重要方面，值得优先考虑。鉴于工艺过程（包括所使用的化学品）往往存在多种危害，在选择更安全的替代方案时，需要围绕工艺系统的总体安全目标综合考虑。

　　本质安全的策略不一定能够完全消除工艺系统的危害，但是对于同样的工艺系统，如果可以接受的风险标准不变，运用本质安全策略可以减少保护层，节约投资和运营费用。因此，运用本质安全策略在实现安全的同时，还可以节约成本，这也从一个侧面说明安全工作不仅需要投入，也可以帮助工厂节省成本。

以化工与石化行业为例，如果从损失预防（loss prevention）的角度，可以运用下列四项实现"本质安全"的策略。

1）减少（minimize）

minimize 也可以译成"最小化"，尽可能减少危险化学品的使用量。

该策略的要点是：减少工艺过程中（反应器、精馏塔、储罐和输送管道等）危险物料的滞留量和工厂范围内危险物料的储存量，以降低工艺系统的风险。具体的做法诸如：

（1）通过创新工艺技术和改变现有工艺，减少工艺系统中危险物料的滞留量。

（2）减少设备数量和采用容积更小的设备。

（3）安排合理的原料和中间产品储存量。

（4）提高工厂维护和维修水平，减少危险中间产品的储存量。

（5）应用合理的工艺控制，在满足工艺操作要求的情况下，将危险物料储罐的液位控制在较低的范围内，也可以减少工艺系统中危险物料的滞留量。

（6）选择合适的储存地点。在决定工厂区域危险物料的储存量时，可以考虑几个基本问题：原料用尽时的意外停车会带来什么风险，是否有必要将所有的原料都储存在工厂区，是否有其他更加安全的储存地点（如码头或第三方储存设施等）。

（7）尽可能就地生产和消耗危险物料，以减少它们的运输。

2）替代（substitute）

用危害小的物质（或工艺）替代危害较大的物质（或工艺）。

该策略的要点是：用危害小的物质替代危害较大的物质，或者用危害小的工艺替代危害较大的工艺。例如：

（1）采用闪点更低的导热液。

（2）用热水加热替代热油加热。

（3）用挥发性低和闪点较高的溶剂替代易挥发和闪点低的溶剂。

（4）改变现有的危害较大的化学品运输方式。

（5）用焊接管替代法兰连接的管道。

（6）用新材料替换工艺系统中与工艺介质不相容的施工材质。

（7）对管道系统清洗时，用水溶性的清洗剂替代溶剂清洗剂。

替代策略的其他重要应用是，假如工艺过程中存在某种危害性大的原料或中间产品，可以通过调整工艺路线，避免使用该原料生成危害大的中间产品。

3）缓和（moderate）

使物质或工艺系统处于危险性更小的状态。

该策略的要点是：改善物理条件（如操作温度、化学品的浓度）或改变化学条件（如化学反应条件）使工艺过程的操作条件变得更加温和，万一危险物料或能量发生泄漏，可以将后果控制在较低的水平。缓和策略主要有：

（1）稀释。对于沸点低于常温的化学品，通常储存在常温常压的系统中。假如工艺条件许可，可以采用沸点较高的溶剂来稀释，从而降低储存压力。不幸发生泄漏时，储罐内、外压差相对较小，泄漏程度会较低；如果容器破裂，泄漏区的危险物料浓度则相对较低，可减轻事故造成的后果。

（2）冷冻。这种方法通常用来储存氨和氯等危险物质。与稀释的效果类似，冷冻可以降低储存物的蒸气压，使储存系统与外部环境之间的压差降低，如果容器出现破口或裂缝，泄漏速度会明显降低。

（3）温和的工艺条件。采用更温和的工艺生产条件，可以减轻事故的后果。能够在常温常压下进行的工艺过程，尽量在常温常压下进行；倘若必须在高温或高压条件下进行生产，在满足工艺要求的前提下，尽量设法降低操作温度和压力。

（4）泄漏容纳。储罐区的围堤、泵区的地面围堰等都是典型的泄漏容纳系统，它们在发挥作用时，不需要有人去开启，也不依赖自控装置的触发。虽然它们不能消除泄漏，但是可以明显地减轻泄漏后果。

4）简化（simplify）

尽量剔除工艺系统中烦琐、冗余的部分，使操作更加容易，减少操作人员犯错误的机会；即使出现操作错误，系统也具有较好的容错性来确保安全。

该策略的要点是：在设计中充分考虑人的因素，尽量剔除工艺系统中烦琐、不必要的组成部分，使操作更简单、更不容易犯错误，而且系统要有好的容错性，即使在操作人员犯错误的情况下，系统也能保障安全。例如，整齐布置管道并清楚标识，便于操作人员辨别；控制盘上按钮的排列和标识容易辨认等。

5）印度博帕尔 MIC 泄漏事故案例分析

例 5-6： 1984 年 12 月 3 日发生在印度博帕尔的甲基异氰酸酯（MIC）泄漏事故是迄今为止最严重的化工事故。事故中有约 25t MIC 发生泄漏，造成大量的人员和牲畜死亡。

调查发现事故工厂在很大程度上依赖工程控制和程序运用保障安全。假如合理地运用"本质安全"的策略，或许该事故可以避免，至少可以有效地减轻事故的后果。

（1）运用"减少"策略。事故工厂的 MIC 既不是原料也不是产品，而是一种中间产品，在工厂现场储存足够量的 MIC 固然能够使操作方便，但并不是必需的要求。调查发现，在工厂生产中，MIC 储罐的实际液位也超出规定的高度。运用化学指数法对该事故进行模拟显示，如果泄漏的孔径从 50mm 减小到 30mm，危险暴露的距离可以减少 28%。假如运用"减少"策略减少 MIC 的储量，即使发生泄漏，后果也会相对较轻。

（2）运用"替代"策略。MIC 只是事故工厂的中间产品，因为有毒性，一些其他类似的工厂选择了不同的工艺路线生产同类产品，避免了工艺系统中 MIC 的存在。如果在开发该工艺的初期运用"替代"策略，就能消除 MIC 带来的危害，或许可以避免该事故。

（3）运用"缓和"策略。工厂的设计要求 MIC 的储存温度为 0℃，而在实际操作中，工厂停运冷冻系统，使得 MIC 的实际储存温度接近室温（也更接近它的沸点，39.1℃）。如果按照"缓和"策略，使储罐保持较低的温度，在事故发生前，即使水进入储罐发生放热反应，其反应的剧烈程度应该会小得多，相应地，事故的后果会更轻一些。

（4）运用"简化"策略。事故储罐有复杂的监测与控制系统，但缺乏必要的维护，它们的可靠性一直备受质疑。这样就出现两方面的问题：一方面，在必要时，这些检测与控制系统不能起到应有的作用；另一方面，操作人员对它们缺乏信任，结果忽视了最初的超压报警。这也是该事故的另一个重要教训：应该尽量简化操作和监控系统，并确保它们处于良好的工作状态。

5.4.2　组织本质安全化技术

1. 组织的本质安全化

生产性组织的本质安全化就是劳动者作为一个整体所体现的本质安全化。

组织的本质安全化是杜绝人的不安全行为的根本措施。在现代化生产企业中，人不再是孤立存在，其一切行为、动作都受到组织的制约和作业的限制。本质安全化组织能够在组织内部形成安全互助、安全交流的气氛，这种主要发自组织内部、内化的安全性，其作用远远优于外来的、强制性的安全要求，将有效地教化、培育组织内成员的安全思想、安全习惯、安全行为，能够有效地监督、防范各种不安全行为。"不伤害他人，不伤害自己，不被别人伤害，保护他人不受伤害"是本质安全化组织的共同愿望和持久实践。

组织的本质安全化主要依赖于组织的安全文化的培育、安全管理体系的构建及 HSE 行为观察的落实。其中安全文化是组织的本质安全化的最高层次，安全管理体系是组织的本质安全化的保障，而 HSE 行为观察是以组织手段保证人员作业过程安全的有效工具。

2. 安全文化

1）安全文化的内涵

安全文化（safety culture）是安全理念、安全意识及在其指导下的各项行为的总称，主要包括安全观念、行为安全、系统安全、工艺安全等。组织的本质安全化与安全文化的核心目标是一致的，即要以人为本，将安全责任落实到企业全员的具体工作中，通过培育员工共同认可的安全价值观和安全行为规范，在企业内部营造自我约束、自主管理和团队管理的安全文化氛围，最终实现持续改善安全业绩、建立安全生产长效机制的目标。

安全文化是安全管理的最高层次。企业安全文化是企业组织行为和员工个人行为特征的集中表现，这种集中所建立的就是安全拥有高于一切的优先权。通过"文之教化"的作用，将人培养成具有现代社会所要求的安全情感、安全价值观和安全行为表现的人。人们通过生产、生活实践中的教养和熏陶，不断提高自身的安全素质，从而有效预防事故发生、保障生活质量。

现代安全文化的概念最先由国际核安全咨询组（INSAG）于 1986 年针对切尔诺贝利事故，在 INSAG-1（后更新为 INSAG-7）报告提到"苏联核安全体制存在重大的安全文化的问题"。报告认为切尔诺贝利事故是"由一系列人失误导致的，即现代流程工业的生产系统发生的事故，不是哪一次、哪一个人操作造成的，而是一种文化缺失"。1991 年出版的 INSAG-4 报告给出了安全文化的定义：安全文化是存在于单位和个人中的种种素质和态度的总和。

2）安全文化的发展阶段

安全文化建设不可能一蹴而就，是一个持久、渐进的过程，一般经历四个阶段（图 5-20）。

（1）自然本能阶段。企业和职工对安全工作仅仅是一种自然本能保护的反应：职工没有或很少有安全的预防意识，缺乏安全的主动自我保护和参与意识，对安全是一种被动的服从；将职责委派给安全部门，各级管理层认为安全是安监部门和安全科长的责任，他们仅仅是配合的角色；高级管理层没有或很少给予在人力物力上的支持，对安全的支持仅仅是口头或书面上的。

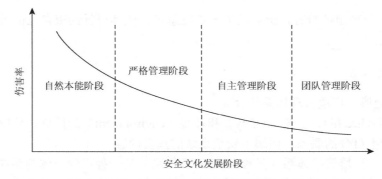

图 5-20 安全文化的发展阶段

（2）严格管理阶段。企业建立必要的安全管理系统和规章制度，各级管理人员均承担明确的安全职责，各级管理层对安全责任做出承诺；职工的安全意识和行为是因害怕和担心而产生的，职工的安全意识及安全行为往往是被动的，职工遵守安全规章制度仅仅只是因为害怕被解雇或受到纪律或经济处罚；被动的事后管理。

（3）自主管理阶段。良好的安全管理体系在企业内部已经建立，各级管理人员和职工均承担了一定的安全责任和承诺，职工把安全作为个人价值的一部分，视为个人成就，安全已经成为一种实践和习惯性行为，安全意识深入人心。管理人员和全体职工具有良好的安全管理技巧、能力和安全意识。

（4）团队管理阶段。在团队管理阶段，企业从高级至生产主管的各级管理层须对安全责任作出承诺并表现出无处不在的有感领导。每位职工不仅对自己的安全负责，而且对同事的安全负责。职工将自己的安全知识和经验分享给其他同事；关心其他职工，关注其他职工的异常情绪变化，提醒安全操作；职工将安全作为一项集体荣誉。

根据安全文化的阶段特征，对照企业实际，可以正确认识目前企业安全文化的发展阶段，有助于发现安全文化建设中存在的问题，明确建设方向，实现组织的本质安全化目标。

3）安全文化的建设

安全文化的建设主要包括以下四个方面。

（1）建立稳定可靠、标准规范的安全物质文化。主要包括：

a. 作业环境安全。将生产场所中的噪声、高温、尘毒、辐射等有害物质控制在规定的标准范围内，创造舒适、安全的作业环境。

b. 工艺过程安全。操作者应了解物料、原料的性质，正确控制好温度、压力和质量等参数。

c. 设备控制过程安全。通过对生产设备和安全防护设施的管理实现设备控制过程安全。

（2）建立符合安全伦理道德和遵章守纪的安全行为文化。主要包括：

a. 员工在掌握安全知识的基础上，通过多渠道熟练掌握各种安全操作技能。

b. 严格按照安全操作规程进行操作。

（3）建立健全切实可行的安全管理（制度）文化。主要包括：

a. 建立健全企业安全管理机制。

b. 建立健全安全规章制度和奖惩制度，使其规范化、科学化、适用化，并严格执行。

（4）建立"安全第一、预防为主、综合治理"的安全观念文化。主要包括：

a. 通过多种形式的宣传教育，提高员工的安全生产意识，包括应急安全保护知识、间接安全保护意识和超前安全保护意识，并进行安全知识教育培训。

b. 进行安全伦理道德教育，提高员工的责任意识，使其自觉约束自己的行为，承担起应尽的责任和义务。

3. 安全管理体系

1）安全、健康、环境管理体系简介

HSE 是健康（health）、安全（safety）和环境（environment）的简称，从安全系统的角度看，三者具有密不可分的联系，同属于安全系统的重要内容。

安全、健康、环境管理体系（又称 HSE 管理体系）是一种三位一体的系统化、规范化、制度化的管理体系。HSE 管理体系将实施安全、健康与环境管理的组织机构、职责、做法、程序、过程和资源等要素构成的整体，通过先进、科学、系统的运行模式使其有机融合、相互关联、相互作用，按照计划（plan）-实施（do）-检查（check）-改进（action）模式（PDCA 模式）运行，形成动态管理体系。HSE 管理体系是符合安全系统"保障人类自身安全、健康和客观系统和谐稳定"功能要求的组织化的管理措施。

HSE 管理体系起源于石油天然气行业。1988 年，英国北海油田阿尔法平台发生火灾事故，造成 167 人死亡，直接经济损失 10 多亿美元，美国西方石油公司被迫退出欧洲北海油田的勘探开发市场。为防止重大事故的再次发生，许多西方国家石油公司陆续建立了 HSE 管理体系。1996 年 1 月，负责石油天然气工业材料、设备和海上结构标准化的技术委员会 ISO/TC67 的 SC6 分委会发布了 ISO/CD14690《石油和天然气工业健康、安全与环境管理体系》（标准草案），成为 HSE 管理体系在国际石油业普遍推行的里程碑。运行模式如图 5-21 所示。

图 5-21　HSE 管理框架体系

1997 年 HSE 管理体系正式进入中国，引起我国石油化工界的高度重视。同年中国石油天然气总公司、中国石油化工集团公司等分别制定了系统的 HSE 管理体系标准。目前国内推行的是国家能源局颁布的《石油天然气工业健康、安全与环境管理体系》（SY/T 6276—2014），标准规定了健康、安全与环境管理体系的基本要求，旨在使组织能够控制健康、安全与环境风险，实现健康、安全与环境目标，并持续改进其绩效。

2）HSE 管理体系的特点

HSE 管理体系标志着传统单项管理向安全系统化管理的革命性转折。体系以"领导承诺、方针目标和责任"为核心和导向，以风险分析和评价为基础，强调预防和持续改进，具有高度自我约束、自我完善、自我激励机制。

与传统管理有许多不同特点，HSE 管理体系的特点具体表现在：

（1）先进性。HSE 管理体系所宣传和贯彻始终的理念是先进的，如从员工的角度出发，注重以人为本，注重全员参与等。

（2）系统性。HSE 本身就是一个系统，强调各要素有机组合。以一系列层次分明、相互联系的体系文件实施管理。

（3）预防性。危害辨识、风险分析与评价是 HSE 管理体系的精髓，实现了事故的超前预防和生产作业的全过程控制。

（4）可持续改进和长效性。HSE 管理体系运用戴明管理原则，周而复始地推行"策划、实施、监测、评审"活动，使企业健康、安全、环境的表现不断改进，呈现螺旋上升的状态。

（5）自愿性。HSE 的相关标准都是推荐执行的、非强制性的标准，建立 HSE 管理体系也是企业管理自身生存、发展的内在要求。

3）HSE 管理体系的基本要素

要素是管理体系中的关键因素。HSE 管理体系是由诸多要素组成的，以系统化的整合、按 PDCA 模式运行的一个有机整体，这些要素主要包括以下五个方面。

（1）基础和原则要素。主要包括：承诺、方针目标和责任。

（2）计划要素。主要包括：危害识别与风险评价，法律法规和其他要求，目标，管理方案。

（3）实施要素。主要包括：机构和职责，培训、意识和能力，协商和沟通，文件化，文件和资料控制，运行控制，设计和建设，承包商和供应商管理，变更管理，应急管理。

（4）检查要素。主要包括：检查和监督，绩效测量和监视，事故、事件、不符合的情况、纠正和预防措施，记录和记录管理。

（5）改进要素。主要包括：审核，管理评审和持续改进。

4）HSE 管理体系的构建

构建 HSE 管理体系分为以下十个步骤：

（1）领导决策和准备。最高管理者必须做出遵守有关法律、法规及其他要求的承诺和实现持续改进的承诺，并保证在管理体系建立和实施期间为此提供必要的资源保障。最高管理者还应任命 HSE 管理者代表具体负责体系的日常工作，授权管理者代表成立一个专门的工作小组，完成企业的初始状态评审及建立管理体系的各项任务。

（2）教育培训。即对 HSE 管理体系标准的教育培训。培训工作要分层次、分阶段、循序渐进地进行，并且必须是全员培训。

（3）拟订工作计划。通常情况下，建立 HSE 管理体系需要一年以上的时间，因此需要拟订详细的工作计划。在拟订工作计划时要注意：目标明确、控制进程、突出重点、提出资源需求。

（4）初始状态评审。其主要目的是了解企业的管理现状，为企业建立 HSE 管理体系搜集信息并提供依据。

（5）危险辨识和风险评价。危险辨识是整个 HSE 管理体系建立的基础，主要分为危害识别、风险评价和隐患治理。

（6）体系的策划和设计。其主要任务是依据初始评审的结论，制定 HSE 方针、目标、指标和管理方案，并补充、完善、明确或重新划分组织机构和职责。

（7）编写体系文件。一套文件化的管理制度和方法，是建立并保持 HSE 管理体系重要的基础工作，也是企业达到预定的 HSE 方针、评价和改进 HSE 管理体系、实现持续改进和事故预防必不可少的依据。

（8）体系的试运行和正式运行。试运行的目的就是要在实践中检验体系的充分性、适用性和有效性。试运行阶段，企业应加大运作力度，特别是要加强体系文件的宣传力度，使全体员工了解如何按照体系文件的要求去做，并通过体系文件的实施及时发现问题，找出问题的根源，采取措施予以纠正，及时对体系文件进行修改。

体系文件得到进一步完善后，可以进入正式运行阶段。在正式运行阶段发现的体系文件不适宜之处，需要按照规定的程序要求进行补充、完善，以实现持续改进的目的。

（9）内部审核。即企业对其自身的 HSE 管理体系所进行的审核，以便系统性验证体系是否正常运行及是否达到预定的目标等，是 HSE 管理体系的一种自我保证手段。内部审核一般是对体系全部要素进行的全面审核，可采用集中式或滚动式两种方式，应由与被审核对象无直接责任的人员实施，以保证审核的客观、公正和独立性。

（10）管理评审。由企业的最高管理者定期对 HSE 管理体系进行的系统评价，一般每年进行一次，通常发生在内部审核之后和第三方审核之前，目的在于确保管理体系的持续适用性、充分性和有效性，并提出新的要求和方向，以实现 HSE 管理体系的持续改进。

4. HSE 观察

1）HSE 观察的理念和原则

HSE 行为观察简称 HSE 观察，是落实 HSE 管理体系的重要内容。其目的是通过以 HSE 管理理念和原则为指导，有组织地进行作业监督和观察，制止人的不安全行为，发现并纠正作业过程中可能存在的不安全状态，使员工更安全地工作。HSE 观察的理念和原则包括：

（1）所有事故都是可以预防的。任何事故发生前都会有一定的征兆，发现这些征兆并采取相应的措施，就可能有效地预防事故。只有每位员工都树立了"所有事故都是可以预防的"理念，才会杜绝侥幸心理，对任何不放心的风险采取控制措施，实现零事故目标。

（2）安全是经营和生产的前提。任何效益、进度等都应建立在保证人员安全健康的基础上，九十九次冒险成功的收益抵不上一次失败的损失。在战略规划、项目投资和生产经营等相关事务决策时，都要优先考虑、评估潜在的 HSE 风险，落实风险控制措施。

（3）保护环境就是保护人们世代生存的家园。绝不能以牺牲环境为代价去获取利益。

（4）谁主管，谁负责。各级管理者必须积极履行职能范围内的 HSE 职责，制定 HSE 目标，提供相应资源，健全 HSE 制度并强化执行，持续提升 HSE 绩效。

（5）谁执行，谁负责。生产过程中的任何一项设备隐患、工作疏忽或个人违章都可能导致事故，每位员工（包括承包商员工）都要以高度负责的主人翁态度对自己的安全、对同事的安全负责，对自己责任区域的任何设备、人员作业的安全负责。

（6）不培训，不上岗。安全是上岗的必要条件。每位员工在上岗前，有权利也有义务接受系统的、持续的培训，熟知岗位的危险因素和安全措施。

（7）遵守作业制度是最基本的要求。作业制度是前人发现和总结出来的，甚至是从沉痛的教训中得来的，必须遵守作业制度，不能再去经历那些沉痛的教训。

（8）隐患必须及时整改，不安全行为应立即制止。要对整改或监控措施的实施过程和实施效果进行跟踪、验证，确保达到预期效果。任何不安全行为不立即制止，就是默认事故的发生，是对同事、对自己最大的不负责。

（9）承包商要执行与企业一致的 HSE 标准。承包商拥有同样的健康权力和生命尊严，在 HSE 制度执行、员工 HSE 培训和个人防护装备配备等方面应达到同样的要求。

（10）发生事故要及时报告、分析，共享事故经验。要建立鼓励员工和基层单位报告事故隐患的机制，以便在短时间内查明原因，分析事故，采取整改措施，根除事故隐患。

2）HSE 观察的步骤

HSE 观察通常采用六步法，包括准备、停止、观察、沟通、报告及改进。

（1）准备。进行 HSE 观察前需要做好计划，根据系统安全的需要，确定需要观察的作业及观察的思路和方法。通常要准备观察卡、操作规程、规章制度等资料。

（2）停止。根据需要观察的作业和活动、场地、危险动作等情况，在靠近作业人员的地点，选择安全的位置停下来，确定合适的时机、角度、观察手段，全面观察作业人员和作业现场。

（3）观察。它是 HSE 观察的核心环节。先不要打扰作业人员，而是先进行观察。观察作业环境、作业过程，重点放在安全的行为和不安全的行为上，从远到近、从上到下、从左到右、从外到里的全方位观察，识别出作业的危害及相应的控制措施。

为了保证 HSE 观察的系统、全面，通常需要借助预先设计的提示表，见表 5-24。

表 5-24　某企业 HSE 观察的提示表

	HSE 观察提示
	鼓励安全行为、提高 HSE 意识、创造 HSE 氛围
个体防护	作业人员缺少护目镜或眼罩□　安全帽□　安全鞋/靴□　安全带□　防护手套□　耳塞□　呼吸保护设备□
能量隔离	未使用盲板隔离□　未切断电源□　作业现场未挂牌或上锁□　其他□
工具设备	转动部位无防护罩□　易燃易爆场所使用非防爆工具□　未接地□　电器设备存在缺陷□　手动工具不合适□
人员资质	特殊工种无资质电工作业□　焊接和切割作业□　起重机械作业□　机动车辆驾驶□　登高架设作业□　锅炉作业□　压力容器作业□　爆破作业□　危险物品作业（含放射）□ 作业票确认、签发签字不全□　监护人没资质□
高处作业	安全带没有合适的挂点□　安全带没有高挂低用□　使用的脚手架没有挂验收牌□　吊篮作业没有生命绳□
起重作业	在起吊物下作业或停留□　吊物捆绑、吊挂不牢或不平衡□　起重机械及其骨架靠近高低压输电线路□　没有起重指挥，或起重作业没有持证上岗□　吊车支腿没垫木或未锁定□　吊装作业前没有对使用的吊装设备及工具进行检查□　没有设置区域警戒线和警示标志□
动火作业	没有办理动火作业票□　没有气体检测□　没有监护人□　动火点与动火作业票不符□　在未隔离的容器上动火□　站在水中焊接□　动火作业周围 15m 内没有覆盖地沟、阴井□　作业区域没有做警戒或警示标志□　气瓶使用时没有竖直放置□　氧气瓶、乙炔瓶与火源间距少于 10m，氧气瓶、乙炔瓶间距少于 6m□　气瓶没有质量合格证□　印标记不齐全□　瓶阀没有防护装置（如不使用的气瓶佩戴瓶帽，瓶帽必须有泄气孔）□　乙炔、氧气瓶表具损坏□　瓶阀出口接软管没有用专用夹具□　乙炔瓶没有配置回火装置□
受限空间	没有办作业票□　没有气体检测□　没有使用安全电压□　没有监护人或监护人不在外面□ 没有使用安全电压□　受限空间动火作业没有通风□
临时用电	没有办理临时用电许可证□　没有对电气定期进行检查□　临时配电箱不符合要求，接线不符合要求□ 电焊机把线接头裸露，或依靠钢结构或设备作为导体，电焊机没有接地□
挖掘作业	没有相关部门会签开挖申请表□　开挖深度 1.2m 以下的没有办理受限空间许可证□　没有支撑或放坡不合适□ 作业区域没有做警戒或警示标志□　没有设置通道□
作业环境	存在交叉作业□　原材料、工具没有摆放整齐□　检修完毕没有做到工完、料净、场地清□ 存在跑冒滴漏□　粉尘飞扬□　照明光线不良□　通风不良□

（4）沟通。通过与作业人员的沟通纠正不安全行为、强化安全行为，同时取得员工对"更安全的工作"的认可。

对不安全行为或正在进行的危险作业，要"立即纠正"。同时，为了取得员工的认可和承诺，要注意以安全、友善的方式，选择安全的环境进行沟通；要肯定该员工作业方式中安全的部分；要询问和讨论不安全行为的原因及有无其他更安全的方法；要提出安全工作建议。必要时，观察人员要协助作业人员利用安全方法完成当前工作。

对安全的行为，要通过手势、语言、鼓励卡等方式进行鼓励。

（5）报告。观察人员应记录、报告 HSE 观察情况，填写观察卡（表 5-25）并交至本单位的指定人员或卡片箱。

表 5-25　HSE 观察卡示例

HSE 观察卡 HSE OBSERVATION CARD
鼓励安全行为、提高 HSE 意识、创造 HSE 氛围

被观察的作业： _____	日期： _____
区域/设施： _____	被观察的单位/部门： _____
是否本班组/部门责任区域：□是　　　□否	
不安全行为[　] 　　不安全状态[　]	
未遂事件[　] 　　推荐安全行为[　]	

情况描述：
_____
_____

措施及改进建议：
_____

被观察人数： _____	不安全行为人数： _____	不安全问题数： _____
报告人：	单位/部门：	

（6）改进。收集已完成的 HSE 观察卡，从技术和设计、教育培训、劳动组织、检查或指导、事故隐患和事故防范措施、其他等六个方面分析不安全行为的原因，落实整改措施。

3）HSE 观察成果的运用

（1）统计分析。定期统计分析 HSE 观察卡中反映的不安全行为、不安全状态发生的规律。计算不安全行为率：

$$不安全行为率=不安全行为人数/被观察人数×100\%$$

HSE 观察的基础资料可以作为下次观察、验证和培训的参考资料，也可作为 HSE 目标和指标的制定、修改或工作改进、隐患治理项目确定等的依据。

（2）追踪验证。验证内容包括但不限于：各级管理人员的 HSE 观察实施情况，包括观察的方法、观察的频率、有效性；观察的问题（如作业人员的作业方式、危险控制措施等）是否已采取合适的纠正预防措施。验证结果应当形成记录，并写入 HSE 观察月报、季报中。

5.4.3　设备本质安全化技术

1. 设备本质安全化的标志

设备的本质安全化是建立在以物为中心的事故预防技术的理念上，为使设备达到本质安全而进行的研究、设计、改造和采取各种技术措施的最佳组合。它强调先进技术手段和物质条件在保障安全生产中的重要作用。希望通过运用现代科学技术，特别是安全科学的成就，从根本上消除能形成事故的主要条件；如果暂时达不到时，则采取两种或两种以上的安全措施，形成最佳组合的安全体系，达到最大限度的安全。同时，尽可能采取完善的防护措施，增强人体对各种伤害的抵抗能力。

判定设备是否达到了安全本质化水平，主要看是否达到以下几个方面：

（1）设备应具有可靠且稳定的安全品质特性，即使人发生误操作时也能够自动保障操作者人身安全和设备本身的安全。

（2）设备应具有完善的自我保护功能，即当发生意外或出现故障时，设备的其他部分应能够自动切除或脱离故障部分，安全地转至备用部分或停止运行，以防止事故或灾害的蔓延、失控和扩大。同时，发出警报以便于发现和指导人们去排除故障。

（3）设备应具有安全舒适的操作环境和良好的安全工效学特性。人机界面及操作环境的空间、尺寸、布局等应符合安全工效学要求，操作空间内的振动、噪声、尘毒等有毒有害因素的量值，应不超过当代先进的安全卫生标准规定值。

（4）系统的故障率及损失率（包括事故、灾害导致的人员伤亡、职业病损失和设备及财产损失）在可接受水平以下。

2. 设备本质安全化设计

1）设备本质安全化设计原则

对设备进行科学可靠的安全设计，是实现设备本质安全化的根本途径。国家标准《生产设备安全卫生设计总则》（GB 5083—1999）提出以下基本原则：

（1）生产设备及其零部件，必须有足够的强度、刚度、稳定性和可靠性。在按规定条件制造、运输、贮存、安装和使用时，不得对人员造成危险。

（2）生产设备正常生产和使用过程中，不应向工作场所和大气排放超过国家标准规定的有害物质，不应产生超过国家标准规定的噪声、振动、辐射和其他污染。对可能产生的有害因素，必须在设计上采取有效措施加以防护。

（3）设计生产设备应体现人类工效学原则，最大限度地减轻生产设备对操作者造成的体力、脑力消耗及心理紧张状况。

（4）设计生产设备应通过下列途径保证其安全卫生。

a. 选择最佳设计方案并进行安全卫生评价。

b. 对可能产生的危险因素和有害因素采取有效防护措施。

c. 在运输、贮存、安装、使用和维修等技术文件中写明安全卫生要求。

（5）设计生产设备，当安全卫生技术措施与经济效益发生矛盾时，应优先考虑安全卫生技术上的要求，并应按下列等级顺序选择安全卫生技术措施：

a. 直接安全卫生技术措施——生产设备本身应具有本质安全卫生性能，即保证设备即使在异常情况下，也不会出现任何危险和产生有害作用。

b. 间接安全卫生技术措施——若直接安全卫生技术措施不能实现或不能完全实现时，则必须在生产设备总体设计阶段，设计出其效果与主体先进性相当的安全卫生防护装置。安全卫生防护装置的设计、制造任务不应留给用户去承担。

c. 提示性安全卫生技术措施——若直接和间接安全卫生技术措施不能实现或不能完全实现时，则应以说明书或在设备上设置标志等适当方式说明安全使用生产设备的条件。

（6）生产设备规定的整个使用期限内，均应满足安全卫生要求。对于可能影响安全操作、控制的零部件、装置等应规定符合产品标准要求的可靠性指标。

2）设备本质安全化设计思路

美国制定的 MIL-STD-882B《系统安全大纲要求》规定，设备安全化措施的选择应按图 5-22 的思路和顺序进行。

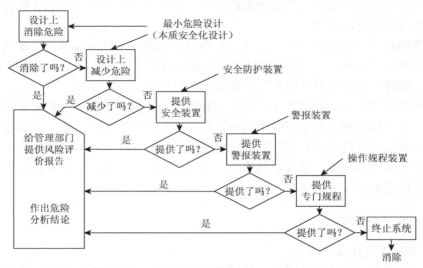

图 5-22　设备安全化措施的选择

3. 设备本质安全化技术要点

设备本质安全化技术主要包括提高运行可靠性的技术、能量意外释放的控制技术。

1）提高设备运行可靠性的技术

（1）提高设备的可靠性。应采取以下措施：

a. 提高元件的可靠性。加强对元件的质量控制和维修检查，可采取的措施有：使元件的结构和性能符合设计要求和技术条件，选用可靠性高的元件代替可靠性低的元件；合理规定元件的使用周期，严格检查维修，定期更换或重建。

b. 增加备用系统。在一定条件下，增加备用系统（设备），使一台或几台设备发生故障时，系统仍能正常运转，不致中断正常运行，从而提高系统运行的可靠性，也有利于系统的抗灾救灾。例如，对企业中的一些关键性设备，如供电线路、通风机、电动机、水泵等均配置一定量的备用设备，以提高其抗灾能力。

c. 对处于恶劣环境下运行的设备采取安全保护措施。例如，对处于有摩擦、腐蚀、浸蚀等条件下运行的设备，应采取相应的防护措施；对震动大的设备应加强防震、减震和隔震等措施；煤矿井下环境较差，应采取一切办法控制温度、湿度和风速，改善设备周围的环境条件。

d. 加强预防性维修。保证设备在功能完好的条件下运行。

（2）提高工艺技术的可靠性，降低危险因素的感度。危险因素的感度是指危险因素转化为事故的难易程度。虽然物质本身所具有的能量和性质不可改变，但危险因素的感度可以控制，关键是选用可靠的工艺技术。例如，在普通炸药中加入消焰剂等安全成分形成安全炸药，放炮中使用水炮泥，井巷工程中采用湿式打眼，清扫巷道煤尘，洒布岩粉等，都是降低危险因素感度的措施。

（3）提高系统抗灾能力。它指当系统受到自然灾害和外界事物干扰时，自动抵抗而不发生事故的能力，或者指系统中出现危险事件时，系统自动将事态控制在一定范围的能力。例如，为了提高煤矿生产系统的抗灾能力，应该建立健全通风系统，实行采区独立通风，建立隔绝煤尘爆炸水棚，采用安全防护装置（如风电闭锁装置、漏电保护装置、提升保护装置、斜井防跑车装置、安全监测、监控装置等）；矿井主要设备实行双回路供电、选择备用设备等。

　　2）能量意外释放的控制技术

　　控制能量意外释放，将从根本上提升设备的安全性。一般可采取的措施有：

　　（1）限制能量或分散风险。限制能量如各种油库、火药库的贮存量的限制，各种限流、限压、限速等设备就是对危险因素的能量进行的限制。分散风险是把大的事故损失化为小的事故损失的方法。例如，煤矿把"一条龙"的串联通风方式改造成工作面或采区并联通风方式，每一矿井、采区和工作面均实行独立通风，可达到分散风险的效果。

　　（2）防止能量逸散的措施。设法把有毒、有害、有危险的能量源贮存在有限允许范围内，而不影响其他区域的安全，如防爆设备的外壳、密闭墙、密闭火区、放射性物质的密封装置等。

　　（3）加装缓冲能量的装置。缓冲能量装置是将危险源能量释放的速度减慢，从而降低事故的严重度，如汽车、轮船上装备的缓冲设备、缓冲阻车器，以及各种安全带、安全阀等。

　　（4）避免人身伤亡的措施。采用遥控操作、提高机械化程度、使用整体或局部的人身个体防护，配备各种防护和自救设备等。

参 考 文 献

白永忠，万古军，张广文. 2011. 保护层分析中独立保护层的识别研究[J]. 中国安全科学学报，21（7）：74-78.

曹琦. 1988. 铁路安全系统工程简明教程[M]. 昆明：西南交通大学出版社.

曹庆贵. 2010. 安全系统工程[M]. 北京：煤炭工业出版社.

陈宝智. 1995. 安全原理[M]. 北京：冶金工业出版社.

陈宝智. 1996. 危险源辨识、控制及评价[M]. 成都：四川科学技术出版社.

陈宝智. 2009. 矿山安全工程[M]. 北京：冶金工业出版社.

陈全君，何学秋. 2004. 事故的定义及其发生原因的理性分析[J]. 矿业安全与环保，（5）：6-12.

陈喜山. 2006. 系统安全工程学[M]. 北京：中国建材工业出版社.

达莫达尔 N. 古扎拉蒂. 2010. 经济计量学精要[M]. 4 版. 张涛，等译. 北京：机械工业出版社.

戴树和. 2007. 工程风险分析技术[M]. 北京：化学工业出版社.

董华，杨卫波. 2003. 事故和灾害预测中的突变模型[J]. 地质灾害与环境保护，14（3）：39-44.

董文庚，刘庆洲，高增明. 2004. 安全检测原理与技术[M]. 北京：海洋出版社.

董肇君，等. 2003. 系统工程与运筹学[M]. 北京：国防工业出版社.

范维澄，刘奕，翁文国，等. 2013. 公共安全科学导论[M]. 北京：科学出版社.

范新民，乔晋兰. 1999. 对系统危险性评价与控制的认识[J]. 工业安全与防尘，（2）：5-7.

冯·贝塔朗菲. 1987. 一般系统论：基础、发展和应用[M]. 林康义，魏宏森，等译. 北京：清华大学出版社.

傅贵. 2013. 安全管理学——事故预防的行为控制方法[M]. 北京：科学出版社.

傅贵，李宣东，李军. 2005. 事故的共性原因及其行为科学预防策略[J]. 安全与环境学报，17（5）：80-83.

顾基发，唐锡晋. 2000. 从古代系统思想到现代东方系统方法论[J]. 系统工程理论与实践，1：89-91.

顾祥柏. 2001. 石油化工安全分析方法及应用[M]. 北京：石油化工出版社.

管杰，廖海燕. 2010. 保护层分析（LOPA）在炼化生产中的应用[J]. 安全、健康和环境，10（1）：36-38.

广东省安全生产监督管理局. 2009. 安全生产应急管理实务[M]. 北京：中国人民大学出版社.

郭海涛，阳宪惠. 2008. 安全系统定量可靠性评估的 Markov 模型[J]. 清华大学学报（自然科学版），48（1）：39-41.

郭青山. 1999. 安全系统工程[M]. 天津：天津大学出版社.

郭太生. 2003. 美国公共安全危机事件应急管理研究[J]. 中国人民公安大学学报，（6）：16-25.

哈罗德·孔茨，海因茨·韦里克. 1998. 管理学[M]. 10 版. 张晓君，等译. 北京：经济科学出版社.

郝军超，马宏宇. 2009. 危险评价第三维矢量的定性分析[J]. 中国安全生产科学技术，5（3）：199-201.

何平，赵子都. 1989. 突变理论及其应用[M]. 大连：大连理工大学出版社.

何学秋. 2000. 安全工程学[M]. 徐州：中国矿业大学出版社.

何学秋，等. 2008. 安全科学与工程[M]. 徐州：中国矿业大学出版社.

黄启发，宋彪. 2012. 基于协同学的企业信息安全综合评价模型[J]. 现代情报，32（8）：113-117.

黄祥瑞. 1990. 可靠性工程[M]. 北京：清华大学出版社.

金龙哲，杨继星. 2010. 安全学原理[M]. 北京：冶金工业出版社.

井上威恭. 1983. 最新安全科学[M]. 南京：江苏科学技术出版社.

寇丽平. 2003. 从事故特性谈人的安全意识的培养[J]. 中国安全科学学报，13（12）：17-20.

库尔曼 A. 1991. 安全科学导论[M]. 赵云胜，等译. 武汉：中国地质大学出版社.

李国纲，邓志刚. 1987. 管理系统工程概论[M]. 北京：中央广播电视大学出版社.

李红霞，田水承. 2006. 企业安全经济分析与决策[M]. 北京：化学工业出版社.

李湖生. 2008. 基于控制论的安全控制系统设计及事故分析方法[J]. 中国安全生产科学技术，6（4）：9-13.

李永怀, 彭奏平. 2008. 安全系统工程[M]. 北京: 煤炭工业出版社.

栗镇宇. 2007. 工艺安全管理与事故预防[M]. 北京: 中国石化出版社.

林伯泉. 2002. 安全学原理[M]. 北京: 煤炭工业出版社.

刘建侯. 2008. 功能安全技术基础[M]. 北京: 机械工业出版社.

刘潜. 1992. 从劳动保护工作到安全科学[M]. 武汉: 中国地质大学出版社.

刘潜. 2010. 安全科学和学科的创立与实践[M]. 北京: 化学工业出版社.

卢岚. 2003. 安全工程[M]. 天津: 天津大学出版社.

卢卫, 王延平. 2006. 保护层分析方法[J]. 安全、健康和环境, 6 (4): 32-37.

罗云. 2011. 现代安全管理[M]. 北京: 化学工业出版社.

吕保和, 朱建军. 2004. 工业安全工程[M]. 北京: 化学工业出版社.

吕淑然, 刘春锋, 王树琦. 2010. 安全生产事故预防控制与案例评析[M]. 北京: 化学工业出版社.

马丽扬. 1987. 系统论信息论控制论通俗讲话[M]. 石家庄: 河北人民出版社.

毛泽东. 1986. 毛泽东著作选读[M]. 北京: 人民出版社.

美国化工过程安全中心. 2010. 保护层分析——简化的过程风险评估[M]. 白永忠, 党文义, 于安峰, 译. 北京: 中国石化出版社.

孟庆松, 韩文秀. 2000. 复合系统协调度模型研究[J]. 天津大学学报, 33 (4): 444-446.

南希·莱文森. 2015. 基于系统思维构筑安全系统[M]. 唐涛, 牛儒, 译. 北京: 国防工业出版社.

钱新明, 陈宝智. 1995. 事故致因的突变模型[J]. 中国安全科学学报, 5 (2): 1-4.

钱新明, 陈宝智. 1996. 危险评价的尖点突变模型的研究[J]. 中国安全科学学报, 6 (1): 24-29.

钱学森. 1991. 现代科学技术与技术政策[M]. 北京: 中共中央党校出版社.

曲和鼎. 1988. 安全系统工程概论[M]. 北京: 化学工业出版社.

邵辉. 2008. 系统安全工程[M]. 北京: 石油工业出版社.

沈斐敏. 2001. 安全系统工程理论与应用[M]. 北京: 煤炭工业出版社.

隋鹏程. 2011. 安全原理[M]. 北京: 化学工业出版社.

佟淑娇, 郑伟, 陈宝智. 2010. 重大事故控制技术的研究[C]. Proceedings of 2010 (Shenyang) International Colloquium on Safety Science and Technology, 180-183.

涂序彦, 王枞, 郭燕慧. 2005. 大系统控制论[M]. 北京: 北京邮电大学出版社.

王保国. 2014. 人机环境安全工程原理[M]. 北京: 中国石化出版社.

王长明. 2008. 石油化工仓储区的工艺设计[J]. 广州化工, (4): 68-70.

王福成, 陈宝智. 2002. 安全工程概论[M]. 北京: 煤炭工业出版社.

王金波, 陈宝智, 徐竹云. 1992. 系统安全工程[M]. 沈阳: 东北工学院出版社.

王凯全. 2002. 石油化工流程的危险辨识[M]. 沈阳: 东北大学出版社.

王凯全. 2004. 事故理论与分析技术[M]. 北京: 化学工业出版社.

王凯全. 2007. 化工安全工程学[M]. 北京: 中国石化出版社.

王凯全. 2010. 安全工程概论[M]. 北京: 中国劳动社会保障出版社.

王凯全. 2013. 安全管理学[M]. 北京: 化学工业出版社.

王凯全. 2013. 风险管理与保险[M]. 北京: 机械工业出版社.

王述洋. 1994. 系统安全性评价原理和方法[M]. 哈尔滨: 黑龙江科学技术出版社.

王秀军. 2015. 作业安全分析 (JSA) 指南[M]. 北京: 中国石化出版社.

吴超. 2011. 安全科学方法学[M]. 北京: 中国劳动社会保障出版社.

吴重光, 张贝克, 马昕. 2007. 过程工业安全设计的防护层分析 (LOPA) [J]. 石油化工自动化, 4 (1): 1-3.

吴大进, 等. 1990. 协同学原理和应用[M]. 武汉: 华中理工大学出版社.

吴穹. 1999. 三维危险定量分析及评价模型探讨[J]. 兵工安全技术, (4): 44-47.

肖爱民. 1992. 安全系统工程学[M]. 北京: 中国劳动出版社.

谢振华. 2010. 安全系统工程[M]. 北京: 冶金工业出版社.

薛明德. 2010. 压力容器设计方法的进步[J]. 化工设备与管道, 47 (6): 22-27.

阳宪惠，郭海涛. 2007. 安全仪表系统的功能安全[M]. 北京：清华大学出版社.

姚茂权. 2009. 毛泽东系统思想与方法析源[J]. 系统科学学报，17（1）：83-86.

袁大祥，严四海. 2003. 事故的突变论[J]. 中国安全科学学报，13（3）：5-7.

曾广容，易可君，欧阳绪清，等. 1986. 系统论·控制论·信息论概要[M]. 长沙：中南工业大学出版社.

张景林. 2009. 安全学[M]. 北京：化学工业出版社.

张景林，崔国璋，等. 2002. 安全系统工程[M]. 北京：煤炭工业出版社.

中国科学技术协会，中国职业安全健康协会. 2008. 安全科学与工程学科发展报告（2007—2008）[M]. 北京：中国科学技术出版社.

中国石油化工集团公司安全环保局. 2005. 石油化工安全技术（高级本）[M]. 北京：中国石化出版社.

中国石油化工集团公司青岛安全工程研究院. 2012. HSE观察——控制看得见的风险[M]. 北京：中国石化出版社.

周荣义，钟岸，任竟舟，等. 2013. 安全系统安全完整性等级确定方法比较研究[J]. 中国安全生产科学技术，10（3）：67-73.

庄越，雷培德. 2009. 安全事故应急管理[M]. 北京：中国经济出版社.

Baybutt P. 2002. Layers of protection analysis for human factors（LOPA-HF）[J]. Process Safety Progress，21（2）：119-129.

Baybutt P. 2011. Risk tolerance criteria for layers of protection analysis[J]. Process Safety Progress，31（2）：118-121.

Booz，Allen，Hamilton Inc. 1991. 美国系统工程管理[M]. 王若松，章国栋，阮镰，等译. 北京：航空工业出版社.

Dowell A，Hendershot D. 2002. Simplified Risk Analysis-Layer of Protection Analysis（LOPA）[C]//Prepared for Presentation at the American Institute of Chemical Engineers. 2002 National Meeting Indianapolis，IN November 3-8. New York：American Institute of Chemical Engineers，320-328.

First K. 2010. Scenario identification and evaluation for layers of protection analysis[J]. Journal of Loss Prevention in the Process Industries，23（6）：705-718.

Katsuhiko O. 2005. 系统动力学[M]. 原书第四版. 韩建友，李威，邱丽芳，等译. 北京：机械工业出版社.

Markowski A S，Kotynia A. 2011. "Bow-tie" model in layer of protection analysis[J]. Process Safety and Environmental Protection，89（4）：205-213.

Markowski A S，Mannan M S. 2010. ExSys-LOPA for the chemical process industry[J]. Journal of Loss Prevention in the Process Industries，23（6）：688-696.